建筑施工现场
制图与读图技术实例 第二版

■ 刘志杰 孙 刚 编著

U0309783

化学工业出版社
·北京·

本书以绘制建筑工程图的实际操作为重点，介绍了制图基本知识、投影基本知识、平面立体的投影、曲面立体的投影、轴测投影、组合体的投影、建筑工程形体的表达方法和房屋建筑施工图等，通过运用这些基本方法和技巧，进一步提高广大读者识读和绘制房屋建筑施工图、房屋结构施工图、房屋给水排水施工图、建筑暖通施工图等多种常用建筑施工现场工程图的能力，从而达到熟练掌握识图和绘制建筑工程图的目的。

　　为便于读者结合实际并系统掌握相关知识，在附录中还附有全套近年工程设计图纸，这套图纸包括大量建筑施工图、结构施工图和设备施工图等，有很强的实用性与重要参考价值。本书主要作为有关建筑工程技术人员学习怎样识读和绘制建筑施工现场工程图的自学参考书，还可作为高等院校本、专科土建类各专业、工程管理专业以及其他相近专业的参考教材，也可供其他类型学校，如职工大学、函授大学、高等职业学校、电视大学、中等专业学校有关专业选用。

图书在版编目（CIP）数据

建筑施工现场制图与读图技术实例/刘志杰，孙刚编著. —2版. —北京：化学工业出版社，2014.4
ISBN 978-7-122-19898-3

Ⅰ.①建…　Ⅱ.①刘…②孙…　Ⅲ.①建筑制图-识别
Ⅳ.①TU204

中国版本图书馆 CIP 数据核字（2014）第 036617 号

责任编辑：朱　彤　　　　　　　　　　　　文字编辑：张绪瑞
责任校对：边　涛　　　　　　　　　　　　装帧设计：张　辉

出版发行：化学工业出版社（北京市东城区青年湖南街 13 号　邮政编码 100011）
印　　装：大厂聚鑫印刷有限责任公司
787mm×1092mm　1/16　印张 14¼　字数 380 千字　2014 年 6 月北京第 2 版第 1 次印刷

购书咨询：010-64518888（传真：010-64519686）　　售后服务：010-64518899
网　　址：http://www.cip.com.cn
凡购买本书，如有缺损质量问题，本社销售中心负责调换。

定　　价：45.00 元　　　　　　　　　　　　　　　版权所有　违者必究

第二版前言

本书出版两年来，受到广大读者欢迎。对此，编者表示衷心感谢！

本次再版，依然力求强化工程实际，即运用制图基本知识并遵循国家相关标准，引导读者循序渐进地去解读房屋建筑设计施工图并基本保持了原有内容体系。

本次再版修订内容主要有以下三个方面。

① 与国家新标准同步。根据住建部公告，与房屋建筑制图相关的《房屋建筑制图统一标准》等6本标准，自2011年3月1日起执行"2010"新版本，原有的"2001"版本标准同时废止。本次再版将书中所有内容和插图一律按新标准做了修订。本次修订所依据的新标准为：《房屋建筑制图统一标准》（GB/T 50001—2010）、《总图制图标准》（GB/T 50103—2010）、《建筑制图标准》（GB/T 50104—2010）、《建筑结构制图标准》（GB/T 50105—2010）、《给水排水制图标准》GB/T 50106—2010）、《暖通空调制图标准》（GB/T 50114—2010）。

② 第一版第8章"房屋施工图概述"和第9章"房屋建筑施工图"都属于"房屋建筑施工图"范畴，本次合并为同一章，以便与原版第10章"房屋结构施工图"、第11章"建筑给水排水施工图"、第12章"建筑采暖通风施工图"从逻辑上相一致。

③ 将原版中所有内容和插图重新审定，有些内容做了必要的改进，力求完善。

参加本版修订的有河北联合大学刘志杰、河北工程技术高等专科学校孙刚、河北联合大学祁佳睿、河北联合大学车文鹏。在修订再版过程中，曾得到苏幼坡教授、刘廷权教授和王兴国博士的大力支持，谨在此表示衷心感谢。

编著者

2013年8月

第一版前言

建筑工程图是以几何学原理为基础，应用投影方法来表示建筑工程中物体的形状、大小和有关技术要求的图样。建筑工程图是建筑工程施工的依据。本书的目的，一是培养读者的空间想象能力，二是培养读者依照国家标准，正确绘制和阅读建筑工程图的基本能力。因此，理论性和实践性都较强。

本书在编写过程中，既融入了编者多年的高校教学工作经验，又采用了许多近年完成的有代表性的工程施工图实例。因此，本书的编写，很好地体现了理论与实际工作的有机结合。本书注重工程实践，侧重实际工程图的识读。为便于读者结合实际，并系统掌握相关知识，在附录中还附有全套近年工程设计图样，这套图样包括建筑施工图、结构施工图和设备施工图等相关图样。

在编写过程中，编者遵循建设部颁发的《房屋建筑制图统一标准》GB/T 50001—2001、《总图制图标准》GB/T 50103—2001、《建筑制图标准》GB/T 50104—2001、《建筑结构制图标准》GB/T 50105—2001、《给水排水制图标准》GB/T 50106—2001、《暖通空调制图标准》GB/T 50114—2001 等相关国家标准。本书主要作为有关建筑工程技术人员学习怎样识读和绘制建筑施工现场工程图的自学参考书，还可作为高等院校本、专科土建类各专业、工程管理专业以及其他相近专业的参考教材，也可供其他类型学校，如职工大学、函授大学、高等职业学校、电视大学、中等专业学校有关专业选用。

本书由河北理工大学刘志杰、河北工程技术高等专科学校孙刚编写，在编写出版过程中，曾得到苏幼坡教授、刘廷权教授和王兴国博士的大力支持，谨在此表示衷心感谢。

由于时间和水平所限，书中疏漏在所难免，请读者批评指正。

编者

2009 年 3 月

目　录

第1章　制图基本知识

1.1　国家标准的基本规定

建筑工程图是表达建筑工程设计的重要技术资料，是建筑施工的依据。为了统一制图技术，方便技术交流，并满足设计、施工管理等方面的要求，国家发布并实施了建筑工程各专业的制图标准。下面介绍国家标准（简称国标）《房屋建筑制图统一标准》（GB/T 50001—2010）的部分内容。

1.1.1　图纸幅面

图纸幅面（简称图幅），必须按表1-1的规定选用，以便于图纸管理、装订。

表 1-1　图纸幅面尺寸　　　　　　　　　　　　　　　　单位：mm

尺寸代号＼幅面代号	A_0	A_1	A_2	A_3	A_4
$b \times l$	841×1189	594×841	420×594	297×420	210×297
c		10		5	
a			25		

绘图时，图纸的短边一般不变，长边可以加长。长边加长后的尺寸见表1-2。有特殊需要的图纸，可采用 $b \times l$ 为 841mm×891mm 与 1189mm×1261mm 的幅面。

表 1-2　图纸长边加长后尺寸　　　　　　　　　　　　单位：mm

幅面代号	长边尺寸	长边加长后尺寸
A_0	1189	1486(A_0+l/4)　1635(A_0+3l/8)　1783(A_0+l/2)　1932(A_0+5l/8)　2080(A_0+3l/4)　2230(A_0+7l/8)　2378(A_0+l)
A_1	841	1051(A_1+l/4)　1261(A_1+l/2)　1471(A_1+3l/4)　1682(A_1+l)　1892(A_1+5l/4)　2102(A1+3l/2)
A_2	594	743(A_2+l/4)　891(A_2+l/2)　1041(A_2+3l/4)　1189(A_2+l)　1338(A_2+5l/4)　1486(A_2+3l/2)　1635(A_2+7l/4)　1783(A_2+2l)　1932(A_2+9l/4)　2080(A_0+5l/2)
A_3	420	630(A_3+l/2)　841(A_3+l)　1051(A_3+3l/2)　1261(A_3+2l)　1471(A_3+5l/2)　1682(A_3+3l)　1892(A_0+7l/2)

图纸使用时以短边作为垂直边为横式，如图1-1所示；以短边作为水平边为立式，如图1-2所示。A_0～A_3图纸宜横式使用，必要时，也可立式使用。

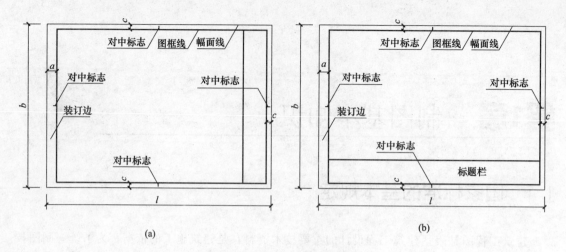

(a)　　　　　　　　　　　　　(b)

图 1-1　A₀～A₃ 横式幅面

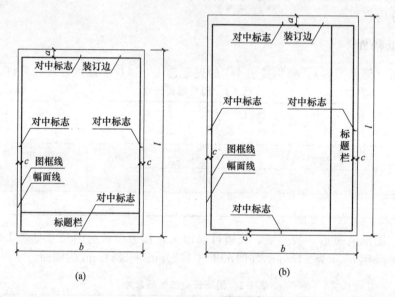

(a)　　　　　　　(b)

图 1-2　A₀～A₄ 立式幅面

图纸横式使用时应按图 1-1（a）、（b）布置标题栏，立式使用时应按图 1-2（a）、（b）布置标题栏。

1.1.2　图纸标题栏

图纸标题栏是各专业技术人员绘图、审图的签名区及工程名称、设计单位名称、图名、图号的标注区，如图 1-3 所示。

1.1.3　图线

在建筑工程图中，使用不同的线型、线宽表达不同的内容及含义，才能使图面生动，层次清楚。表 1-3 归纳了不同图线的用途。

每个图样，应根据其复杂程度及比例大小，先选定基本线宽 b 值，再按表 1-4 确定相应的线宽组。

(a)

(b)

图 1-3　标题栏

表 1-3　图线

名　称		线　型	线宽	用　途
实线	粗		b	主要可见轮廓线
	中粗		$0.7b$	可见轮廓线
	中		$0.5b$	可见轮廓线、尺寸线、变更云线
	细		$0.25b$	图例填充线、家具线
虚线	粗		b	见各有关专业制图标准
	中粗		$0.7b$	不可见轮廓线
	中		$0.5b$	不可见轮廓线、图例线
	细		$0.25b$	图例填充线、家具线
单点长画线	粗		b	见各有关专业制图标准
	中		$0.5b$	见各有关专业制图标准
	细		$0.25b$	中心线、对称线、轴线等
双点长画线	粗		b	见各有关专业制图标准
	中		$0.5b$	见各有关专业制图标准
	细		$0.25b$	假想轮廓线、成型前原始轮廓线
折断线	细		$0.25b$	断开界线
波浪线	细		$0.25b$	断开界线

表 1-4　线宽组　　　　　　　　　　　　　　　　单位：mm

线宽比	线宽组			
b	1.4	1.0	0.7	0.5
$0.7b$	1.0	0.7	0.5	0.35
$0.5b$	0.7	0.5	0.35	0.25
$0.25b$	0.35	0.25	0.18	0.13

图线使用过程中需要注意以下几点内容。

（1）同一张图纸内，相同比例的各图样，应选用相同的线宽组。

（2）互相平行的图例线，其净间隙不宜小于 0.2mm。

（3）图纸的图框线和标题栏线宽度的选取，可根据图幅的大小确定，如表 1-5 所列。

（4）图线不得与文字、数字符号重叠、混淆。不可避免时，可将重叠部位图线断开。

表 1-5 图框线、标题栏线的宽度

幅面代号	图框线	标题栏外框线	标题栏分格线
A_0、A_1	b	0.5b	0.25b
A_2、A_3、A_4	b	0.7b	0.35b

1.1.4 字体

图纸上要注写字母、数字、文字及各种符号，均应笔画清晰、字体端正、排列整齐，标点符号要清楚正确。

1.1.4.1 汉字

汉字应采用国家公布的简化汉字，宜采用长仿宋体或黑体，同一图纸字体种类不应超过两种。长仿宋字体的字高与字宽的比例大约为 1∶0.7，如图 1-4 所示。字体高度（号）分 20、14、10、7、5、3.5 六级。字体宽度（号）相应为 14、10、7、5、3.5、2.5。长仿宋字体的示例如图 1-4 所示。黑体字的宽度和高度应相同。

10号字

7号字

5号字

3.5号字

图 1-4 长仿宋字体示例

1.1.4.2 拉丁字母和数字

拉丁字母和数字都可以用竖笔铅垂的正体字或竖笔与水平线成 75°角的斜体字。拉丁字母、少数希腊字母和数字以及书写笔画次序如图 1-5 所示。字高应从 20、14、10、8、6、4、3 中选取。小写的拉丁字母的高度应为大写字高 h 的 7/10，字母间隔为 2h/10，上下行的净间距最小为 15h/10。

图中的字母和数字可用斜体字，但字母或数字与汉字混合书写时，要用正体字。在同一张图纸上，文字标注要协调，字体、字高要一致。

1.1.5 比例和图名

比例是指图纸上图形与实物相应的线性尺寸之比，比例有放大或缩小之分，建筑工程专业的工程图主要采用缩小的比例，比例用阿拉伯数字表示，比如 1∶100，表示图纸上一个线性长度单位，代表实际长度为 100 个单位。

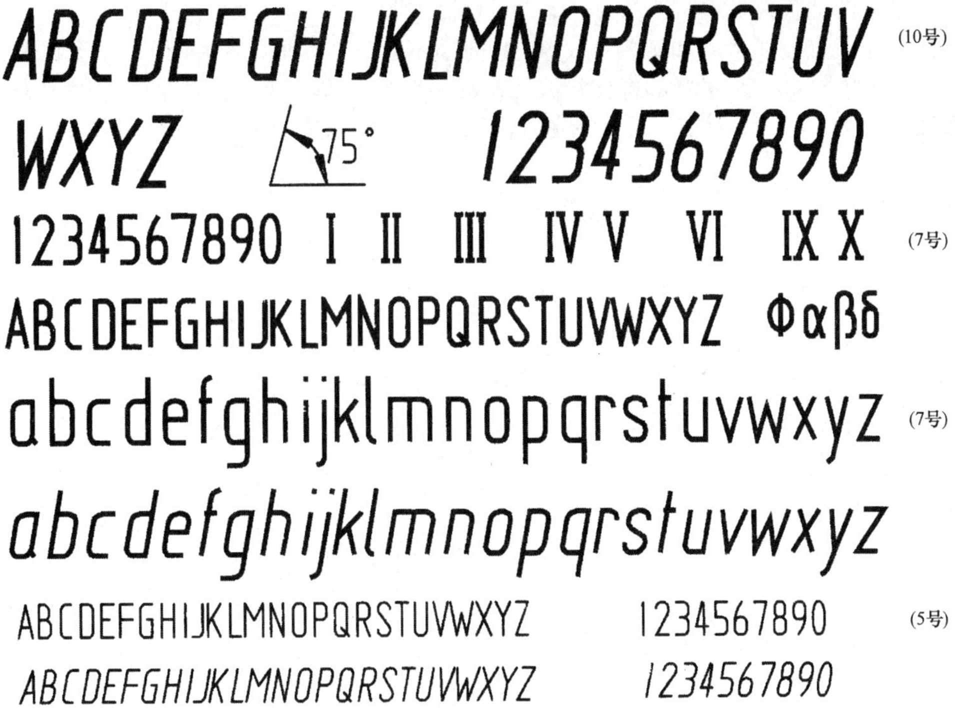

ABCDEFGHIJKLMNOPQRSTUV
(10号)
WXYZ
75°
1234567890
1234567890 I II III IV V VI IX X
(7号)
ABCDEFGHIJKLMNOPQRSTUVWXYZ Φαβδ
abcdefghijklmnopqrstuvwxyz
(7号)
abcdefghijklmnopqrstuvwxyz
ABCDEFGHIJKLMNOPQRSTUVWXYZ 1234567890
(5号)
ABCDEFGHIJKLMNOPQRSTUVWXYZ 1234567890

图 1-5　数字和字母的斜体与正体写法

总平面图　1:500

图 1-6　图名和比例写法

比例宜书写在图名的右方，字体应比图名小一号或两号，如图 1-6 所示，图名下的横线与图名文字间隔不宜大于 1mm，其长度应以所写文字所占长度为准。

当一张图纸中的各图所用比例均相同时，可将比例注写在标题栏内。比例的选用详见各专业施工图的介绍。

1.1.6　尺寸标注

图样除了画出建筑物及其各部分的形状外，还必须准确、详尽和清晰地标注尺寸，以确定其大小，作为施工时的依据。

图样上的尺寸由尺寸界线、尺寸线、尺寸起止符号和尺寸数字组成，如图 1-7 所示。尺寸界线应用细实线绘制，一般应与被注长度垂直，其一端应离开图样的轮廓线不小于 2mm，另一端宜超出尺寸线 2～3mm。必要时可利用轮廓线作为尺寸界线，如图 1-7 中的尺寸 3060。尺寸线也应用细实线绘制，并应与被注长度平行，但不宜超出尺寸界线之外。图样上任何图线都不得用作尺寸线。尺寸起止符号一般应用中粗短斜线绘制，其倾斜方向应与尺寸界线顺时针成 45°，长宽宜为 2～3mm。在轴测图中标注尺寸时，其起止符号宜用小圆点。

240
3060
240
120
1150
1000
1150
120
3300
尺寸界线
3540
尺寸线
尺寸数字
尺寸起止符号

图 1-7　尺寸的组成

“国标”规定，工程图样上标注的尺寸，除标高及总平面图以米（m）为单位外，其余尺寸一般以毫米（mm）为单位，图上尺寸数字都不再注写单位。如果采用其他单位，须相应注明。本书文字和插图中的数字，如没有特别注明单位的，也一律以 mm 为单位，图样上的尺寸，应以所注尺寸数字

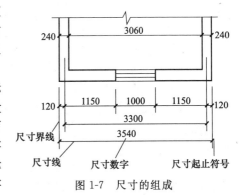

为准，不得从图上直接量取。

标注半径、直径、角度和弧度时，起止符号不用 45°短画，而用箭头表示，如图 1-8（a）所示。图 1-8（b）为半径的标注样式，R 表示半径。图 1-8（c）为直径的标注样式，ϕ 表示直径。角度、弧度、弦长的尺寸标注如图 1-9 所示，角度数字一律水平书写。

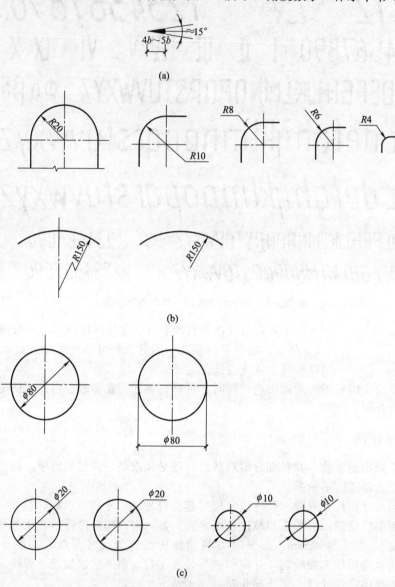

图 1-8 半径、直径的尺寸标注

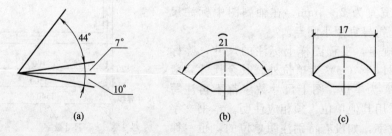

图 1-9 角度、弧度、弦长的尺寸标注

标注尺寸时应注意的一些问题如表 1-6 所列。

表 1-6　标注尺寸应注意的问题

说　明	正　确	错　误
尺寸数字应写在尺寸线的中间，水平尺寸数字应从左到右写在尺寸线上方，竖向尺寸数字应从下到上写在尺寸线左侧	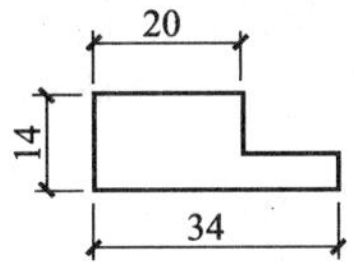	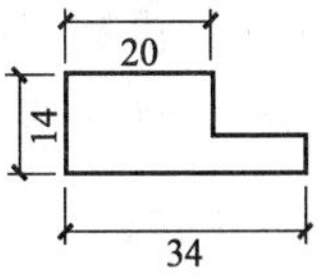
长尺寸在外，短尺寸在内	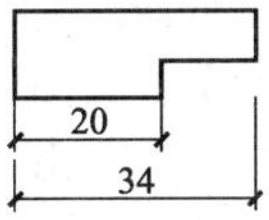	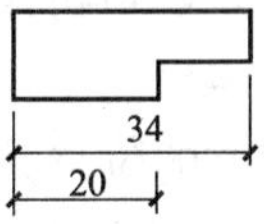
不能用尺寸界线作为尺寸线	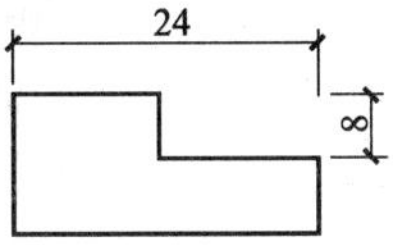	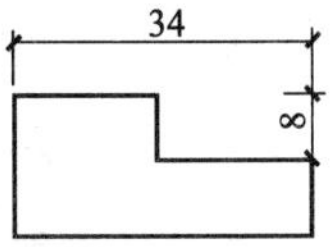
轮廓线、中心线可以作为尺寸界线，但不能用作尺寸线	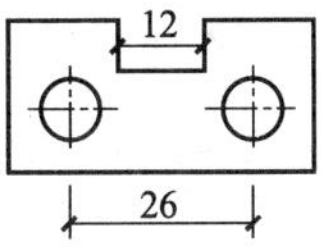	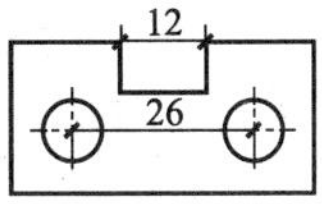
尺寸线倾斜时数字的方向应便于阅读，尽量避免在斜线范围内注写尺寸	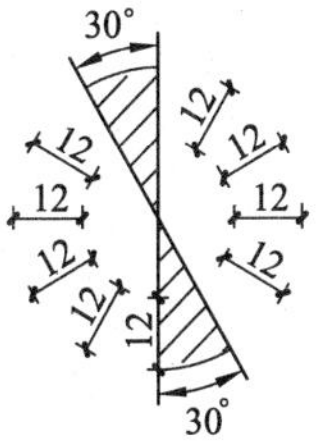	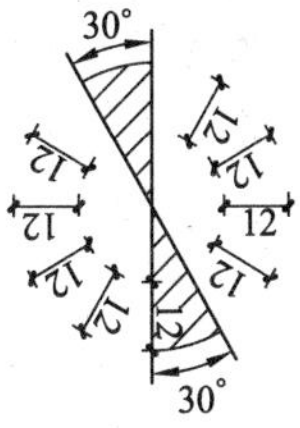
同一张图纸内尺寸数字应大小一致	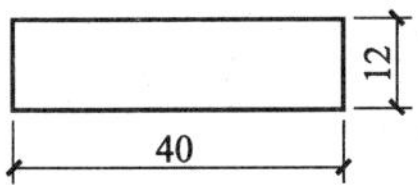	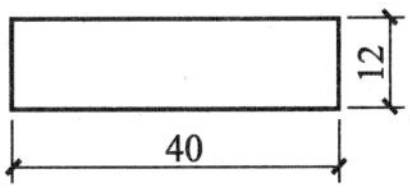
断面图中标注尺寸，断面线遇尺寸数字应断开		
两尺寸界线之间比较窄时，尺寸数字可注在尺寸界线外侧，或上下错开，或用引线引出再标注	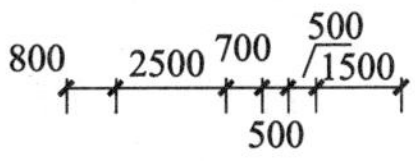	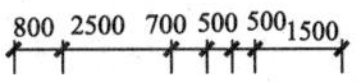
桁架式结构的单线图，宜将尺寸直接注在杆件的一侧	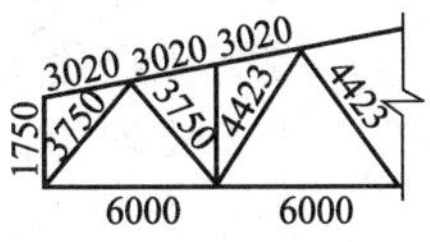	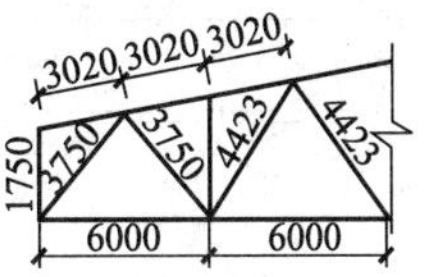

1.2   制图工具、仪器及用法

在计算机制图已成为主流的今天，尺规制图仍然是绘制工程图的基础。学生必须了解各绘图工具、仪器的性能，熟练掌握它们的使用方法，才能保证绘图质量和绘图速度。

1.2.1   图板、丁字尺和三角尺

图板的大小有不同的规格，如 0 号、1 号、2 号等。图板的板面用于固定图纸，要保证平滑，左侧板边作为工作边，要求平直。

丁字尺的工作边，用于画水平线。画图时，左手扶尺头使其紧靠图板工作边上下移动，可在需要的位置处，按自左至右的方向画出水平线。尺头只可以和图板的左侧（工作）边配合画线，其他板边不得使用，如图 1-10 所示。

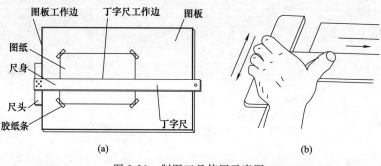

图 1-10   制图工具使用示意图

三角板与丁字尺配合可画竖直线条及与水平线成 30°、45°、60°、75°角的斜线，如图 1-11所示。

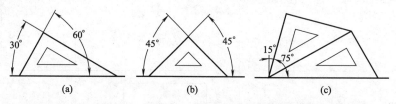

图 1-11   画 30°、45°、60°、75°角的方法

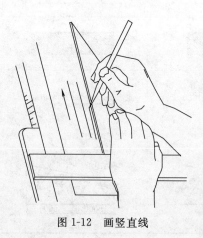

图 1-12   画竖直线

所有竖直线，不论长短，都用三角板与丁字尺配合画。画线时将三角板的一条直角边靠在丁字尺工作边上，另一条边放在线条的右侧，左手压尺、右手画线。竖直线条的画线方向是自下而上，如图 1-12 所示。

1.2.2   铅笔

绘图时，常用的铅笔型号为 2H、H、HB、B、2B、2H 或 H 铅笔较硬而淡，常用于打底稿，加深图线时可按需要选用 HB 或 B 的铅笔。绘图时，笔头可削成锥状。用力要均匀，在运笔过程中可让笔随之转动，以保持线宽一致。

学生主要学习绘制铅笔线图，所以使用的图纸为不

透明的白图纸。

1.2.3　比例尺

比例尺是刻有不同比例的直尺，一般为三棱柱状，所以又称三棱尺。比例尺的每个侧面均刻有两种比例。绘图时，可直接从尺身上截取相应比例的长度。

在用于专业绘图的三角尺上也带比例尺，绘图时可以选择使用。比例尺上的刻度数字单位为米（m）。在 1∶100 比例中，尺上刻度 1M 就是实长 1m。图 1-13 是轴间距为 3300（3.3m）的墙体示意，用 1∶100 比例画图时，可在相同比例的刻度上直接截以 3.3m；用 1∶50 比例画图时，可将 1∶500 的比例尺放大 10 倍使用。

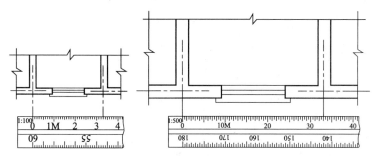

图 1-13　比例尺及其用法

1.2.4　圆规和分规

圆规的铅芯应该磨削成约 65°的斜面，如图 1-14（a）所示，并使斜面向外。圆规的针两端不同，一端为锥形，另一端带有针肩，如图 1-14（b）所示。使用时，应当用有针肩的一端，以免图纸上的圆心针孔刺扎得过大过深。不用时，最好把锥形的一端露在外面。

使用圆规时，应注意调整铅芯与针尖的长度，使圆规两脚靠拢时，两尖对齐。画较大的圆时，要使圆规两脚都大致与纸面垂直，如图 1-14（c）所示。

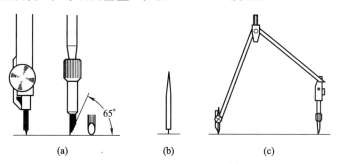

（a）　　　　　　　　（b）　　　　　　　　（c）

图 1-14　圆规的零件及调整

用圆规画圆或画弧时，一般从圆的中心线开始，顺时针方向转动圆规，同时使圆规往前进方向稍作倾斜，圆或圆弧应一次画完。

分规是截取长度或等分线段的仪器。分规两侧均为针，用两个针可较准确地截取长度。

1.2.5　建筑模板

建筑模板主要用来画各种建筑图例和常用符号，如：柱子、楼板留洞、大便器、标高符号、详图索引符号、定位轴线圆等，只要按模板中相应的图例轮廓画一周，所需图例就会产生，如图 1-15 所示。

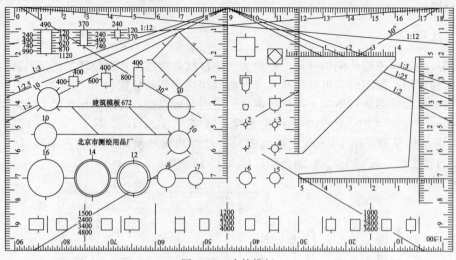

图 1-15　建筑模板

1.2.6　曲线板

　　曲线板用于画非圆曲线。首先定出待画曲线上的足够的点，徒手将这些点顺序轻轻连成曲线，然后在曲线板上找出一段使之与 3 个以上的点吻合，沿着曲线板边缘，将该段曲线画出，如此继续画出其他各段曲线，画曲线时要注意前后两段线应有一小段重合，这样才能保证曲线圆滑，如图 1-16 所示。

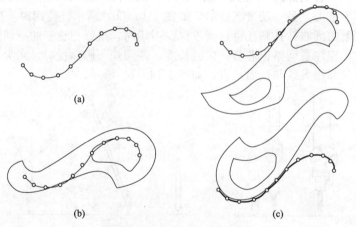

图 1-16　曲线板及曲线作法

1.3　绘图的方法和步骤

　　为保证图样整洁、层次清楚，学习土木工程制图，除了能正确使用绘图工具和仪器外，还要充分理解线条的含义，以便能够准确的表达。绘图时方法和步骤要合理。

1.3.1　图线表达

　　绘图时，图线表达的正确与否，直接影响到图面的质量，所以需要注意以下几点。

①　实线相接时，接点处要准确，既不要偏离，也不要超出。

②　画虚线及单点长画线或双点长画线时，应注意画等长的线段及一致的间隔，各线型应视相应的线宽及总长确定各自线段长度及间隔。

③　虚线与虚线交接或虚线与其他图线交接时，应是线段交接。虚线为实线的延长线时，线段不得与实线连接，如图 1-17 所示。

④　单点长画线或双点长画线均应以线段开始和结尾。点画线与点画线交接或点画线与其他图线交接时，应是线段交接，如图 1-17 所示。

⑤　圆心定位线应是单点长画线，当圆直径较小时，可用细实线代替。

图 1-17　图线交接画法

1.3.2　绘图方法和步骤

（1）绘图方法　常用的绘图方法应该是由整体到细部，先绘制图样中各构件的定位轴线，再绘制图样中各构件的细部轮廓及构造线；先打底稿再加深。

（2）绘图步骤

①　选定图幅，固定图纸，并依次绘出图幅线、图框线及标题栏外框线。

②　在图框线内合理布置图面，确定各图样的位置，使图面疏密均匀。

③　用 H 或 2H 的铅笔，逐个画出各图样的底稿线，其中图例线、尺寸界线、尺寸线、起止符及定位轴线圆，可不打底稿，待图线加重之后直接画出。

④　汉字要按字高的要求，用轻细实线画出暗格线。尺寸数字标注前，应按字高画一段轻细实线平行于尺寸线，以便控制数字的高度。

⑤　加重图线、注写尺寸、文字、图名、比例。

⑥　最后加重图框线，细化并标注标题栏的内容。

注意：底稿线的轻细程度应以图样加重后，未经加重的稿线不影响图面的清晰度为宜。

1.4　平面几何图形的画法

工程图实际就是将一些基本的几何图形，按设计要求，进行具体的有针对性的表达，因此，掌握基本几何图形的画法，就成为保证准确制图的关键因素之一。

1.4.1　几何作图方法

1.4.1.1　正多边形的几何画法

（1）圆的内接正五边形　已知正五边形的外接圆。先以 OF 的中点 G 为圆心，以 GA 为半径画弧交水平圆心定位线于 H 点，正五边形的边长与线段 AH 相等，以 AH 为弦长依次在圆周上截取，即可作出正五边形 $ABCDE$，如图 1-18 所示。

（2）圆的内接正六边形　已知正六边形的外接圆，可借助三角板和丁字尺完成正六边形，如图 1-19 所示。

（3）正多边形　已知任意正多边形的外接圆，如图 1-20 为作圆的内接正七边形的过程。

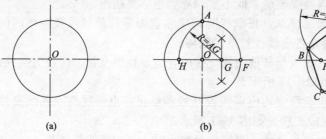

图 1-18 作圆的内接正五边形

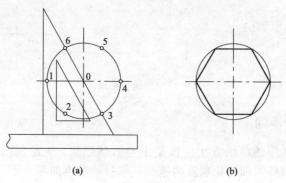

图 1-19 作圆的内接正六边形

将圆的竖向直径七等分，以 N 为圆心，AN 为半径画弧交水平直径延长线于 M_1、M_2，将 M_1、M_2 点与 AN 上的偶数点（或奇数点）相连并延长，交圆周于 B、C、D、E、F、G，即可作出正七边形 $ABCDEFG$。

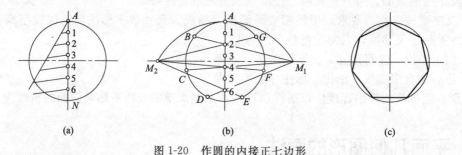

图 1-20 作圆的内接正七边形

1.4.1.2 圆弧连接

用已知半径的圆弧光滑连接（即相切）两已知线段（直线或圆弧），称为圆弧连接。这段已知半径的圆弧称为连接弧。画连接弧前，必须求出它的圆心和切点。

（1）圆弧连接的基本作图

① 半径为 R 的圆弧与已知直线 L 相切，圆心的轨迹是距离直线 L 为 R 的两条平行线 L_1、L_2。当圆心为 O_1 时，由 O_1 向直线 L 所作的垂线的垂足 K 就是切点，如图 1-21（a）所示。

② 半径为 R 的圆弧与已知圆弧（半径为 R_1）外切，圆心的轨迹是已知圆弧的同心圆，其半径 $R_2 = R + R_1$。当圆心为 O_1 时，连心线 OO_1 与已知圆弧的交点 K 就是切点，如图 1-21（b）所示。

③ 半径为 R 的圆弧与已知圆弧（半径为 R_1）内切，圆心的轨迹是已知圆弧的同心圆，其半径 $R_2 = R_1 - R$。当圆心为 O_1 时，连心线 OO_1 与已知圆弧的交点 K 就是切点，如图

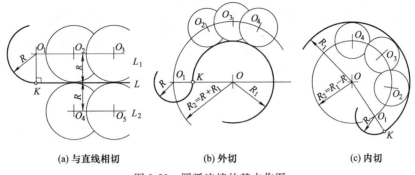

(a) 与直线相切　　　　　　　(b) 外切　　　　　　　(c) 内切

图 1-21　圆弧连接的基本作图

　　(2) 圆弧连接作图举例　表 1-7 列举了 4 种用已知半径为 R 的圆弧来连接两已知线段的作图方法和步骤。

表 1-7　圆弧连接作图举例

连接要求	作图方法和步骤		
	求圆心 O	求切点 K_1、K_2	画连接圆弧
连接相交两直线			
连接一直线和一圆弧			
外接两圆弧			
内接两圆弧			

1.4.1.3　椭圆

　　已知椭圆的长、短轴，可分别用同心圆法及四心法完成椭圆。

　　(1) 同心圆法　如图 1-22 所示，分别以椭圆的长轴和短轴为直径画同心圆，并等分两圆周若干等份，然后过大圆上各等分点作竖直线与过小圆各对应等分点所作的水平线相交，交点即为椭圆上各点，用曲线板光滑连接各点可得到椭圆。

　　(2) 四心法　如图 1-23 所示，这是一种近似画椭圆的方法。连接椭圆长、短轴的端点

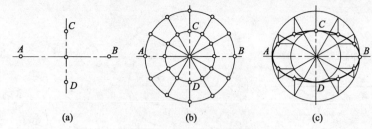

图 1-22　用同心圆法作椭圆

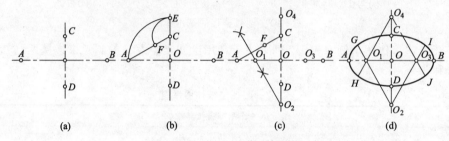

图 1-23　用四心法作近似椭圆

AC，在 AC 上取一点 F（使 $CF=OA-OC$），然后作 AF 的垂直平分线，交长轴于 O_1、短轴于 O_2，作出 O_1、O_2 的对称点 O_3、O_4，分别以 O_1、O_3 为圆心，O_1A 为半径，以 O_2、O_4 为圆心，O_2C 为半径画圆弧，四段圆弧相切成椭圆，切点分别为 G、H、I、J。

1.4.2　平面图形的画法

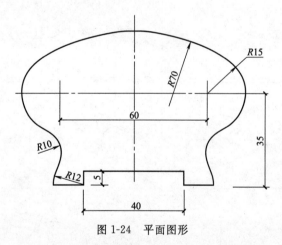

图 1-24　平面图形

平面图形是由若干条线段（直线与曲线或曲线之间）连接而成的。它就是几何作图的应用。绘图时，先对图形进行分析，确定线段绘制的先后顺序。

如图 1-24 所示，该平面图形中各直线段的长度及位置已知，半径为 $R12$、$R15$ 的四段圆弧，其圆心位置已知，均可直接画出（称为已知线段），而半径分别为 $R10$、$R70$ 的三段圆弧则需要在已知线段之后画出（称为连接线段），最后整理图形并加深图线，标注尺寸，即可完成作图。作图的过程作为练习由学生完成。

1.5　徒手画图

铅笔画图时，不用尺规称为徒手作图（又称草图），它是技术交流及记录思维创作的最基本技能。

徒手画图可在白纸（或方格纸）上进行，铅笔可选择 HB 或 B 型。

徒手画直线的姿势可参见图 1-25，握笔不得过紧，运笔力求自然，铅笔向运动方向倾斜，小手指微触纸面，并随时注意线段的终点。画较长线时，可依此法分段画出。画铅直线时，则应由上而下连续画出。画与水平方向成 30°、45°、60°的斜线时，可按图 1-26 用直角边的近似比例关系定出斜线的两端点，再按徒手画直线的方法连接两端点而成。

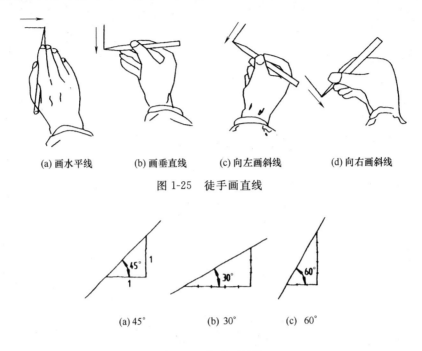

(a) 画水平线   (b) 画垂直线   (c) 向左画斜线   (d) 向右画斜线

图 1-25　徒手画直线

(a) 45°   (b) 30°   (c) 60°

图 1-26　徒手画斜线

徒手画圆，应先画圆心定位线，再根据直径大小目测，在中心线上定出 4 点，便可画圆，如图 1-27（a）所示。对较大的圆，过圆心画几条不同方向的直线，按直径大小在其上目测定圆周上的点，将这些点顺序连线即可，如图 1-27（b）、（c）所示。

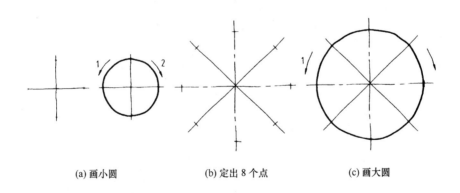

(a) 画小圆   (b) 定出 8 个点   (c) 画大圆

图 1-27　徒手画圆

徒手画椭圆时，先画椭圆的长、短轴线，对小的椭圆，可在两轴线上目测定出长、短轴的端点，过每个端点分别作长、短轴的平行线，可得椭圆的外切矩形，顺序连接 4 个端点可得到近似的椭圆，如图 1-28（a）所示。

已知长、短轴画较大的椭圆时，可用 8 点法。先画出长、短轴并作矩形，连接矩形对角线，并在两条对角线上目测从各个角点向中心取 3:7 的分点，最后，将长、短轴上 4 个端点和对角线上 4 个分点顺序光滑连成椭圆，如图 1-28（b）所示。

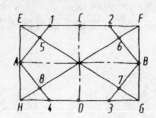

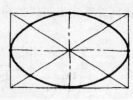

(a) 徒手画小椭圆　　　　　　　　　　　(b) 徒手画大椭圆

图 1-28　徒手画椭圆

第2章　投影基本知识

2.1　投影的基本概念

在工程上，常用各种投影方法绘制工程图样。要把具有长度、宽度、高度的空间形体表示在一张只有长度和宽度的平面图纸上，是以投影法为基础。

形体在光线的照射下就会产生影子。比如：夜晚当电灯光照射室内的一张桌子时，必有影子落在地板上，这是生活中的投影现象。这种投影现象经过人们的抽象、总结并提高到理论上，就归纳出投影法。常用的投影法有中心投影和平行投影法两大类。

2.1.1　中心投影法

在图 2-1（a）中把光源抽象为一点 S，称为投影中心，光线称为投影线，P 平面称为投影面。过点 S 与△ABC 的顶点 A 作投影线 SA，其延长线与投影面 P 交于 a，这个交点称为空间点 A 在投影面 P 上的投影。由此得到投影线 SA、SB、SC 分别与投影面 P 交于 a、b、c，线段 ab、bc、ca 分别是线段 AB、BC、CA 的投影，而△abc 就是△ABC 的投影。这种所有的投影线都从投影中心出发的投影法称为中心投影法，所得的投影称为中心投影。

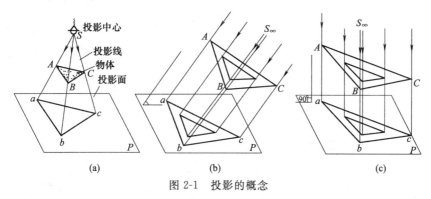

图 2-1　投影的概念

2.1.2　平行投影法

如果将投影中心 S 移至无穷远 S_∞，则所有的投影线都可视为互相平行的，如图 2-1（b）、（c）中用平行投影线分别按给定的投影方向作出△ABC 在 P 面上的投影△abc，其中 Aa、Bb、Cc 是投影线。这种投影线互相平行的投影法称为平行投影法，所得的投影称为平行投影。

平行投影又分为两种。

（1）斜投影　投影方向与投影面倾斜，如图 2-1（b）所示。

（2）正投影　投影方向与投影面垂直，如图 2-1（c）所示。

2.1.3 工程中常用的投影图

中心投影和平行投影（包括斜投影和正投影）在工程中应用很广。同一栋建筑物，采用不同的投影法，可以绘制出不同的投影图。

（1）透视投影图 透视投影图（简称透视图）是用中心投影法得到的投影图。透视图主要用来表达建筑物的外形或房间的内部布置等。透视图与照相原理相似，相当于将相机放在投影中心所拍的照片一样，显得十分逼真，如图 2-2 所示。透视图直观性很强，常用作建筑设计方案比较和展览。但透视图的绘制比较繁琐，且建筑物各部分的确切形状和大小不能直接在图中度量。

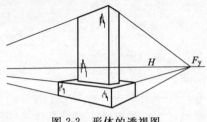

（2）轴测投影图 轴测投影图（简称轴测图）是将形体按平行投影法并选择适宜的方向投影到一个投影面上，能在一个图中反映出形体的长、宽、高三个方向，具有较强的立体感，如图 2-3 所示。轴测图也不便于度量和标注尺寸，故在工程中常作为辅助图样。

（3）多面正投影图 多面正投影图是用正投影法将物体向两个或两个以上投影面上投影所得到的投影图，如图 2-4 所示。正投影图的优点是作图较其他图示法简便，且便于度量和标注尺寸，工程上应用最广。但它缺乏立体感，需经过一定的训练才能看懂。

图 2-2　形体的透视图

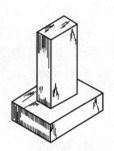

图 2-3　形体的轴测图

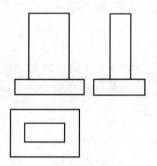

图 2-4　形体的多面正投影图

（4）标高投影图 标高投影图是一种带有数字标记的单面正投影图，如图 2-5（a）所示。标高投影常用来表示地面的形状，如图 2-5（b）所示。

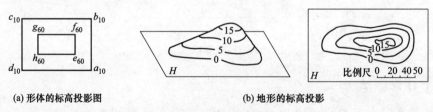

(a) 形体的标高投影图　　　　　　　　　(b) 地形的标高投影

图 2-5　标高投影图

2.2　平行投影的基本性质

在运用投影的方法绘制形体的投影图时，事先应该知道几何原形表示在投影图上，哪些几何性质发生变化，哪些性质仍保持不变，尤其是要知道那些保持不变的性质，据此能够正确而迅速地作出其投影图，同时也便于根据投影图确定几何原形及其相对位置。

平行投影有以下一些基本性质。

（1）平行性　相互平行的两直线在同一投影面上的平行投影保持平行，如图 2-6（a）所示。

（2）从属性　属于直线的点其投影属于该直线的投影，如图 2-6（d）所示。

（3）定比性　直线上两线段之比等于其投影长度之比，如图 2-6（d）所示；平行两线段长度之比等于其投影长度之比，如图 2-6（a）所示。

（4）积聚性　当直线或平面图形平行于投影面时，其平行投影积聚为一点或一直线，如图 2-6（b）、（c）所示。

（5）可量性　当线段或平面图形平行于投影面时，其平行投影反映实长或实形，如图 2-6（e）、（f）所示。

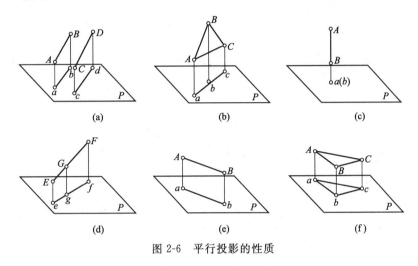

图 2-6　平行投影的性质

由于平行投影具有上述的一些基本性质，不仅能正确地表达形体的真实形状和大小，而且作图也比较方便，所以在工程技术中被广泛应用，也是学习本课程的主要内容。

2.3　形体的三面投影图

2.3.1　三面投影体系的建立

工程上用的投影图，必须能确切、唯一地反映出空间的几何关系。前面讲的利用平行投影的性质来确定投影图。反过来，能否根据投影图唯一地确定空间几何关系呢？

如图 2-7 所示，如果给定了空间形体及投影面，可以确切地作出该形体的正投影图。反过来，如果仅知道形体的一个投影，形体Ⅰ和Ⅱ在 H 面上的投影形状和大小是一样的。这样仅给出这一个投影，就难以确定它所表示的到底是形体Ⅰ，还是形体Ⅱ，或其他几何形体。为了解决这一矛盾，在工程上一般需要两个或两个以上的投影来唯一、确切地表达形体。

设置两个互相垂直的投影面组成两投影面体系，两投影面分别称为正立投影面 V（简称 V 面）和水平投影面 H（简称 H 面），V 面与 H 面的交线 OX 称为投影轴，如图 2-8（a）

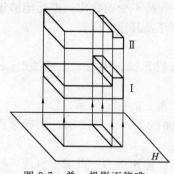

图 2-7 单一投影不能唯一
确定空间形体

所示。设形体四棱台，分别向 V 面和 H 面作投影，则四棱台的水平投影是内外两个矩形，其对应角相连，两个矩形是四棱台上、下底面的投影，四条连接的斜线是棱台侧棱的投影；四棱台的 V 面投影是一个梯形线框，梯形的上、下底是棱台的上、下底面的积聚投影，两腰是左、右侧面的积聚投影。如果单独用一个 V 面投影表示，它可以是形体 A 或 C；单独用一个 H 面投影表示，它可以是形体 A 或 B。只有用 V 投影和 H 投影来共同表示一个形体，才能唯一确定其空间形状，即四棱台 A。

作出棱台的两个投影之后，将形体移开，再将两投影面展开。如图 2-8（b）所示，展开时规定 V 面不动，使 H 面连同水平投影绕 OX 轴向下旋转，直至与 V 面同在一个平面上。

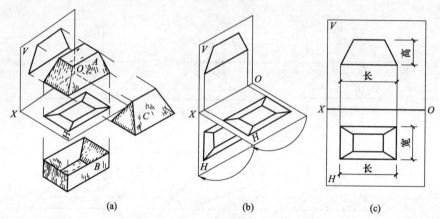

图 2-8 四棱台的两面投影图

有些形体，用两个投影还不能唯一确定它的形状，如图 2-9 所示，于是还要增加一个同时垂直于 V 面和 H 面的侧立投影面，简称 W 面。被投影的形体就放置在这三个投影面所组成的空间里。形体 A 的 V、H、W 面投影所确定的形体是唯一的，不可能是 B 和 C 或其他。

2.3.2 三面投影图的展开及特性

V 面、H 面和 W 面共同组成一个三投影面体系，如图 2-10（a）所示。这三个投影面分别两两相交于三条投影轴，V 面和 H 面的交线称为 OX 轴，H 面和 W 面的交线称为 OY 轴，V 面和 W 面的交线称为 OZ 轴，三轴线的交点 O，称为原点。

实际作图只能在一个平面（即一张图纸上）进行。为此需要把三个投影面转化为一个平面。如图 2-10（b）规定 V 面固定不动，使 H 面绕 OX 轴向下旋转 $90°$，W 面绕 OZ 轴向右旋转 $90°$，于是 H 面和 W 面就同 V 面重合成一个平面。这时 OY 轴分为两条，一条随 H 面转到

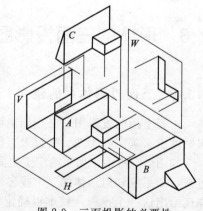

图 2-9 三面投影的必要性

与 OZ 轴在同一铅直线上，标注为 OY_H；另一条随 W 面转到与 OX 轴在同一水平线上，标注为 OY_W，以示区别，如图 2-10（c）所示。正面投影（V 投影）、水平投影（H 投影）和侧面投影（W 投影）组成的投影图，称为三面投影图。

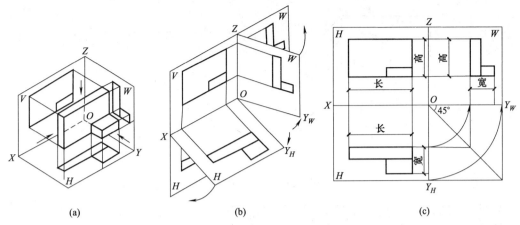

图 2-10 三面投影图的形成

分析图 2-10 可以得知，立体的三面投影图有如下特性。

（1）形体上平行 V 面的各个面的 V 投影反映实形，形体上平行 H 面的各个面的 H 投影反映实形，形体上平行 W 的各个面的 W 投影反映实形。

（2）水平投影（H 面）和正面投影（V 面）具有相同长度，即长对正；正面投影（V 面）和侧面投影（W 面）具有相同高度，即高平齐；水平投影（H 面）和侧面投影（W 面）具有相同宽度，即宽相等。

（3）H 投影靠近 X 轴部分和 W 投影靠近 Z 轴部分与形体的后部相对应，H 投影远离 X 轴部分和 W 投影远离 Z 轴部分与形体的前部相对应。

为了方便记忆，简述如下："V、H 长对正，长分左右；V、W 高平齐，高分上下；H、W 宽相等，宽分前后"。这三个重要关系称为正投影规律。

2.3.3 三面投影图的画法

在画投影图时，首先要根据投影规律对好三个投影图的位置。在开始作图时，先画上水平联系线，以保证正面投影（V 面）与侧面投影（W 面）等高；画上铅垂联系线，以保证水平投影（H 面）与正面（V 面）等长，利用从原点引出的 45°线（或用以原点 O 为圆心所作的圆弧）将宽度在 H 投影与 W 投影之间互相转移，以保证侧面投影（W 面）与水平投影（H 面）等宽。

一般情况下形体的三面投影图应同步进行，也可分步进行，但一定要遵循上述"三等"的投影规律。

2.4 点的投影

在几何学中，点是组成形体的最基本的几何元素，因此，要掌握形体的投影规律，首先要掌握点的投影规律。

2.4.1 点的三面投影

将点置于三面投影体系中，如图 2-11 所示，过点 A 分别向 V、H、W 面作垂线（即投影线），得垂足 a'、a、a''，即点的三面投影，投影线 Aa' 和 Aa'' 组成的平面与 Z 轴交于 a_z，投影线 Aa 和 Aa'' 组成的平面与 Y 轴交于 a_y，投影线 Aa' 和 Aa 组成的平面与 X 轴交于 a_x。

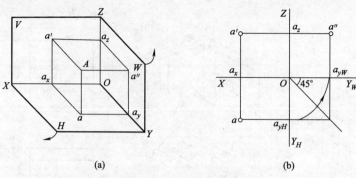

图 2-11 点的三面投影

为便于绘图，将 H 面（连同 a）绕 OX 轴向下，W 面（连同 a''）绕 OZ 轴向右展开，去掉投影面边框，即得点 A 的三面投影图，如图 2-11（b）所示。其中 OY 轴被一分为二，随 H 面旋转到与 V 面重合时用 OY_H 标记，随 W 面旋转到与 V 面重合时用 OY_W 标记。在图 2-11（b）中，有 $a'a \perp OX$，$a'a'' \perp OZ$。

由于 OY 轴及点 a_y 随着 H、W 面的展开被一分为二，故有 $aa_{yH} \perp OY_H$、$a''a_{yW} \perp OY_W$，且 $aa_x = Oa_{yH} = Oa_{yW} = a''a_z$。可用圆弧或 45°线实现该关系。

综上所述，点的三面投影规律可归纳为以下两点。

① 点的投影连线垂直于相应的投影轴，即 $a'a \perp OX$；$a'a'' \perp OZ$；$aa_{yH} \perp OY_H$；$a''a_{yW} \perp OY_W$。

② 点的投影到投影轴的距离等于点到相应投影面的距离，即 $a'a_x = a''a_{yW} = Aa$；$aa_x = a''a_z = Aa'$；$aa_{yH} = a'a_z = Aa''$。

上述三项正投影关系就是形体的三投影之所以称为"长对正，高平齐，宽相等"的理论根据。

【例 2-1】 如图 2-12（a），已知 a'、a''，求 A 点的 H 面投影 a。

解：如图 2-12（b）所示，过已知投影 a' 作 OX 的垂线，所求的 a 必在这条连线上（$a'a \perp OX$）。同时，a 到 OX 轴的距离等于 a'' 到 OZ 轴的距离（$aa_x = a''a_z$）。因此，过 a'' 作 OY_W 轴的垂线，遇 45°斜线转折 90°至水平方向，继续作水平线，与 $a'a_x$ 的延长线的交点即为 a，如图 2-12（c）所示。

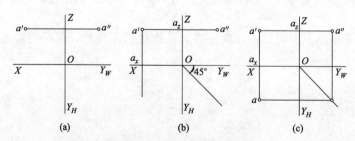

图 2-12 求一点的第三投影

2.4.2 两点相对位置及重影点

（1）空间两点相对位置的判断 空间两点的相对位置可利用它们在投影图中各组同面投影来判断。

在三面投影中，规定 OX 轴向左、OY 轴向前、OZ 轴向上为三条轴的正向。而在投影图中，点的 V 投影包含点的 X、Z 坐标，比较两点的 V 投影即可判断两点的上下、左右关系；点的 W 投影包含点的 Y、Z 坐标，比较两点的 W 投影即可判断两点的前后、上下关系；点的 H 投影包含点的 X、Y 坐标，比较两点的 H 投影即可判断两点的左右、前后关系，因此利用任意两个投影就可以判断两个点的空间相对位置。

【例 2-2】 给出三棱柱的投影图及三棱柱上点 A 的 V 投影 a' 和点 B 的 W 投影 b''，试分析 A、B 两点的相对位置关系，如图 2-13（a）所示。

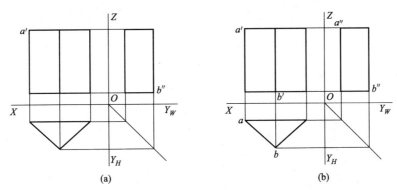

图 2-13 比较两点的相对位置

解： 先作出点 A、B 的其他投影。在三棱柱水平投影的三角形上，只有一个顶点与 a' 在同一铅直投影连线上，所以所求的 a 必位于这个顶点上。由此可见 A 是在最左的侧棱上。这条侧棱的 W 投影就是三棱柱的 W 投影矩形的左边，在这条边上与 a' 在同一水平连线上的点 a'' 即为所求。从 b'' 位置可知，点 B 位于三棱柱最前的侧棱上，因此 b 必然落在三棱柱 H 投影的最前一个顶点上，点 B 的 V 投影 b' 落在最前侧棱的 V 投影上，与 b'' 同高，如图 2-13（b）所示。

再比较 A、B 两点的相对位置。在 V 投影中，a' 比 b' 高，a' 在 b' 左方，说明点 A 在点 B 的左上方；在 H 投影中，a 在 b 的后方，说明点 A 是在点 B 之后。归纳起来，点 A 是在点 B 的左后上方。

（2）重影点　空间两点的特殊位置，就是两点恰好同在一条垂直于某一投影面的投影线上。如图 2-14（a）所示的点 A 和点 B 在同一垂直于 H 面的铅直投影线上，它们的 H 投影重合在一起。由于点 A 在上，点 B 在下，向 H 面投影时投影线先遇点 A，后遇点 B。点 A 为可见，它的 H 投影仍标记为 a；点 B 为不可见，其 H 投影标记为（b）。至于 A、B 的相

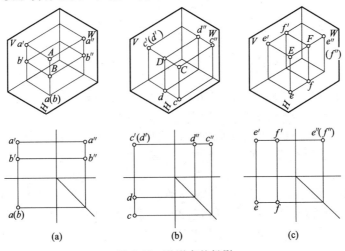

图 2-14 重影点的投影

对高度，可从 V 投影看出。这种在某一投影面上投影重合的两个点称为该投影面的重影点。A、B 两点就是 H 面的重影点，如图 2-14（a）所示。

图 2-14（b）所示的 C、D 两点，在同一 V 面投影线上，c'、d' 重合。从 H 投影可知，点 C 在前、点 D 在后，对 V 投影来说，点 C 可见，点 D 不可见，重合的投影标记为 c'(d')，C、D 两点称为 V 面的重影点。

图 2-14（c）所示的 E、F 两点称为 W 面的重影点。对 W 投影来说，点 E 在左可见，点 F 在右不可见。

2.5 直线的投影

2.5.1 直线与直线上点的投影

（1）直线的投影　由平行投影的基本性质可知：直线的投影一般仍为直线，特殊情况下投影成一点。

根据初等几何，空间的任意两点确定一条直线。因此，只要作出直线上任意两点的投影，用直线段将两点的同面投影相连，即可得到直线的投影。为便于绘图，在投影图中，通常是用有限长的线段来表示直线。

如图 2-15（a）所示，作出直线 AB 上 A、B 两点的三面投影，如图 2-15（b）所示，然后将其 H、V、W 面上的同面投影分别用直线段相连，即得到直线 AB 的三面投影 ab、$a'b'$、$a''b''$，如图 2-15（c）所示。

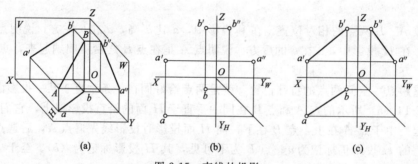

(a) (b) (c)

图 2-15　直线的投影

（2）直线上的点的投影　由平行投影的基本性质可知：如果点在直线上，则点的各个投影必在直线的同面投影上，且点分割线段之比投影后不变。

如图 2-16 所示，点 K 在直线 AB 上，则点的投影属于直线的同面投影，即 k 在 ab 上，k' 在 $a'b'$ 上，k'' 在 $a''b''$ 上。此时，$AK:KB=ak:kb=a'k':k'b'=a''k'':k''b''$，可用文字表示为：点分线段成比例——定比关系。

反之，如果点的各个投影均在直线的同面投影上，则该点一定属于此直线（如图 2-16 中点 K）。否则点不属于直线。在图 2-16 中，尽管 m 在 ab 上，但 m' 不在 $a'b'$ 上，故点 M 不在直线 AB 上。

由投影图判断点是否属于直线，一般分为两种情况。对于与三个投影面都倾斜的直线，只要根据点和直线的任意两个投影便可判断点是否在直线上，如图 2-16 中的点 K 和点 M。但对于与投影面平行的直线，往往需要求出第三投影或根据定比关系来判断。如图 2-17（a）所示，尽管 c 在 ab 上，c' 在 $a'b'$ 上，但求出 W 投影后可知 c'' 不在 $a''b''$ 上，如图 2-17（b）所

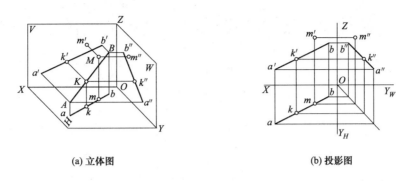

(a) 立体图　　　　　　　(b) 投影图

图 2-16　直线上的点的投影

示，故点 C 不在直线 AB 上。该问题也可用定比关系来判断，因为 $ac:cb \neq a'c':c'b'$，所以 C 不属于 AB。

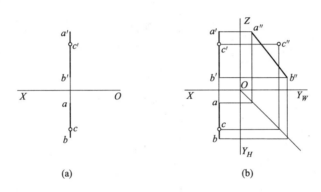

(a)　　　　　　　　(b)

图 2-17　判断点是否属于直线

【**例 2-3**】　如图 2-18 所示，已知 AB 的两面投影，试在 AB 上求一点 K，使 $AK:KB =$ $3:2$。

解：所求点 K 的投影必在线段 AB 的同面投影上，且 $ak:kb = a'k':k'b' = 3:2$。

作图步骤如下：

①过点 a 作辅助线 ab_0。

②选适当的长度为单位长，并在 ab_0 上自点 a 截取 $ak_0:k_0b_0 = 3:2$。

③连 b、b_0 两点。

④过 k_0 作 $k_0k // b_0b$，交 ab 于 k。

⑤过 k 作 OX 轴的垂线，交 $a'b'$ 于 k'，则点 $K(k，k')$ 即为所求。

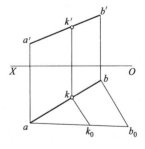

图 2-18　点分线段成比例的应用

2.5.2　各种位置直线的投影

直线按其与投影面的位置不同分为 3 种：投影面垂直线，投影面平行线和投影面倾斜线，其中投影面垂直线和投影面平行线又统称为特殊位置直线。

（1）投影面垂直线　垂直于某一投影面的直线称为该投影面垂直线。投影面垂直线分为 3 种：铅垂线（$\perp H$ 面），正垂线（$\perp V$ 面），侧垂线（$\perp W$ 面）。如图 2-19（a）所示，AB 为一铅垂线。因为它垂直于 H 面，则必平行于另外两个投影面，因而 $AB // OZ$ 轴。根据平

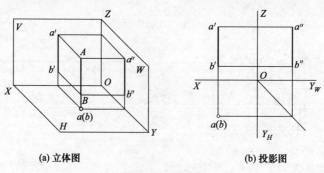

(a) 立体图　　　　　　　(b) 投影图

图 2-19　铅垂线

行投影的平行性和积聚性可知：AB 的 V 面投影 $a'b' /\!/ OZ$ 轴，W 面投影 $a''b'' /\!/ OZ$，$a'b' =$
$a''b'' = AB$（反映实长），水平投影 a（b）积聚为一点，如图 2-19（b）所示。

正垂线和侧垂线也有类似的性质，见表 2-1。

表 2-1　投影面垂直线

名称	立体图	投影图	投影特性
铅垂线 （⊥H）	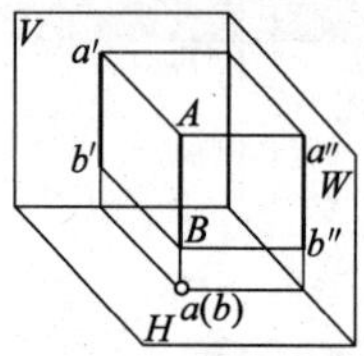	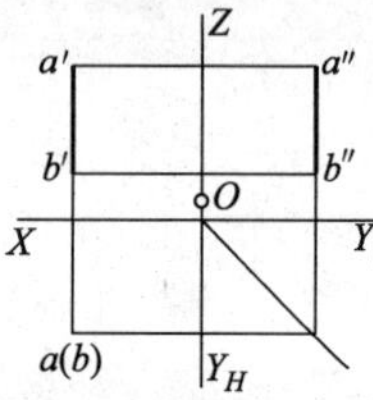	1. H 投影 a（b）积聚为一点 2. V 和 W 投影均平行于 OZ 轴，且都反映实长，即 $a'b' /\!/ OZ$，$a''b'' /\!/ OZ$，$a'b' = a''b'' = AB$
正垂线 （⊥V）	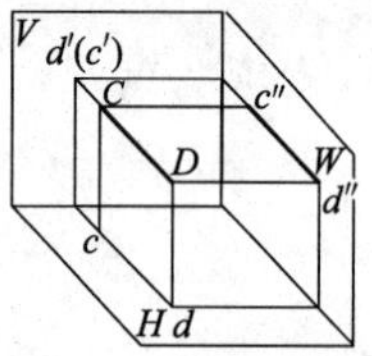	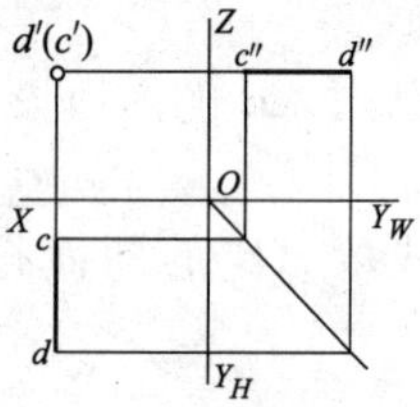	1. V 投影的 d'（c'）积聚为一点 2. H 和 W 投影均平行于 OY 轴，且都反映实长，即 $cd /\!/ OY_H$，$c''d'' /\!/ OY_W$，$cd = c''d'' = CD$
侧垂线 （⊥W）	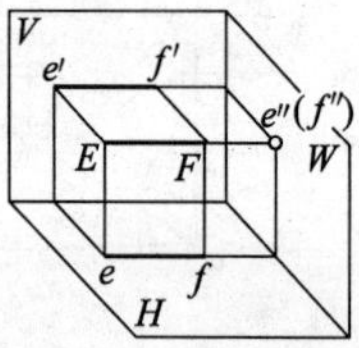	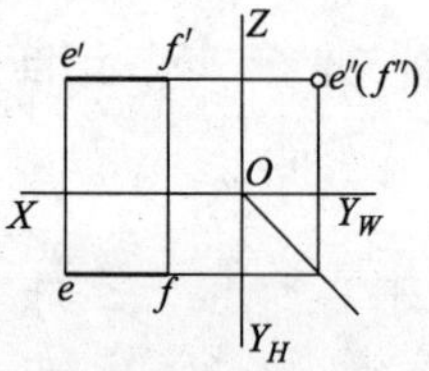	1. W 投影 e''（f''）积聚为一点 2. H 和 V 投影均平行于 OX 轴，且都反映实长，即 $ef /\!/ OX$，$e'f' /\!/ OX$，$ef = e'f' = EF$

综上所述及表 2-1 可以得出投影面垂直线的投影特性：

① 在其所垂直的投影面上的投影积聚为一点；

② 另外两个投影面上的投影平行于同一条投影轴，并且均反映线段的实长。

（2）投影面平行线　只平行于某一投影面的直线，称为该投影面平行线。投影面平行线
也分为 3 种：水平线（只 $/\!/ H$ 面），正平线（只 $/\!/ V$ 面），侧平线（只 $/\!/ W$ 面）。现以图 2-20
所示正平线为例，讨论其投影性质。

图 2-20 中 AB 为一正平线。由于它平行于 V 面，所以 $\beta = 0°$（直线与 H、V、W 面的夹

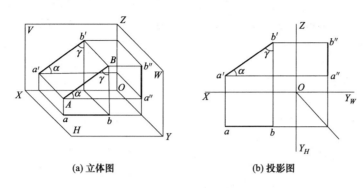

(a) 立体图　　　　　　　　　　(b) 投影图

图 2-20　正平线

角分别用 α、β、γ 表示）。由 AB 向 V 面投影构成的投影面 $ABb'a'$ 为一矩形，因而 $a'b' = AB$，即正平线的 V 面投影反映线段的实长。由于 AB 上各点的 y 坐标相等，所以正平线的 H 面和 W 面投影分别平行于 OX 轴和 OZ 轴，即 $ab /\!/ OX$，$a''b'' /\!/ OZ$，如图 2-20（b）所示。

直线 AB 与 H 面的倾角 $\alpha = \angle BAa''$ ［图 2-20 (a)］，由于 $Aa'' \perp W$ 面，则 $Aa'' /\!/ OX$ 轴，故正平线的 V 面投影与 OX 轴的夹角反映直线对 H 面的倾角 α，即 $\angle b'a'a'' = \alpha$ ［图 2-20 (b)］。同理，正平线的 V 面投影与 OZ 轴的夹角反映直线与 W 面的倾角 γ。

水平线和侧平线也有类似的投影性质，见表 2-2。

表 2-2　投影面平行线

名称	立 体 图	投 影 图	投 影 特 性
正平线 （$/\!/V$）			1. $ab /\!/ OX$ 而水平，$a''b'' /\!/ OZ$ 而铅直 2. $a'b'$ 倾斜且反映实长 3. $a'b'$ 与 OX 轴夹角即为 α，$a'b'$ 与 OZ 轴夹角即为 γ
水平线 （$/\!/H$）			1. $c'd' /\!/ OX$，$c''d'' /\!/ OY_W$ 2. cd 倾斜且反映实长 3. cd 与 OX 轴夹角即为 β，cd 与 OY_H 轴夹角即为 γ
侧平线 （$/\!/W$）			1. $e'f' /\!/ OZ$，$ef /\!/ OY_H$ 2. $e''f''$ 倾斜且反映实长 3. $e''f''$ 与 OY_W 轴夹角即为 α，$e''f''$ 与 OZ 轴夹角即为 β

综上所述及表 2-2 可以得出投影面平行线的投影特性：

① 在其所平行的投影面上的投影反映线段的实长；

② 在其所平行的投影面上的投影与相应投影轴的夹角反映直线与相应投影面的实际

倾角;

③ 另外两个投影平行于相应的投影轴。

【例2-4】 如图2-21（a）所示，过点 a 作一水平线 ab，其实长 $AB=26$mm，对 V 面倾角 $\beta=30°$，点 B 在点 A 的右前方。

解：① 过 a 作与 OX 轴成30°角的直线，同时截取 $ab=26$mm，如图2-21（b）所示；

② 过 a' 作 OX 轴的平行线，交过点 b 而与 OX 轴垂直的直线于 b'，ab、$a'b'$（AB）即为所求。

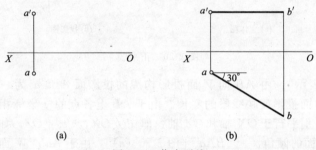

(a)　　　　　　　　(b)

图2-21　作水平线

（3）投影面倾斜线　与三个投影面都倾斜的直线称为投影面倾斜线（又称一般位置线）。

如图2-22所示，直线 AB 为投影面倾斜线，它与3个投影面都倾斜，因此，它的3个投影都倾斜于投影轴。投影面倾斜线 AB 的实长、投影长及其与投影面的倾角之间有下列关系：$ab=AB\cos\alpha$，$a'b'=AB\cos\beta$，$a''b''=AB\cos\gamma$。因为 α、β、γ 都大于0°而小于90°，所以3个投影都小于线段 AB 实长，各个投影与投影轴的夹角也都不反映直线与各投影面的实际倾角。

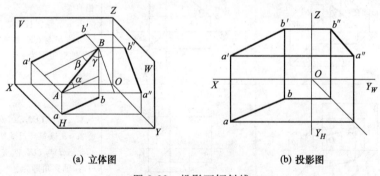

(a) 立体图　　　　　　　　(b) 投影图

图2-22　投影面倾斜线

事实上，只要直线有两个投影是倾斜的，即可断定该直线是投影面倾斜线。

2.6　平面的投影

2.6.1　平面的表示

（1）几何元素表示　平面是广阔无边的，它在空间的位置可用下列几何元素来确定和表示：

① 不在同一直线上的三个点，如图2-23（a）中点 A、B、C；

② 一直线及线外一点，如图 2-23（b）中点 A 和直线 BC；

③ 相交两直线，如图 2-23（c）中直线 AB 和 AC；

④ 平行两直线，如图 2-23（d）中直线 AB 和 CD；

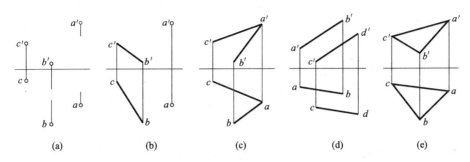

图 2-23　用几何元素表示平面

⑤ 平面图形，如图 2-23（e）中△ABC。

所谓确定位置，就是说通过上列每一组元素只能作出唯一的一个平面。为了明显起见，通常用一个平面图形（例如平行四边形或三角形）表示一个平面。如果说平面图形 ABC，是指在三角形 ABC 范围内的那一部分平面；如果说平面 ABC，则应该理解为通过三角形 ABC 的一个广阔无边的平面。

（2）迹线表示　平面还可以由它与投影面的交线来确定其空间位置。平面与投影面的交线称为迹线。平面与 V 面的交线称为正面迹线，以 P_V 标记；与 H 面的交线称为水平迹线，以 P_H 标记，如图 2-24（a）所示。用迹线来确定其位置的平面称为迹线平面。实质上，一般位置的迹线平面就是该平面上相交两直线 P_V 和 P_H 所确定的平面。如图 2-24（b）所示，在投影图上，正面迹线 P_V 的 V 投影与 P_V 本身重合，P_V 的 H 投影与 OX 轴重合，不加标记，水平迹线 P_H 的 V 投影与 OX 轴重合，P_H 的 H 投影与 P_H 本身重合。

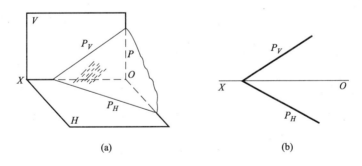

图 2-24　用迹线表示平面

2.6.2　平面对投影面的相对位置

平面根据其与投影面的相对位置可以分为 3 种情况：投影面平行面、投影面垂直面和投影面倾斜面。

（1）投影面平行面　平行于某一投影面的平面称为投影面平行面。投影面平行面分为 3 种：水平面（∥H 面），正平面（∥V 面），侧平面（∥W 面）。

如图 2-25（a）所示，矩形 $ABCD$ 为一水平面。由于它平行于 H 面，所以其在 H 面投影 $abcd$≌$ABCD$，即水平面的水平投影反映平面图形的实形。因为水平面在 ∥H 面的同时一定与 V 面和 W 面垂直，所以其 V 面和 W 面投影积聚成直线段，且分别平行于 OX 轴和

OY_W 轴，如图 2-25 （b） 所示。

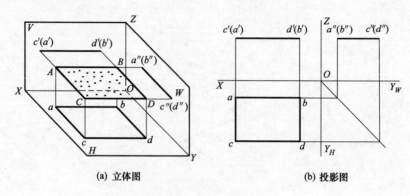

(a) 立体图	(b) 投影图

图 2-25　水平面

正平面和侧平面也有类似的投影特性，见表 2-3 所列。

表 2-3　投影面平行面

名称	立体图	投影图	投影特性
水平面（∥H）			1. H 投影反映实形 2. V 投影积聚为平行于 OX 的直线段 3. W 投影积聚为平行于 OY_W 的直线段
正平面（∥V）			1. V 投影反映实形 2. H 投影积聚为平行于 OX 的直线段 3. W 投影积聚为平行于 OZ 的直线段
侧平面（∥W）			1. W 投影反映实形 2. H 投影积聚为平行于 OY_H 的直线段 3. V 投影积聚为平行于 OZ 的直线段

综上所述及表 2-3 可得到投影面平行面的投影特性：

① 在其所平行的投影面上的投影，反映平面图形的实形；

② 在另外两投影面上的投影均积聚成直线且平行于相应的投影轴。

（2）投影面垂直面　只垂直于一个投影面的平面称为投影面垂直面。投影面垂直面分为 3 种：铅垂面（只⊥H 面），正垂面（只⊥V 面），侧垂面（只⊥W 面）。

如图 2-26 所示，矩形 $ABCD$ 为一铅垂面，其 H 投影积聚成一直线段，该投影与 OX 轴和 OY_H 轴的夹角为该平面与 V、W 面的实际倾角 β 和 γ，其 V 面和 W 面投影仍为四边形（类似形），但都比实形小。

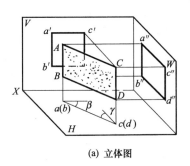

(a) 立体图

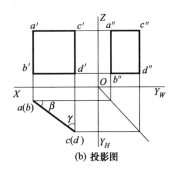

(b) 投影图

图 2-26　铅垂面

正垂面和侧垂面也有类似的投影特性，见表 2-4。

表 2-4　投影面垂直面

名称	立 体 图	投 影 图	投 影 特 性
铅垂面 （⊥H）			1. H 投影积聚为一斜线且反映 β 角和 γ 角 2. V、W 投影为类似形
正垂面 （⊥V）			1. V 投影积聚为一斜线且反映 α 角和 γ 角 2. H、W 投影为类似形
侧垂面 （⊥W）			1. W 投影积聚为一斜线且反映 α 角和 β 角 2. H、V 投影为类似形

综上所述及表 2-4 得到投影面垂直面的投影特性：

① 在其所垂直的投影面上的投影积聚成一条直线；

② 其积聚投影与投影轴的夹角，反映该平面与相应投影面的实际倾角；

③ 在另外两个投影面上的投影为小于原平面图形的类似形。

（3）投影面倾斜面　投影面倾斜面（又称一般位置平面）与 3 个投影面都倾斜，如图

2-27（a）所示。投影面倾斜面的三面投影都没有积聚性，也都不反映实形，均为比原平面图形小的类似形。

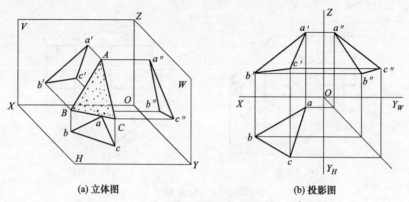

| (a) 立体图 | (b) 投影图 |

图 2-27　投影面倾斜面

2.6.3　平面上的点和直线

直线和点在平面上的几何条件：如果一直线经过一平面上两已知点或经过面上一已知点且平行于平面内一已知直线，则该直线在该平面上。如果一点在平面内一直线上，则该点在该平面上。如图 2-28 所示，D 在△SBC 的边 SB 上，故 D 在△SBC 上；DC 经过△SBC 上两点 C、D，故 DC 在平面△SBC 上；点 E 在 DC 上，故点 E 在△SBC 上；直线 DF 过 D 且平行于 BC，故 DF 在△SBC 上。

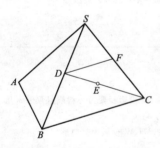

图 2-28　平面上的点和直线

【例 2-5】　如图 2-29（a）所示，已知△ABC 的两投影且其上 BA∥V 面，BC∥H 面，求平面上直线段 EF 及点 D 的 H 投影。

解：已知 D、EF 在平面 ABC 上，可利用点、直线在平面上的几何条件来解题。

作图步骤如下。

① 延长 $e'f'$ 分别与 $a'b'$ 和 $a'c'$ 交于 $1'$、$2'$，ⅠⅡ即是 EF 与 AB、AC 的交点。

② 在 H 面上的 ab、ac 上求出 1、2 并连成线段 12，ef 必在 12 线上。作出 ef，如图 2-29（b）所示。

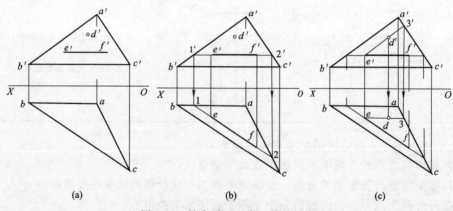

| (a) | (b) | (c) |

图 2-29　补全平面上点、线的投影

③ 连 $e'd'$ 并延长，交 $a'c'$ 于 $3'$，Ⅲ即 ED 与 AC 的交点。在 H 面上的 ac 上求出 3，连接 $e3$，d 必在 $e3$ 线上，求出 d，如图 2-29（c）所示。

要在平面上确定一点，只需让它在平面内一已知（或可作出的）直线上即可。而过一点可在平面上作无数条直线，所以作图时，可选择的辅助线很多，通常都是作平行于已知边或已知线的辅助线，以便作图简便。

第3章　平面立体的投影

任何建筑形体都可以看成是由基本形体按照一定的方式组合而成。基本形体分为平面立体和曲面立体两大类。

① 平面立体　由若干平面围成。常见的有棱柱、棱锥等。

② 曲面立体　由曲面或者由曲面和平面围成。其中最常见的是回转体，如圆柱、圆锥和球等。

本章只讨论平面立体，包括平面立体及其表面定点，平面立体的截交线、相贯线等。

3.1　平面立体的投影及特点

平面立体各表面都是由平面所围成。这里主要介绍最常见的棱柱和棱锥的投影特点及在其表面定点的方法。

3.1.1　棱柱体

棱柱是由上、下底面和若干侧面围成的，如图 3-1 所示。其上、下底面形状大小完全相同且相互平行；每两个侧面的交线为棱线，有几个侧面就有几条棱线；各棱线相互平行且都垂直于上、下底面。

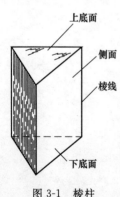

图 3-1　棱柱

下面以正六棱柱为例，介绍棱柱的投影特点，如图 3-2 （a）所示。正六棱柱由六个侧面和上、下底面围成，上、下底面都是正六边形且相互平行；六个侧面两两相交为六条相互平行的棱线，且六条棱线垂直于上、下底面。当底面平行于 H 面时，得到如图 3-2 （b）所示的三面投影图（本书以后的投影图一般不再画投影轴，三面投影按照"长对正、高平齐、宽相等"的关系摆放）。在 H 投影上，由于各棱线垂直于底面，即垂直于 H 面，所以 H 投影均积聚为一点，这是棱柱投影的最显著特点，如 $a(a_1)$、$b(b_1)$ 等；相应地，各侧面也都积聚为一条线段，如 $a(a_1)b(b_1)$、$a(a_1)c(c_1)$ 等；上下底面反映实形（水平面），投影仍为正六边形（上底面投影可见，下底面不可见）。在 V 投影上，上、下底面投影积聚为上、下两条直线段；各侧面投影为实形（如 $a'b'b_1'a_1'$）或类似形（如 $c'a'a_1'c_1'$）；由于各棱线均为铅垂线，所以 V 投影都反映实长。在 W 投影上，上、下底面仍积聚为直线段，各侧面投影为类似形（如 $c''a''a_1''c_1''$）或积聚为直线段如 $[a''(b'')a_1''(b_1'')]$，各棱线仍反映实长。

在立体的投影图中，应能够判别各侧面及各棱线的可见性。判别的原则是根据其前后、上下、左右的相对位置来判断其 V、H、W 投影是否可见。如在图 3-2 （b）中，由于六棱柱的上底面在上，所以其 H 投影可见；下底面在下，被六棱柱本身挡住，自然其 H 投影为

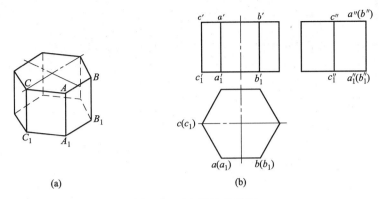

图 3-2　正六棱柱的投影

不可见。在 W 投影中，由于棱线 AA_1 在左 W 投影为可见，而 BB_1 在右 W 投影为不可见。应注意到正六棱柱为前后对称形，因此，在 V 投影中，位于形体前面的三个侧面 V 投影都可见，而后面的三个侧面 V 投影都不可见。

平面立体表面定点的方法与平面上定点的方法相同。但必须注意的是，应确定点在立体的哪个表面上，从而根据表面所处的空间位置，利用其投影的积聚性或在其上作辅助线，求出立体表面上点的投影。

【例 3-1】　如图 3-3（a）所示，已知五棱柱的三面投影及其表面上的 M 点和 N 点的 V 投影 m' 和 (n')，求作该两点的另外两面投影。

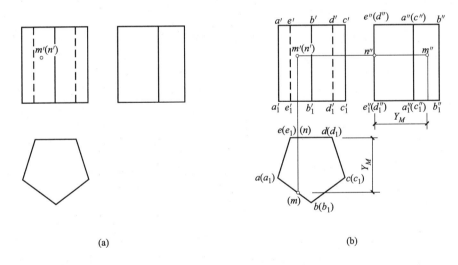

图 3-3　五棱柱及表面上的点

解：由题目所给两点的 V 投影来看，因为 M 点可见，所以它必位于五棱柱左前面的侧面（ABB_1A_1）上；N 点 V 投影不可见，必位于后面的侧面（EDD_1E_1）上。由此，可根据该两个侧面的积聚投影求出 M 和 N 两点的 H 投影。

作图步骤如下：

① 作 $m'(n')$ 的铅直投影连线，与 $a(a_1)b(b_1)$ 交于 m，与 $e(e_1)d(d_1)$ 交于 n；

② 作 (n') 的水平投影连线，交 $e''(d'')e_1''(d_1'')$ 于 n''；

③ 作 m' 的水平投影连线，并由坐标 Y_M 确定 m''。如图 3-3（b）所示，点 M（m，m'，m''）和 N（n，n'，n''）即为所求。

3.1.2 棱锥体

棱锥是由一个底面和若干个侧面围成的，各个侧面由各条棱线交于顶点，顶点常用字母 S 来表示。如图3-4（a）所示为一个三棱锥，其底面为△ABC，顶点为 S，三条棱线分别为 SA、SB、SC。三棱锥底面为三角形，有三个侧面及三条棱线；四棱锥的底面为四边形，有四个侧面及四条棱线；依次类推。

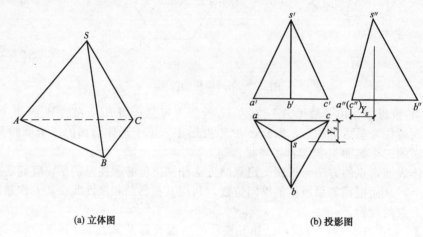

(a) 立体图   (b) 投影图

图 3-4　三棱锥的投影

在作棱锥的投影图时，通常将其底面水平放置，如图3-4（b）所示。因而，在其 H 投影中，底面反映实形；在 V、W 投影中，底面均积聚为一直线段；各侧面的 V、W 投影通常为类似形，但也可能积聚为直线段，如图3-4（b）中的 $s''a''(c'')$。

以图3-4（b）为例判别棱锥三面投影的可见性。在 H 投影中，底面在下不可见，而三个侧面及三条棱线均可见；在 V 投影中，位于后面的侧面△SAC 不可见，另外两个侧面△SAB 和△SBC 均为可见；在 W 投影中，侧面△SAB 在左，投影可见，侧面△SBC 不可见，另一侧面△SAC 投影积聚为线段 $s''a''(c'')$。

在棱锥表面上取点、线时，应注意其在表面的空间位置。由于组成棱锥的表面有特殊位置平面，也有一般位置平面，在特殊位置平面上作点的投影，可利用投影积聚性作图，在一般位置平面上作点的投影，可选取适当的辅助线作图。

【例3-2】　如图3-5所示，已知三棱锥表面上两点 M 和 N 的投影 m' 和（n'），求该两点的另外两面投影。

解：点 N 的 V 投影（n'）不可见，故 N 必在后面的侧面△SAC 上。△SAC 为侧垂面，可利用其积聚投影 $s''a''(c'')$ 直接求出（n''）。点 M 位于侧面△SAB 上，△SAB 属一般位置平面，可通过点 M 在△SAB 上作辅助线，求其水平投影。

作图步骤如下：

① 过（n'）作水平投影连线，交 $s''a''(c'')$ 于点 n''；

② 过（n'）作铅直投影连线，并根据坐标 Y_N 确定 n；

③ 过 m' 平行 $a'b'$ 作辅助线，并交 $s'a'$ 于 $1'$，交 $s'b'$ 于 $2'$，求出辅助线 Ⅰ Ⅱ 的 H 投影 $12 // ab$；

④ 过 m' 作铅直投影连线交 12 于 m；

⑤ 根据 m'、m 求出 m''（注意坐标"Y_M"）。则点 M（m，m'，m''）及点 N（n，n'，n''）即为所求，如图3-5（b）所示。

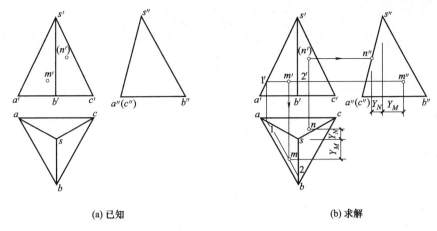

(a) 已知   (b) 求解

图 3-5　三棱锥表面上的点

3.2　平面与立体截交

平面与立体相交，可设想为平面截切立体，此平面称为截平面，所得交线称为截交线，由截交线围成的平面图形称为截面或断面，如图 3-6 所示。

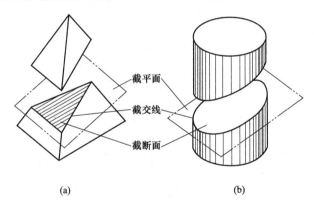

截平面

截交线

截断面

(a)   (b)

图 3-6　平面与立体截交

由图 3-6 不难看出截交线有如下性质：

（1）截交线是闭合的平面折线；

（2）截交线是截平面与立体表面的共有线。

上述截交线的性质是求解截交线问题的根据。

平面与平面立体截交产生的截交线为闭合的平面折线，截断面的形状是一个平面多边形。多边形的边数由立体上参与截交的表面的数目决定，或由参与截交的棱线（或边线）的数目决定。每条边即是截平面与立体表面的交线，每个折点即是截平面与棱线的交点。因此，在求解截交线时，只要求出截交线与棱线的交点，依次连接即可。

如图 3-7 所示，六棱柱被一正垂面 P 所截。由于棱柱的六个侧面参与截交（即六条棱线参与截交），因此截交线为一平面六边形。若已知 V 投影，求解被截后的其他投影，则可求出参与截交的六条棱线与截平面的交点，依次连接即可。截切后棱柱的三面投影及其立体图，如图 3-7 所示。

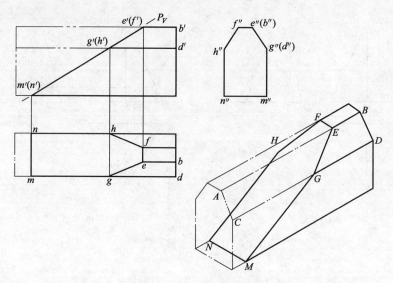

图 3-7 棱柱体的截交线

【例 3-3】 如图 3-8（a）所示，已知正四棱锥被截后的 V 投影，求 H 和 W 投影。

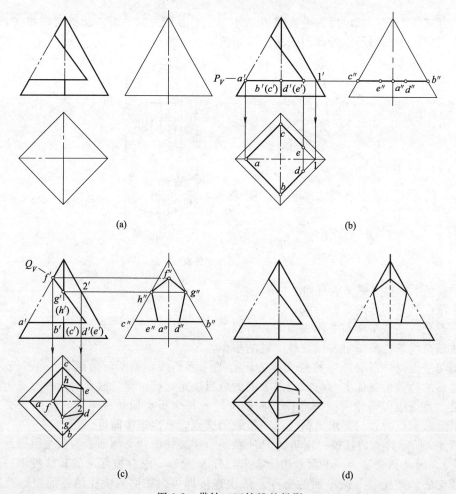

图 3-8 带缺口四棱锥的投影

　　解： 从给出的 V 投影可知，四棱锥的缺口是由水平面 P 和正垂面 Q 截割四棱锥而形成。只要分别求出 P 面和 Q 面与四棱锥的截交线 $ABCDE$ 和 $DEFGH$ 以及 P、Q 两平面的交线 DE 即可。

　　作图步骤如下：

　　① 求出水平截平面与四棱锥棱线的交点 A、B、C 及截平面边界点（在四棱锥表面上）D、E 的三面投影，再将各点依次连接，便可得到截平面 P 与四棱锥的截交线，如图 3-8（b）所示；

　　② 同样求出正垂截平面 Q 与四棱锥的截交线，如图 3-8（c）所示；

　　③ 完成立体的投影，棱线被截平面切掉的部分要去掉，不可见的棱线要画虚线，如图 3-8（d）所示。

3.3　两平面立体相交

　　两个立体相交称为相贯，参加相贯的立体称为相贯体，其表面交线称为相贯线。

　　根据相贯体表面性质的不同，两相贯立体有三种不同的组合形式：两平面体相贯［图 3-9（a）］、平面体与曲面体相贯［图 3-9（b）］、两曲面体相贯［图 3-9（c）］。

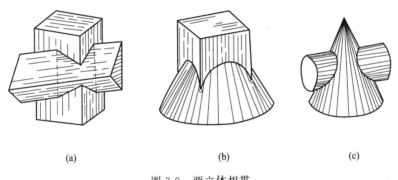

(a)　　　　　　　　(b)　　　　　　　　(c)

图 3-9　两立体相贯

　　根据两相贯立体相贯位置的不同，有"全贯"和"互贯"两种情况。当甲乙两立体相贯，如果甲立体上的所有棱线（或素线）全部贯穿乙立体时，产生两组相贯线，称为全贯，如图 3-9（c）所示；如果甲、乙两立体分别都有部分棱线（或素线）贯穿另一立体时，产生一组相贯线，称为互贯，如图 3-9（a）、（b）所示。

　　由于相贯体的组合和相对位置不同，相贯线表现为不同的形状和数目，但任何两立体的相贯线都具有下列两个基本性质：

　　① 相贯线是两相贯立体表面的共有线，是一系列共有点的集合；

　　② 由于立体具有一定的范围，所以相贯线一般是闭合的空间折线或空间曲线，特殊情况下也可能是平面曲线或直线。

　　两平面立体的相贯线是闭合的空间折线。组成折线的每一直线段都是两相贯体相应侧面的交线，折线的各个顶点则为甲立体的棱线对乙立体的贯穿点（棱线与体的交点）或是乙立体的棱线对甲立体的贯穿点，如图 3-10（a）和图 3-11（a）所示。

　　从上述分析可得出求两平面体相贯线的方法。即只要求出各条参加相贯的棱线与另一立体表面的贯穿点，将其依次连接即可。应当注意，在连线时还需判别各部分的可见性。只有位于两立体上都可见的表面上的交线才是可见的；只要有一个表面不可见，则其交线就不可见。

【例 3-4】 如图 3-10 所示，已知三棱柱与三棱锥相贯，求其相贯线。

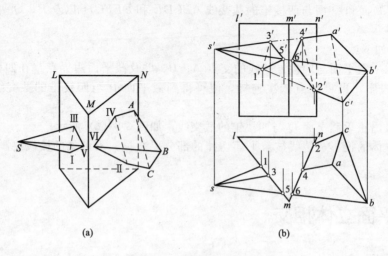

图 3-10　三棱柱与三棱锥全贯

解： 由图 3-10（a）可知，三棱柱各侧面均是铅垂面，H 投影积聚，相贯线的 H 投影已知。由此，可利用在相应侧面上定点的方法——表面定点法来求解。从 H 投影可知，三棱锥完全贯穿三棱柱，因此，有两条闭合的相贯线。

作图步骤如下。

① 求贯穿点。利用三棱柱的 H 面积聚投影直接求得三棱锥的三条棱线 SC、SA、SB 与三棱柱左右侧面的交点的 H 投影 1、2、3、4、5、6，并根据投影关系求得 V 投影 $1'$、$2'$、$3'$、$4'$、$5'$、$6'$。

② 连接贯穿点。根据前面所述的连点原则，在 V 投影上依次连成 $1'3'5'$ 和 $2'4'6'$ 两条相贯线。

③ 判别可见性。根据"同时位于两立体上都可见的表面交线才可见"的原则来判断。在 V 投影上，参加相贯的棱柱和棱锥的各侧面除棱锥的 SAC 外均可见，因此相贯线除 $1'3'$ 和 $4'2'$ 为不可见外，其余均可见；H 投影相贯线重影于棱柱侧面的积聚投影上，无需判别。另外，左右两条棱柱上未参加相贯的棱线，其投影重叠部分被棱柱遮挡，应为不可见。

④ 整理。因为两相贯体是一个整体，画出相贯线后，还应对轮廓线按投影关系进行整

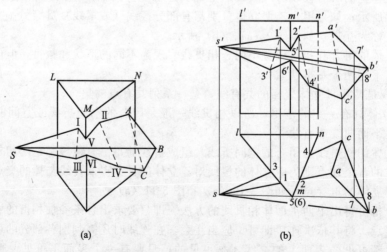

图 3-11　三棱柱与三棱锥互贯

理。两投影中，三棱锥的棱线以贯穿点为界，穿入棱柱内的部分不需画出，两侧保留部分应补齐到位。还要注意 V 面投影中三棱柱最右边棱线有部分被三棱锥挡住了。

如果将上例中的情况改变一下，让图 3-10 中的棱柱前面的侧棱参加相贯，而棱锥的 SB 不参加相贯，则成为如图 3-11 所示的情况。此时，三棱柱与三棱锥为互贯，其相贯线变成为一条闭合的空间折线。

图 3-11 中相贯线的求解方法与上例基本相同，仍然是利用棱柱各侧面在 H 投影的积聚性，采用"表面定点法。"

需要注意的是，棱柱上棱线 M 与棱锥贯穿点 V（5，$5'$）和 VI（6，$6'$）的求取。该两点的 H 投影必位于 M 的积聚投影 m 上，即 5（6）；而该两点 V 投影的求取则需要在棱锥侧面 SAB 上过 5（6）两点分别作辅助线 $SVII$（$s7$，$s'7'$）和 $SVIII$（$s8$，$s'8'$）来求得即 $5'$、$6'$。

再者，按所求各"折点"依次连线时，应注意此为"互贯"，即相贯线是一条闭合的空间折线 I-V-II-IV-VI-III-I，如图 3-11 所示。

【例 3-5】　如图 3-12 所示，求三棱锥与三棱柱的相贯线。

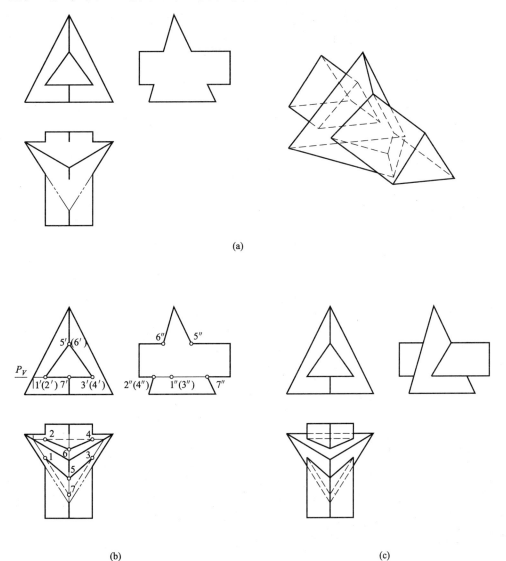

(a)

(b)　　　　　　　　　　　　　　　(c)

图 3-12　三棱锥与三棱柱相贯

解： 由图 3-12（a）可知，三棱柱从三棱锥的前面穿进去，后面穿出来，为全贯的形式，应该产生前后两条相贯线。前面的相贯线为三棱柱的三个侧面分别和三棱锥的左右两个侧面相交产生的，是四段交线构成的空间折线。后面的相贯线是三棱柱的三个侧面与三棱锥的后侧面相交产生，是三条交线构成的一个三角形。由于三棱柱的三个侧面的正面投影有积聚性，两条相贯线的正面投影必在三棱柱三个侧面的积聚投影上，因此应先从正面投影入手。

作图步骤如下。

① 求贯穿点。利用三棱柱的 V 面积聚投影直接得出三棱柱的三条棱线与三棱锥左右侧面和后面的交点的 V 投影 1′、2′、3′、4′、5′、6′ 及三棱锥最前方棱线与三棱柱的上方棱线和下底面交点 5′、7′（其中 5′ 既在三棱柱上方棱线上也在三棱锥前方棱线上）。根据投影关系分别求出这些点的 H 投影 1、2、3、4、5、6 和 W 投影 1″、2″、3″、4″、5″、6″、7″。注意在求Ⅰ、Ⅱ、Ⅲ、Ⅳ、Ⅶ点时，可以假想用一个和三棱柱下方侧面重合的水平面 P 将三棱锥切开，三棱锥将变成三棱台，这些点都在这个三棱台的上底面上。

② 连贯穿点。在 H 和 W 投影上依次连接Ⅰ-Ⅴ-Ⅲ-Ⅶ和Ⅱ-Ⅳ-Ⅵ两条相贯线。

③ 判别可见性。在 H 投影上 1-5、5-3、2-6、6-4 在两体的表面都可见，故其水平投影可见而 1-7、7-3、2-4 在三棱柱下侧面上不可见。在 W 投影上，1-5、1-7 挡住了 3-5、3-7，

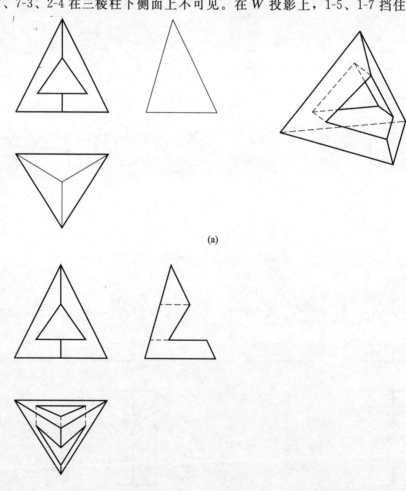

(a)

(b)

图 3-13　三棱锥穿孔

2-6 挡住了 4-6，2-4 积聚为一点。

④ 整理。将三棱柱的三条棱线分别画至贯穿点。将三棱锥被三棱柱挡住部分的棱线画成虚线，完成作图，如图 3-12（c）。

假想将图 3-12 中的三棱柱从三棱锥中抽走，则三棱柱与三棱锥相贯就变成了在三棱锥上穿一个三棱柱形孔，如图 3-13 所示。从图 3-13 中可以看出，穿孔后形成的截交线与图 3-12 中两体相贯时的相贯线大致相同，作图过程也基本一样。但要注意相贯时棱线穿过立体，在立体的内部不画出，而穿孔时会在立体内部存在孔的轮廓线；穿孔时截交线的可见性也与相贯时有所不同。

第4章　曲面立体的投影

在土木建筑工程中，经常会遇到各种各样的曲面立体。如图 4-1 中的圆柱、壳体屋盖、隧道的拱顶等。在制图和施工中应熟悉它们的几何特性。

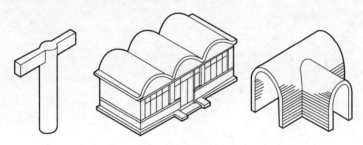

图 4-1　建筑中的曲面体

4.1　曲面立体的投影及特点

曲面立体是由曲面或曲面与平面围成的几何形体。建筑工程中常见的基本曲面体有圆柱体、圆锥体、球体等。它们可以看成是由部分回转面和垂直于其轴线的平面（底面）围成的，所以也可以把它们称为回转体。回转面是由母线（直线或曲线）绕其轴线旋转而形成的。上述形成回转面的直线或曲线，它们在曲面上的任一位置都称为素线，如图 4-2 所示。

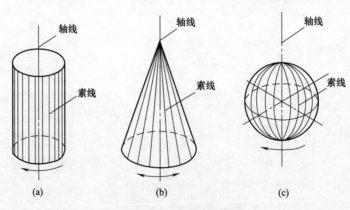

图 4-2　常见的回转面

4.1.1　圆柱体

直线绕着与其平行的轴线旋转一周后形成圆柱面。因而，圆柱面可以看成是由无数条彼此平行且与轴线等距的直线的集合。这些直线（直线旋转时的每个位置）称为素线。

当圆柱面被两个垂直于其轴线的平面（上、下底面）截断时就形成圆柱体，如图 4-3（a）所示。

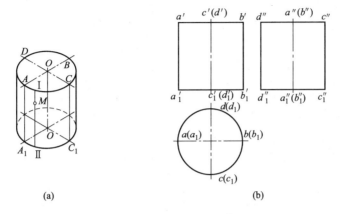

图 4-3 圆柱的形成与投影

如果圆柱的轴线垂直于 H 面放置，其三面投影如图 4-3（b）所示。在 H 投影上，圆柱面积聚为圆（其中所有素线都为铅垂线，即其投影都积聚为点），上、下底圆投影均反映实形圆（底面均为水平面）；圆柱体的 V、W 投影均为矩形，投影矩形的上、下两边是上、下底面圆的积聚投影，左、右两边都是圆柱面的投影轮廓线。但应注意到，V 投影中的两条投影轮廓线是圆柱面最左、最右两条素线，如图 4-3 中的 AA_1、BB_1；W 投影中的两条投影轮廓线则是圆柱的最前和最后两条素线，如图 4-3 中的 CC_1、DD_1。

在画圆柱的投影时，必须画出相应的轴线和投影圆的圆心定位线，如图 4-3（b）中 V、W 投影中细单点长画线和 H 投影中的相互垂直的细单点长画线。

【例 4-1】 如图 4-4 所示，已知圆柱面上 M、N 两点的 V 投影 m'、(n')，求其另外两面投影。

解： 由 N 点的 V 投影 (n') 知，点 N 必位于圆柱最后面的素线上，可直接求出。而点 M 必位于一条通过 M 点的素线上，如图 4-4 中的 I I_1，可利用其积聚投影求出 H 投影 (m)。

作图步骤如下。

① 过 (n') 分别作其铅直及水平两条投影连线，确定 n 及 n''。

② 作过 M 的素线 I I_1（11，$1'1_1'$，$1''1_1''$），相应地确定 m 和 m''。求解时应特别注意坐标 Y_M。

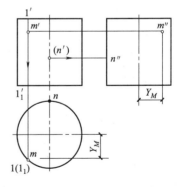

图 4-4 圆柱体表面上的点

4.1.2 圆锥体

直线绕着与其相交的轴线旋转一周后形成圆锥面，如图 4-5 所示。圆锥面可以看成是由一系列通过锥顶的直线组成，这些直线称为素线。直线上的每一点随直线旋转后形成的轨迹均为垂直于轴线的圆，这些圆称为纬圆。

如图 4-5（a）所示，圆锥面可分为上、下两支。上支为倒圆锥，下支为正圆锥。用垂直于轴线的平面截切正圆锥后得到正圆锥体，简称圆锥。圆锥的底面是一平面圆，如图 4-5（b）所示。

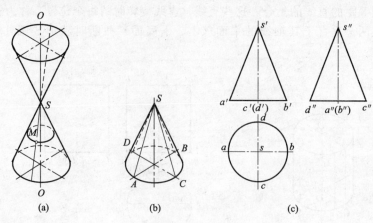

图 4-5   圆锥的形成与投影

当圆锥的轴线垂直于 H 面时，其三面投影如图 4-5（c）所示。圆锥的 H 投影为一个圆，锥顶投影 S 位于该圆心上；V、W 投影均为一等腰三角形，三角形的底边均为底圆的积聚投影，两腰为圆锥面的投影轮廓线。圆锥 V 投影轮廓线是圆锥上最左、最右两条素线，如图 4-5（c）中的 $s'a'$，$s'b'$；W 投影轮廓线则为最前和最后两条素线，如图 4-5（c）中的 $s''c''$、$s''d''$。

判断圆锥面的可见性。在 H 投影上，圆锥面都可见，在 V 投影上，前半个圆锥面可见，后半部分不可见（以 SA 和 SB 为界）；在 W 投影上，左半个圆锥面可见，右半部分不可见（以 SC 和 SD 为界）。在判别圆锥面上点的可见性时，根据其在圆锥面的位置而定。

同圆柱一样，在画圆锥的投影时，要注意画其轴线的投影和投影圆的圆心定位线。如图 4-5（c）所示，均为细点画线。

圆锥表面上的点除在最左、最右、最前、最后素线上可直接求出，其余位置均需作辅助线求出，通常采用素线法或纬圆法。素线法——圆锥面上的任何点必位于一条通过锥顶的直素线上，如图 4-6（a）中的 M 点位于素线 SⅠ上，求出素线的投影，便可求出其上点的投影。纬圆法——圆锥面上的点，既位于过锥顶的直素线上，同时又位于一个垂直于轴线的纬圆上，如图 4-6（a）所示，因此也可在求出该纬圆后，由此确定点的投影。

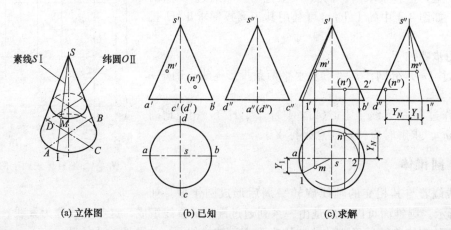

(a) 立体图   (b) 已知   (c) 求解

图 4-6   圆锥表面上的点

【例 4-2】 已知圆锥面上点 M 和 N 的 V 投影 $m'(n')$，如图 4-6（b）所示。求点 M 和 N 的另两面投影。

解：（1）用素线法求 m 和 m''，作图步骤如下。

① 过 m' 作素线 S I 的 V 投影 $s'1'$。

② 过 $1'$ 作铅直投影连线交底圆 H 投影于前、后两点，因 m' 可见，故取前面一点，连 s 即为素线 S I 的 H 投影。

③ 由 $1'$、1 确定 $1''$（注意坐标 Y_1），连 $s''1''$。

④ 过 m' 作铅直投影连线交 $s1$ 于 m，过 m' 作水平投影连线交 $s''1''$ 于 m''。如图 4-6（c）所示。

（2）用纬圆法求点 N，作图步骤如下。

① 过 (n') 作水平线交右轮廓线于 $2'$，由 $2'$ 求得 2。

② 以 s 为圆心，$s2$ 为半径画圆。

③ 由 (n') 作铅直投影连线交所画圆于前后两点，因 (n') 不可见，故后面的点为 n。

④ 由 (n')、n 及坐标 Y_N 求出 (n'')，如图 4-6（c）所示。

4.1.3　球体

球体不论从哪个方向进行投影，所得投影都是相同大小的圆。如图 4-7（a）所示，三面投影均为相同大小的圆。但应注意，这三个投影圆并非球面上同一个圆，它们是球体上通过球心分别平行于 H、V、W 面的三个圆。三个投影圆依次为：水平圆 $ACBD$——H 投影反映实形为圆 $acbd$，V、W 投影均积聚为直线段即 $a'c'b'(d')$ 和 $d''a''c''(b'')$；正平圆 $AEBF$——V 投影反映实形为圆 $a'e'b'f'$，H、W 投影分别为直线段 $aeb(f)$ 和 $e''a''f''(b'')$；侧平圆 $CEDF$——W 投影反映实形为圆 $c''e''d''f''$，H、V 投影分别为直线段 $ced(f)$ 和 $e'c'f'$ (d')。这三个圆分别为球面在 H、V、W 面上的投影轮廓圆。

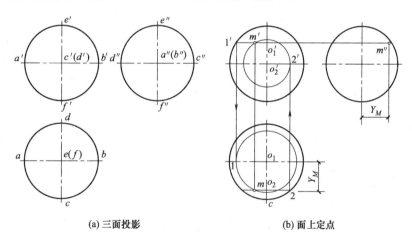

(a) 三面投影　　　　　　　(b) 面上定点

图 4-7　球体的投影及其表面上的点

判别球面的可见性。H 投影，上半个球面可见，下半个球面不可见，以水平投影轮廓圆 $ACBD$ 为界；V 投影，前半个球面可见，后半个球面不可见，以正面投影轮廓圆 $AEBF$ 为界；W 投影，左半个球面可见，右半个球面不可见，以侧面投影轮廓圆 $CEDF$ 为界。点的可见性，视其在球面的位置而定。

在球面的任何方向上都存在一组纬圆，因此，在球面上定点时，可采用平行于任一投影面的辅助圆进行作图。如图 4-7（b）中的点 M，可用水平纬圆 O_1 I（O_11，$O_1'1'$）来确定，也可由正平纬圆 O_2 II（o_22，$o_2'2'$）来确定。当然点 M 还可以由侧平纬圆确定，读者可自行分析确定。

4.2 平面与曲面立体截交

　　曲面体被平面截切，一般情况下是一条闭合的平面曲线，有时是由曲线和直线围成的平面图形，特殊情况也可能是一个平面多边形。截交线的形状取决于曲面体表面的性质和截平面与曲面体的相对位置。

　　截交线是截平面与曲面体表面的共有线。截交线上的每一点都是截平面与曲面体表面的共有点。求出足够的共有点，依次连接成光滑的曲线（或直线段）即为截交线，应注意需求截交线上的特殊点（截交线上的最左、最右、最前、最后、最高、最低及在曲面体的轮廓线上的点）。

　　求截交线上点的基本方法有：素线法、纬圆法和辅助平面法。另外，也应注意利用形体各部分的投影特性，如对称性、某个曲面或平面的积聚性等。

4.2.1 平面与圆柱截交

　　根据截平面与圆柱轴线不同的相对位置，圆柱上的截交线有椭圆、圆、矩形三种形状，如表 4-1 所示。

表 4-1　圆柱的截交线

截平面位置	倾斜于圆柱轴线	垂直于圆柱轴线	平行于圆柱轴线
截交线形状	椭圆	圆	矩形
立体图	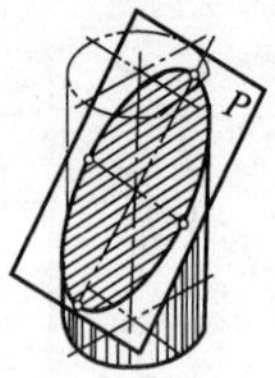	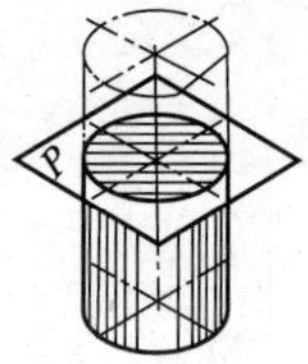	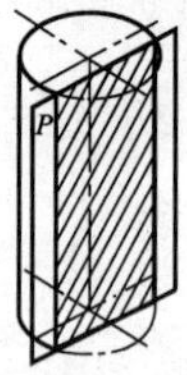
投影图	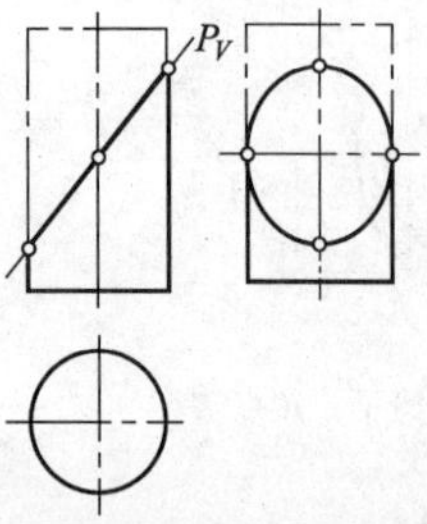	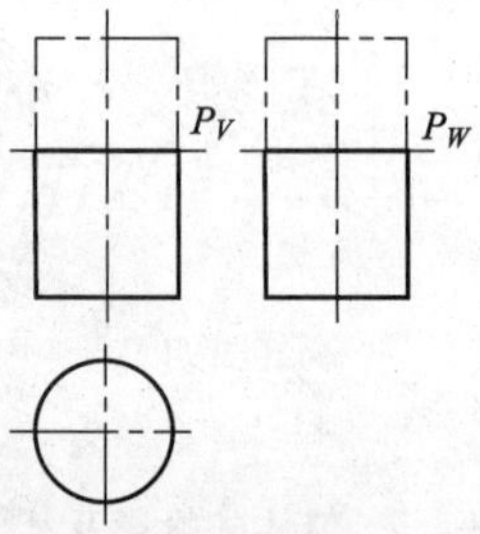	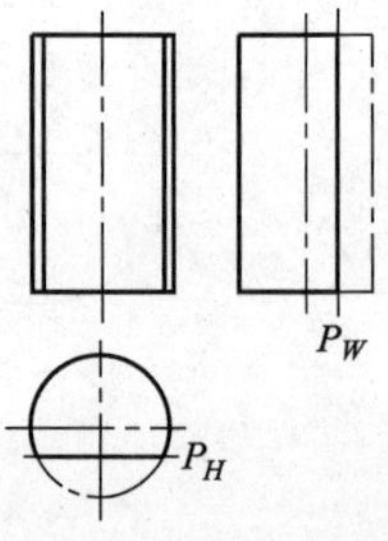

　　求解圆柱上的截交线时，应注意利用其投影的积聚性。

　　【例 4-3】　如图 4-8 （a）所示，已知圆柱和截平面 P 的投影，求截交线的投影。

　　解：圆柱轴线垂直于 W 面，截平面 P 垂直于 V 面且与圆柱轴线斜交，截交线为椭圆。椭圆的长轴 AB 平行于 V 面，短轴 CD 垂直于 V 面。椭圆的 V 投影积聚成为一直线段与 P_V 重合；椭圆的 W 投影落在圆柱面的积聚投影上而成为一个圆。因此，实际上只需求出截交线椭圆的 H 投影。

　　作图步骤如下。

　　① 先求特殊点。即求长、短轴端点 A、B、C、D 的 V 投影，据此求出长、短轴端点的

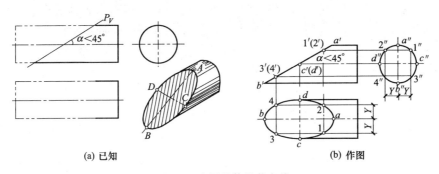

(a) 已知　　　　　　　　　(b) 作图

图 4-8　求圆柱体的截交线

H 投影 a、b、c、d。

② 再求若干一般点。为使作图准确，需要再求截交线上若干个一般点。如在截交线 V 投影上任取点 $1'$，据此求得 W 投影 $1''$ 和 H 投影 1。由于椭圆是对称图形，可作出与点 Ⅰ 对称的点 Ⅱ、Ⅲ、Ⅳ 的各投影。求取这些点时，应注意坐标"Y"。

③ 连点并判别可见性。在 H 投影上顺次连接 a-1-c-3-b-4-d-2-a 各点，即得截交线的 H 投影，由于可见，故为实线。圆柱被截掉部分，投影不再画出，如图 4-8（b）所示。

下面根据上例的结果，来分析截交线椭圆 H 投影的情况。圆柱上截交线椭圆的 H 投影，一般仍是椭圆。当截平面与圆柱轴线的夹角 $\alpha < 45°$ 时，如图 4-8（a）所示，空间椭圆长轴的投影仍是 H 投影椭圆的长轴；当夹角 $\alpha > 45°$ 时，空间椭圆长轴的投影变为 H 投影椭圆的短轴；当 $\alpha = 45°$ 时，空间椭圆的 H 投影成为一个与圆柱底圆相等的圆。

【例 4-4】　如图 4-9（a）所示，补全圆柱被三个平面截切后的水平投影。

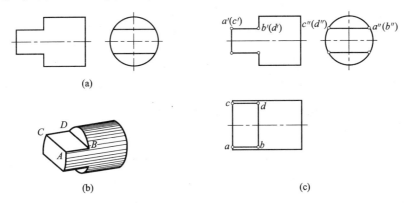

(a)

(b)　　　　　　　　　　(c)

图 4-9　圆柱被截切后的投影

解：圆柱的左端被两个与轴线上、下对称的水平面及一个侧平面切去两部分。前者与圆柱表面的交线是直线，后者与圆柱表面的交线是圆弧。两截平面的交线为正垂线。如图 4-9（b）所示。

作图步骤如下。

① 作水平截平面与圆柱表面的截交线。首先确定交线的 V 投影 $a'b'(c'd')$，W 投影 a''(b'')、$c''(d'')$，然后根据 V、W 投影作出 H 投影 ab、cd。

② 两个截平面的交线为 BD $[bd$、$b'(d')$、(b'')(d'')]。

③ 侧平截平面与圆柱交线的 W 投影反映圆弧实形，V 投影为一线段，而 H 投影与"交线" bd 重合。

④ 由于圆柱最前、最后素线没有被截切，所以圆柱水平投影轮廓线仍然完整。另应注

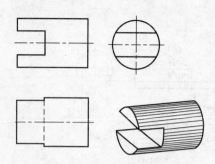

图 4-10 带缺口圆柱的投影

意到形体为上、下对称图形，故其上、下截面的 H 投影重合。求解结果如图 4-9（c）所示。

如图 4-10 所示，仍是圆柱被截切，且三个截平面的位置与上例相同。但由于切去的部分不同，水平投影的轮廓线发生了变化。两者的同异之处，可自行分析比较。

4.2.2 平面与圆锥截交

用平面截切圆锥时，截平面与圆锥的相对位置不同所产生的截交线的形状亦不同。圆锥被平面截切共有五种情况，如表 4-2 所示。

表 4-2 圆锥的截交线

截平面位置	垂直于圆锥轴线	与锥面上所有素线相交（$\alpha < \varphi < 90°$）	平行于锥面上一条素线（$\varphi = \alpha$）	平行于锥面上两条素线（$0 \leqslant \varphi < \alpha$）	通过锥顶
截交线形状	圆	椭圆	抛物线	双曲线	两条素线
立体图					
投影图					

【例 4-5】 如图 4-11（a）所示，求圆锥被正垂面 P 所截的截交线。

解： 截平面 P 与圆锥的所有素线相交，截交线为椭圆，如图 4-11（b）所示。P 面与圆锥最左、最右两条素线的交点的连线 AB 为椭圆的长轴；短轴 CD 必过 AB 的中点，且垂直于 V 面。该椭圆的 V 投影积聚在 P_V 上，其 H、W 投影一般情况下仍为椭圆，但不反映实形。

作图步骤如下。

① 因椭圆长轴端点 A、B 分别位于最左、最右素线上，可直接确定 a'、b'，再由此确定 a、b 及 a''、b''。

② 作椭圆短轴端点 C、D 投影；过 $a'b'$ 的中点 $c'(d')$ 作辅助水平纬圆，求出 c、d；再由坐标 "Y" 求出 W 投影 c''、d''，如图 4-11（c）所示。

③ 求最前、最后素线（侧面投影轮廓线）上点 E、F。先由 e'、f' 求 e''、f''，再求出 e、f，如图 4-11（d）所示。

④ 求出上述六个特殊点后，应再在 A 与 C、D 之间求两个一般点。

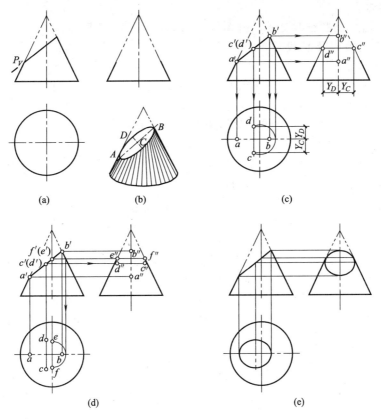

图 4-11　求圆锥的截交线

⑤ 所求各点依次光滑连接，得截交线椭圆的三面投影，如图 4-11（e）所示。

【例 4-6】　如图 4-12（a）所示，已知圆锥及其上三棱柱通孔的 V 投影，求 H、W 投影。

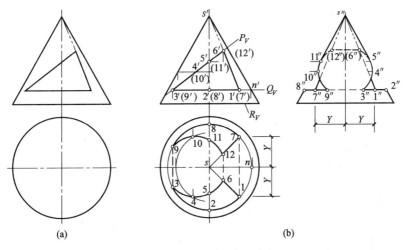

图 4-12　带三棱柱通孔的圆锥

解： 从 V 投影可知，圆锥上三棱柱通孔分别是由正垂面 P、R 和水平面 Q 截切圆锥所形成。其表面交线由前后对称的两组（每组三条）截交线构成。其中 P 面与锥面上部分素线截交，截交线为前后对称的两段椭圆弧；R 面通过锥顶，截交线为前后两条直素线；Q 面垂直于圆锥的轴线，截交线为前后两段圆弧。

作图步骤如下。

① 作水平面 Q 与圆锥截交线。由 n' 得 n，以 sn 为半径作纬圆。求得交线圆弧段 H 投影 1、2、3 和 7、8、9 以及 V 投影 $3'$、$(9')$、$2'$、$(8')$、$1'$、$(7')$，再由 H、V 投影确定 W 投影 $8''$、$7''$、$9''$ 和 $3''$、$1''$、$2''$。

② 求过锥顶的正垂面 R 与圆锥截交线。此为通过 S 和点 I、VII 两条素线上的直线段 I VI（16，$1'6'$，$1''6''$）和 VII X II（712，$7'12'$，$7''12''$）。

③ 作正垂面 P 与圆锥截交线。此为两段椭圆弧 III IV V VI（3456，$3'4'5'6'$，$3''4''5''6''$）和 IX X XI X II（9101112，$9'10'11'12'$，$9''10''11''12''$），求取方法见例 4-5。

④ 求三条截交线彼此间交线，判别可见性，完成圆锥的投影。如图 4-12（b）所示。

4.2.3 平面与球截交

平面截切球时，不管截平面与球的位置如何，其截交线都是圆，如图 4-13 所示。但由于截平面与投影面的相对位置不同，截交线圆的投影可能是圆、椭圆或直线段。在图 4-13 中截平面为水平面，截交线圆的 H 投影反映圆的实形；圆心与球心投影重合；而 V、W 投影均为长度等于其直径的直线段 $a'b'$ 和 $a''b''$，且两投影分别与 R_V、R_W 重合。

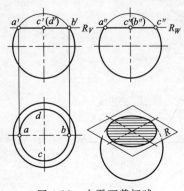

图 4-13 水平面截切球

【例 4-7】 如图 4-14 所示，已知一建筑物球壳屋面的跨度 L 和球的半球 R，求球壳屋面的三面投影。

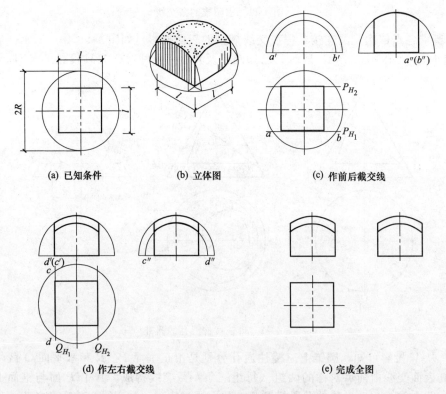

(a) 已知条件　　　　(b) 立体图　　　　(c) 作前后截交线

(d) 作左右截交线　　　　(e) 完成全图

图 4-14 球壳屋面

解：给出的球壳屋面是一个直径为 $2R$ 的半球，被两对对称的、相距为 L 的投影面平行面所截，其中一对为正平面 P_1、P_2，另一对为侧平面 Q_1、Q_2。

由 P_1、P_2 截得的截交线的 V 投影反映圆弧实形，W 投影成为两条铅直线［图 4-14（c）］；由 Q_1、Q_2 截得的截交线的 W 投影反映圆弧的实形，V 投影成为两条铅直线，如图 4-14（d）所示；截平面 P_1P_2 与 Q_1、Q_2 的交线为四条铅垂线，其 H 投影积聚为 4 个点。

作图步骤如下。

① 根据球的半径 R 作出半球的 V、W 投影。

② 求正平面 P_1、P_2 与球的截交线。从 H 投影得截交线圆弧的直径 ab，并据此作出该圆弧的 V 投影（圆弧实形）和 W 投影（两条铅直线），如图 4-14（c）所示。

③ 求侧平面 Q_1、Q_2 与球的截交线。由 H 投影得截交线圆弧的直径 cd（$cd=ab$），并据此作出该圆弧的 W 投影（圆弧实形）和 V 投影（两条铅直线），如图 4-14（d）所示。

④ 擦去多余线，得结果如图 4-14（e）所示。

在上例形体的实际建筑中，屋面为球面，所求截交线以下部分为墙体，其高度根据需要（设计）而定。

4.3　曲面立体的相贯

4.3.1　曲面立体与平面立体相贯

如图 3-9（b）所示，当平面体与曲面体相贯时，相贯线是由若干段平面曲线（也可能出现直线段）所组成。各段平面曲线或直线，就是平面体上各侧面截切曲面体所得的截交线。而每一段平面曲线或直线的转折点，就是平面体的侧棱与曲面体表面的交点。作图时，先求出这些转折点，再根据求曲面体上截交线的方法求出每段曲线或直线。

实际上，求平面体与曲面体的相贯线，可归结为求截交线和贯穿点的问题。在具体求解时，应注意判别每段截交线的性质、趋势及其特殊点，以保证其作图准确。

图 4-15 为矩形梁与圆柱相贯的情形，这是建筑工程中常见的平面体与曲面体相贯的实例。图中梁与圆柱上表面共面，不产生相贯线。梁的前后侧面与圆柱相交产生两段相贯线（圆柱直素线的一部分），如图 4-15（a）中 AB、CD；梁的下表面与圆柱相交产生一段圆弧

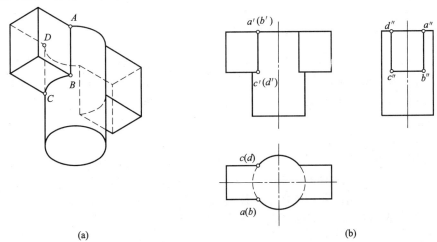

(a)　　　　　　　　　　　　(b)

图 4-15　矩形梁与圆柱相贯

形相贯线，如图 4-15（a）中。整个形体左右对称，右侧相贯线与左侧形状相同。

在图 4-15（b）中，三段相贯线的 W 投影与梁侧面的 W 积聚投影重合；H 投影与圆柱的柱面积聚投影重合（圆弧形部分不可见）；V 投影中 AB、CD 段重合为反映实长的线段，BC 段圆弧线积聚为一小段线段，右侧的相贯线与左侧对称。

【例 4-8】 如图 4-16 所示，求圆锥薄壳基础中四棱柱与圆锥面的相贯线。

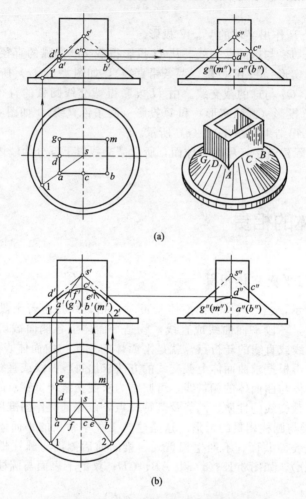

图 4-16　求圆锥薄壳基础的相贯线

解： 参与相贯的四棱柱的棱线和圆锥的轴线都处于铅垂位置。由于四棱柱的四个侧面都是平行圆锥的轴线，所以相贯线是由四段双曲线组成的空间闭合折线。四段双曲线的连接点是四棱柱四条侧棱与圆锥面的交点。相贯线的 H 投影与四棱柱的 H 投影重合为已知，如图 4-16 所示。

作图步骤如下。

① 求特殊点。先求四段双曲线的连接点，即四条棱线与圆锥面的交点 A、B、M、G。由于棱线的积聚性，该四点的 H 投影为已知，即 a、b、m、g；再用素线法求出该 4 点的另外两面投影；再求出前侧面和左侧面双曲线最高点 C、D，如图 4-16（a）所示。

② 用素线法求出对称的一般点 E、F 的 V 投影 e'、f'。

③ 依次连点。由于形体的对称性，相贯线的前后两段在 V 投影重合，并反映双曲线实形；左右两段在 W 投影重合，也反映双曲线实形，另外，还应注意到其最高点，如图 4-16

（b）所示。

④ 判别可见性。由于前侧和左侧的双曲线位于圆锥面的前面和左面上，因此，V、W 投影均为可见；由于棱柱侧面的积聚性，H 投影可见，无需判别。

4.3.2　曲面体与曲面体相贯

如图 3-9（c）所示，两曲面体相交时，其相贯线一般情况是闭合的空间曲线。曲线上的点是两曲面体表面的共有点。

因此，求两曲面体的相贯线可归结为求两曲面体表面的共有点。只要求出一系列的共有点，依次光滑连接，即为所求的相贯线。在求共有点时，应先求出特殊点。特殊点一般是投影轮廓线上的点，并且往往能从图上直接确定。

求共有点时，可以利用圆柱面某个投影的积聚性（表面定点法），也可采用辅助平面法，下面分别对两种方法进行介绍。

（1）表面定点法

【例 4-9】　如图 4-17（a）所示，求两正交圆柱的相贯线。

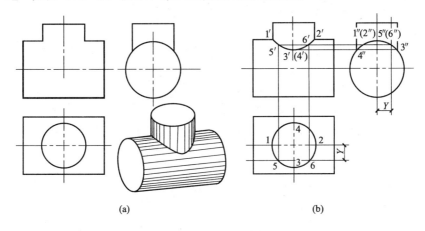

图 4-17　两正交圆柱相贯

解： 由图 4-17（a）可知，两圆柱的轴线分别垂直于 H、W，相贯线的投影均与相应圆柱面的积聚投影重合，即相贯线 H、W 投影为已知。实际上，该题可视为已知各"共有点"的 H、W 投影来求其第三投影。

作图步骤如下。

① 求最高点。两轴线正交并平行于 V 面，所以两圆柱 V 投影轮廓线的交点 $1'$、$2'$ 是相贯线的最高点的 V 投影，同时又是最左、最右点的 V 投影。

② 求最低点。相贯线的 W 投影积聚为一段圆弧。圆弧的最低点 $3''$、$4''$ 为相贯线的最低点的 W 投影，同时又是最前和最后点的 W 投影。其 V 投影 $3'$、$(4')$ 重合。

③ 求一般点。按照坐标 Y 对应关系，在 H、W 投影上，取左右两对称点 5、6 和 $5''$、$6''$，并由此求出该两点的 V 投影 $5'$、$6'$。

④ 依次光滑连接。由于形体前后对称，不可见的后半部分恰与可见的前半部分重合，投影上均为实线。如图 4-17（b），即为所求。

（2）辅助平面法　所谓辅助平面法求"共有点"，即

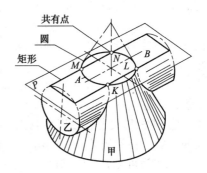

图 4-18　辅助平面法求共有点

是用一辅助平面去截切两相贯体，与两相贯体表面各产生一条截交线，两截交线同处于一个辅助平面内，故其交点即为两相贯体表面的"共有点"。如图 4-18 所示，圆柱与圆锥相贯。用垂直于圆锥轴线的辅助平面去截切两相贯体，与圆锥得截交线圆，与圆柱得截交线矩形。截交线圆与矩形的四个交点，即为两曲面体表面的共有点，也即相贯线上的点。

【例 4-10】 如图 4-19（a）所示，求轴线正交的圆柱和圆锥的相贯线。

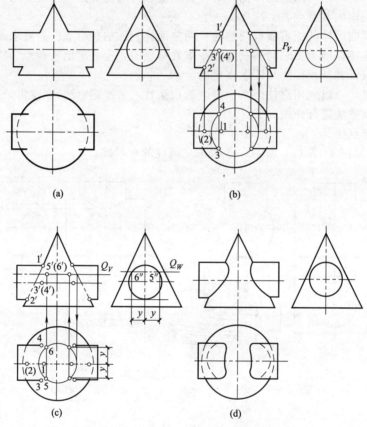

图 4-19　圆柱与圆锥的相贯线

解： 由 W 投影可知，圆柱完全穿过圆锥，并且它们的轴线在同一个正平面内，因此相贯线是两条左右对称的封闭空间曲线。其 W 投影与圆柱的积聚投影重合。

作图步骤如下。

① 求最高点及最低点。由于圆柱和圆锥 V 投影轮廓在同一个正平面内，故其 V 投影的交点 $1'$、$2'$ 为最高点、最低点的 V 投影，如图 4-19（b）所示。

② 求最前及最后点。过圆柱的轴线作水平辅助平面 P（参看图 4-17），求出 P 与圆锥截交线圆的 H 投影，它与圆柱水平投影轮廓线的交点 3 及 4，即为最前、最后点的水平投影。$3'4'$ 在 P_V 上。

③ 求一般点。作水平辅助面 Q，求出 Q 面与圆锥相交的纬圆及与圆柱相交的素线的水平投影，它们的交点 5 和 6 即为一般点的水平投影。$5'$、$6'$ 应在 Q_V 上，如图 4-19 所示。

④ 连相贯线的各投影并判别可见性。依次光滑地连接所求各点的同面投影，即得相贯线的投影。相贯线的 H 投影上 3、4 是可见与不可见的分界点，圆柱面的上半部分上的交线 3-5-1-6-4 为可见，下半部的交线 3-2-4 为不可见。可见者画实线，不可见者画虚线。

（3）曲面体与曲面体相贯的特殊情况　曲面体的相贯线，一般情况是空间曲线。但在特殊情况下，也可能是平面曲线或直线。下面介绍几种最常见的特殊情况。

① 相贯线为椭圆　当两旋转体同时外切于一个球时，相贯线为椭圆，如图 4-20 所示。两轴线正交的等径圆柱的相贯线是两个形状相同的椭圆，且两椭圆所在平面垂直于两圆柱轴线所在平面，即当两轴线平面为正平面时，两椭圆 V 投影为两直线段，如图 4-20（a）所示。两轴线斜交时，相贯线两椭圆的短轴相等，长轴不等，如图 4-20（b）所示。同时外切于一个球的圆柱和圆锥，在轴线正交、斜交时相贯线也为椭圆，如图 4-20（c）、（d）所示。

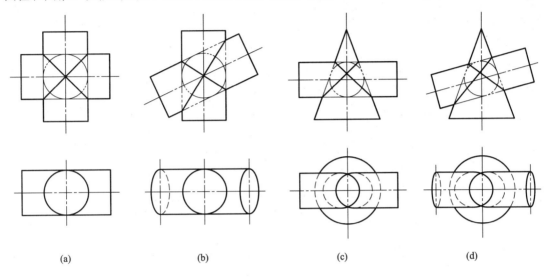

(a)　　　　　　　(b)　　　　　　　(c)　　　　　　　(d)

图 4-20　相贯线为椭圆

② 相贯线为圆　当两个曲面体的轴线重合时，它们的相贯线是圆，且该圆所在平面垂直于两回转体的公共轴线，如图 4-21 所示。图 4-21（a）为同轴的圆柱与圆锥相贯，相贯线为一水平圆。图 4-21（b）为同轴的圆锥和球相贯，其相贯线为两条水平圆。

③ 相贯线为直素线　当两圆柱轴线平行相交或两圆锥共顶点相交时，相贯线为直素线，如图 4-22 所示。

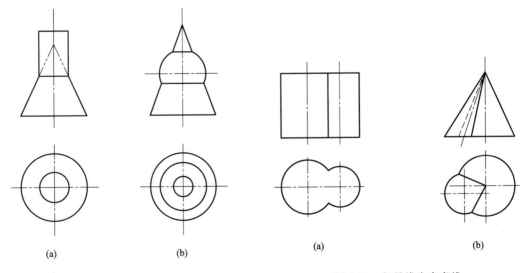

(a)　　　　　　(b)　　　　　　(a)　　　　　　(b)

图 4-21　相贯线为圆　　　　　　図 4-22　相贯线为直素线

第5章　轴测投影

多面正投影图以其准确度量建筑形体的实形和大小、作图简便的优点，博得工程实践中的广泛应用。但这种图直观性差，不易读懂。而轴测投影图，则可弥补这一缺憾，如图 5-1 所示。所以，在工程实践中，往往用轴测图来辅助读图。

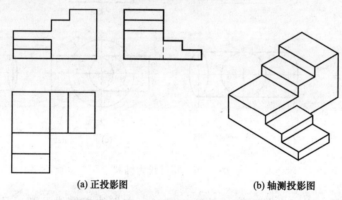

(a) 正投影图　　　　　　　　(b) 轴测投影图

图 5-1　正投影图与轴测投影图比较

5.1　轴测投影的基本知识

5.1.1　轴测投影的形成

将空间形体连同在形体上选定的坐标系，用平行投影法向单一投影面（P）做投影，得到的投影图，称为轴测投影图（简称轴测图），如图 5-2 所示。

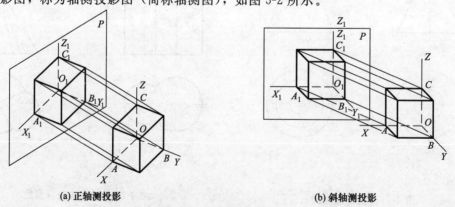

(a) 正轴测投影　　　　　　　　(b) 斜轴测投影

图 5-2　轴测投影图的形成

5.1.2 轴测投影图的基本概念和分类

（1）基本概念

① 轴测投影面　图 5-2 中的投影面 P 称为轴测投影面。

② 轴测轴　3 条坐标轴 OX、OY、OZ 的轴测投影 O_1X_1、O_1Y_1、O_1Z_1 称为轴测轴。

③ 轴间角　每两个相邻轴测轴之间的夹角称为轴间角。如：$\angle X_1O_1Y_1$、$\angle X_1O_1Z_1$、$\angle Y_1O_1Z_1$。

④ 轴间变形系数　某线段沿轴测轴方向的投影长度与其实长的比称为轴向变形系数。如 $O_1A_1/OA=p$、$O_1B_1/OB=q$、$O_1C_1/OC=r$，p、q、r 为沿轴测轴方向的轴向变形系数。

（2）轴测投影图分类　根据投射方向与轴测投影面的相对关系，轴测投影图可分两类。投射方向垂直于轴测投影面投影所得轴测图为正轴测图，如图 5-2（a）所示。投射方向倾斜于轴测投影面投影所得轴测图为斜轴测图，如图 5-2（b）所示。

根据轴向变形系数的不同轴测图又可分为：

① 正（斜）等轴测图——三个轴向变形系数都相等；

② 正（斜）二等轴测图——三个轴向变形系数中有两个相等；

③ 正（斜）三轴测图——三个轴向变形系数各不相等。

本书主要介绍工程中最常用的正等轴测图和斜二等轴测图。

5.1.3 轴测投影的特性

根据平行投影的特性，轴测投影必然有以下特性：

① 空间互相平行的直线，其轴测投影仍然互相平等。

② 空间各直线沿轴测轴方向的投影变化率等于相应的轴向变形系数。

5.2 正轴测图

5.2.1 正等轴测图（简称正等测）的画法

正等轴测图的轴间角均为 $120°$。一般将 O_1Z_1 轴铅直放置，O_1X_1 和 O_1Y_1 轴分别与水平线成 $30°$ 角，如图 5-3 所示。

正等轴测图的各轴向变形系数相等，即 $p=q=r\approx0.82$。为了作图方便，常把轴向变形系数取为 1，这样画出的正等轴测图各轴向尺寸将比实际情况放大了 1.22 倍。

作形体的正等轴测图，最基本的画法为坐标法，即根据形体上各特征点的 X、Y、Z 坐标，求出各点的轴测投影，然后再连成形体表面的轮廓线。

【例 5-1】　根据图 5-4 所示的投影图，求作基础的正等轴测图。

解：作图步骤如下。

① 形体分析。基础由四棱柱及四棱台组成。

② 选择坐标系 O-XYZ，并确定棱柱及棱台上各角点的相对坐标值，如图 5-4（a）所示。

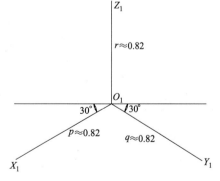

图 5-3　正等轴测图的轴间
角及轴向变形系数

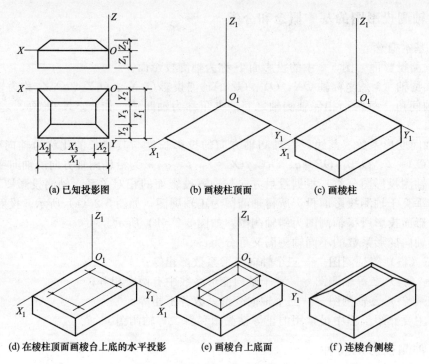

图 5-4　基础正等轴测图的画法

③ 画轴测轴，然后沿 O_1X_1 方向截取棱柱上顶面长度 X_1，过其端点作 Y_1 轴平行线，沿 O_1Y_1 方向截取顶面宽度 Y_1，过其端点作 X_1 轴平行线，完成棱柱顶面，如图 5-4（b）所示。

④ 从顶面各角点向下作 Z_1 轴平行线，并截取棱柱高度 Z_1，连接各端点，即得四棱柱的正等轴测图，如图 5-4（c）所示。

注意：画轴测图时不可见的线条不表示。

⑤ 在棱柱顶面上确定棱台上顶面的四个角点的 X、Y 坐标，分别沿 O_1X_1 方向截取 X_2、X_3，沿 O_1Y_1 方向截取 Y_2、Y_3，并分别作 Y_1 轴及 X_1 轴的平行线，得四个交点，如图 5-4（d）所示。

⑥ 由四个交点向上作 Z_1 轴的平行线，并截取棱台的高度 Z_2，即得棱台顶面的四个角点，如图 5-4（e）所示。

⑦ 棱台底面与棱柱顶面重合，所以将棱台顶面与底面上的四个角点对应连线，就可完成基础的正等轴测图，如图 5-4（f）所示。

注意：棱台的侧棱是一般位置直线，其投影方向和伸缩率都未知，所以只能先画它们的端点，然后再连成直线。

【例 5-2】 作出图 5-5（a）所示形体的正等轴测图。

解：该物体可看作是长方体被切去两部分得到的。作图时应先作出长方体，再分别去掉被切去的部分。

作图步骤如下：

① 画出切割前长方体的正等轴测图，如图 5-5（b）所示。

② 在长方体上定位出切平面的位置，切去左上角部分，如图 5-5（b）所示。

③ 切去右上角的槽，求槽在斜面上的交线 A_1D_1 时，可直接从投影图中量取 C_1D_1 的长度，也可过 A_1 点作 E_1F_1 的平行线，如图 5-5（c）所示。

注意：作图时要充分利用轴测投影的平行性，即空间平行的线段轴测图中仍平行。

④ 整理，加深图线，完成作图，如图 5-5（d）所示。

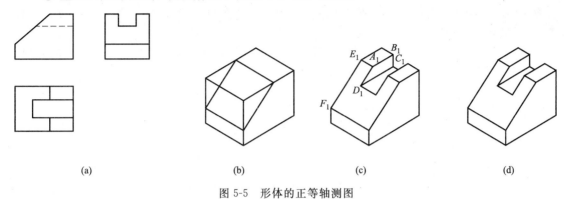

|（a）| |（b）| |（c）| |（d）|

图 5-5　形体的正等轴测图

5.2.2　平行于坐标面圆的正等轴测图

在轴测投影图中，由于各坐标平面均倾斜于轴测投影面，所以平行于坐标平面圆的正等轴测图都是椭圆。

如图 5-6 立方体三个面上的圆的正等轴测图，都是大小相同的椭圆，作图时可采用近似方法——四心法，椭圆由四段圆弧组成。现以水平圆为例，介绍其正等轴测图的画法。

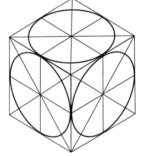

图 5-6　平行于坐标面圆的正等轴测图

① 如图 5-7（a）为半径是 R 的水平圆。

② 作轴测轴 O_1X_1、O_1Y_1 分别与水平线成 $30°$ 角，以 O_1 为中心，沿轴测轴向两侧截取半径长度 R，得到四个端点 A_1、B_1、C_1、D_1，然后，过 A_1、B_1 作 Y_1 轴平行线，过 C_1、D_1 作 X_1 轴平行线，完成菱形，如图 5-7（b）所示。

③ 菱形短对角线端点为 O_2、O_3，连接 O_2A_1、O_2D_1 分别交菱形长向对角线于 O_4、O_5 点，O_2、O_3、O_4、O_5 即为四心法中的四个圆心，如图 5-7（c）所示。

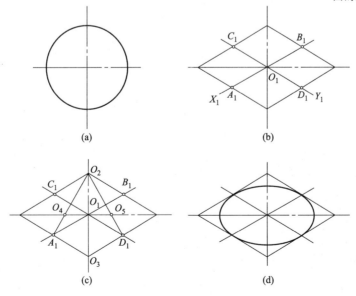

|（a）| |（b）|
|（c）| |（d）|

图 5-7　圆的正等测图近似画法

④ 以 O_2、O_3 为圆心，O_2A_1 为半径画圆弧 A_1D_1、C_1B_1，以 O_4、O_5 为圆心，O_4A_1 为半径画圆弧 A_1C_1、B_1D_1，四段圆弧每两两相切，切点分别为 A_1、D_1、B_1、C_1。完成近似椭圆，如图 5-7（d）所示。

如果求铅直圆柱的正等轴测图，可按上述步骤画出圆柱顶面圆的轴测图，然后按圆柱的高度向下平移可见的三段段圆弧的圆心，即可得到圆柱的正等轴测图，如图 5-8 所示。

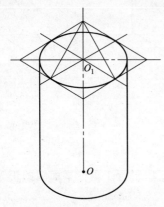

图 5-8　圆柱正等轴测图的画法

【**例 5-3**】　作出图 5-9（a）所示带圆角长方体的正等轴测图。

解： 圆角是 1/4 圆弧，在轴测图中是"四心法"所画四段椭圆弧的一段，因此可采用四段椭圆弧中与之对应的一段近似画出。

作图步骤如下。

① 画出长方体顶面的正等轴测图，并在相应顶点处分别截取圆角半径 R（从投影图中求出）得 A_1、B_1、C_1、D_1 四个点，如图 5-9（b）所示。

② 分别过 A_1、B_1、C_1、D_1 作其所在边的垂线，垂线的交点为 O_1、O_2，分别以 O_1、O_2 为圆心，以 O_1A_1（或 O_1B_1）、O_2C_1（或 O_2D_1）为半径画圆弧，如图 5-9（c）所示。

③ 将 O_1、O_2 向下平移长方体高度，半径不变，画出长方体的底面的圆角。作出长方体的棱线及右前方上下底面圆角的公切线，如图 5-9（d）所示。

④ 整理，加深图线，完成作图，如图 5-9（e）所示。

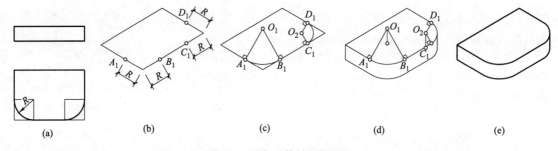

(a)　　　　　　(b)　　　　　　(c)　　　　　　(d)　　　　　　(e)

图 5-9　圆角正等轴测图画法

5.2.3　正二等轴测图

正二等轴测图的轴间角 $\angle X_1O_1Z_1 = 97°10'$，$\angle Y_1O_1Z_1 = \angle X_1O_1Y_1 = 131°25'$。轴向变形系数 $p = r \approx 0.94$，$q \approx 0.47$，画图时常取 $p = r = 1$，$q = 1/2$，画出的正二测投影图比实际情况大 1.06 倍。

5.3　斜轴测图

5.3.1　正面斜二等轴测图

在研究物体的斜轴测图时，通常使物体的某一侧面与轴测投影面平行。使物体的 XOZ 面与轴测投影面平行，得到的斜轴测图称为正面斜轴测图。在正面斜轴测图中物体的 O_1X_1

轴、O_1Z_1 轴反映实长，即 $p = q = 1$，轴间角 $\angle X_1O_1Z_1 = 90°$。而 O_1Y_1 轴的方向和轴向变形系数 q 随投射方向的改变发生变化。取另外两个轴间角 $\angle X_1O_1Y_1 = \angle Y_1O_1Z_1 = 135°$，$O_1Y_1$ 轴方向的轴向变形系数 $q = 1/2$，形成的斜轴测图为正面斜二等轴测图，简称"斜二测"，如图 5-10 所示。

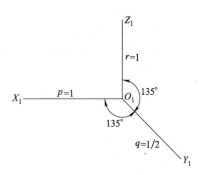

图 5-10 正面斜二测的轴间角和轴向变形系数

【**例 5-4**】 根据图 5-11（a）所示的投影图，求作台阶的斜二测图。

解：作图步骤如下。

① 根据形体的特点选择坐标系 $O\text{-}XYZ$，如图 5-11（a）所示。

② 画轴测轴，X_1 轴向右，Y_1 轴向后，如图 5-11（b）所示。

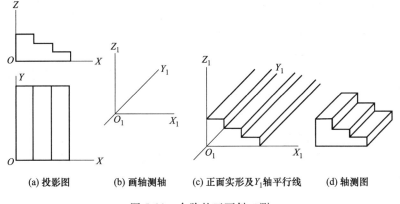

(a) 投影图　　(b) 画轴测轴　　(c) 正面实形及 Y_1 轴平行线　　(d) 轴测图

图 5-11 台阶的正面斜二测

③ 画台阶正面实形，并过实形各转折点作 O_1Y_1 轴平行线，如图 5-11（c）所示。

④ 在各平行线上截取 $Y/2$ 值，将各端点顺次连接，完成台阶的斜二测（不可见的线不画）。如图 5-11（d）所示。

【**例 5-5**】 根据图 5-12（a）所示的投影图，求作法兰盘的斜二测图。

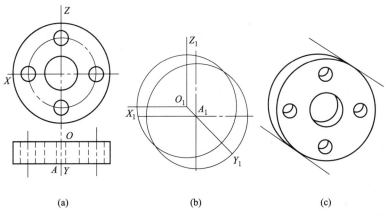

(a)　　　　　　(b)　　　　　　(c)

图 5-12 法兰盘斜二测的画法

解：作图步骤如下。

① 在投影图中选择坐标系 $O\text{-}XYZ$，使每个圆都属于或平行于 XOZ 坐标面，如图 5-12

（a）所示。

② 画出轴测轴 O_1-$X_1Y_1Z_1$，如图 5-12（b）所示。

③ 以 O_1 为圆心画法兰盘大圆的实形，然后沿着 Y_1 轴将实形圆向前平移 $Y/2$，即法兰盘厚度的一半，如图 5-12（b）所示。

④ 作出两个大圆的公切线，同理，可画出 5 个圆孔的轴测图，完成全图，如图 5-12（c）所示。

5.3.2　水平斜等轴测图

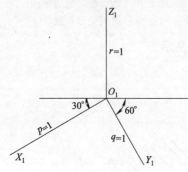

图 5-13　水平斜等轴测轴间角及轴向变形系数

当物体的 XOY 面平行于轴测投影面时，轴间角 $\angle X_1O_1Y_1=90°$，形体上水平面的轴测投影反映实形，即 $p=q=1$。习惯上，仍将 O_1Z_1 轴铅直放置，取 $\angle Z_1O_1X_1=120°$，$\angle Z_1O_1Y_1=150°$，沿 Z_1 轴的轴向变形系数 r 仍取 1，形成的轴测图称为水平斜等轴测图，如图 5-13 所示。

水平斜等轴测图，适宜绘制建筑物的水平剖面图或总平面图。它可以反映建筑物的内部布置、总体布局及各部位的实际高度。

【例 5-6】　根据图 5-14（a）投影图，作出总平面的水平斜等测图。

解：先画出轴测轴 O_1-$X_1Y_1Z_1$，在 $X_1O_1Y_1$ 轴测平面内画出总平面的实形，然后，沿 Z_1 轴方向表达建筑群及树木的高度，完成水平斜轴测，如图 5-14（b）所示。

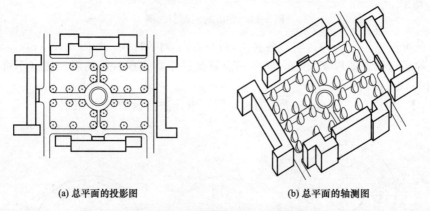

(a) 总平面的投影图　　　　　(b) 总平面的轴测图

图 5-14　总平面图的水平斜轴测图

第6章　组合体的投影

6.1　组合体的组成方式

任何复杂的工程形体，都可以看成是由棱柱、棱锥、圆柱、圆锥和球等基本形体组合而成。由基本形体组合而成的形体称为组合体。组合体按组合方式不同可分为叠加型、切割型和综合型三种形式。

6.1.1　叠加型

由若干基本形体叠加到一起形成的组合体称为叠加型组合体。分析此类型形体时，要先分析它由哪些基本体构成，再分析这些基本体的相互位置关系及表面的连接关系。组成叠加型组合体的基本体在组合时表面连接时存在以下四种情况。

（1）平齐　两基本体相互叠加时部分表面平齐共面，则在表面共面处不画线。在图 6-1（a）中，两个长方体前后两个表面平齐共面，故正面投影中两个体表面相交处不画线。

（2）相错　两基本体相互叠加时部分表面不共面相互错开，则在表面错开处应画线。在图 6-1（b）中，上面长方体的侧面与下方长方体的相应侧面不共面，相互错开，因此在正面投影与侧面投影中表面相交处画线。

（3）相交　两基本体相互叠加时相邻表面相交，则在表面相交处应画线。在图 6-1（c）中下面长方体前侧面与上方棱柱体前方斜面相交，相交处有线。在图 6-1（d）中长方体前后侧面与圆柱体柱面相交产生交线。

（4）相切　两基本体相互叠加时相邻表面相切，由于相切处是光滑过渡的，则在表面相交处不应画线。在图 6-1（e）中长方体的前后侧面与圆柱体柱面相切，正面投影图在表面相切处不画线。

6.1.2　切割型

由基本体经过切割而形成的形体称为切割型组合体。分析此类型形体时，要先找到形体的原型（切割前的形体），再看形体是被怎样切割的。当形体被多次切割时，一般按照从简单到复杂的顺序依次分析。求解切割型形体时，要参照前面介绍的平面截切平面体、平面截切曲面体两部分内容。图 6-2 所示的组合体可以看成是一个四棱柱体先被正垂面在左上方切去一个三棱柱，再被两个铅垂面切去两个楔形体而形成的。

6.1.3　综合型

由若干基本体经过切割，然后再叠加到一起而形成的组合体称为综合型组合体。图 6-3 是一个综合型组合体，它由两个长方体组成，上面长方体被切掉一个三棱柱和一个梯形棱柱体，下面长方体在中间被切掉一个小三棱柱。

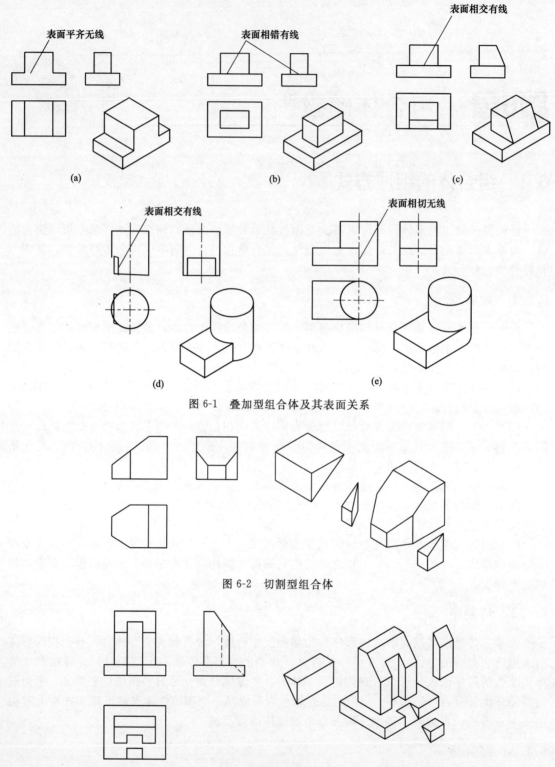

图 6-1 叠加型组合体及其表面关系

图 6-2 切割型组合体

图 6-3 综合型组合体

在分析组合体的组成方式时，形体属于叠加型形体还是切割型形体并不是固定的，同一组合体既可以按照叠加型形体去分析，也可以按照切割型形体进行分析，因此要根据具体情况，选取便于理解、便于作图的组成形式进行分析。

6.2 组合体投影图的画法

实际中的工程形体多为复杂的组合体，为了将其表示在平面上，需要绘制其投影图。绘制组合体的投影图除了要遵守"长对正、高平齐、宽相等"的投影规律外，还应按照一定的方法步骤绘制。

绘制组合体投影图的步骤一般分为形体分析、选择正面投影的投射方向、确定比例和图幅、绘制投影图等。

（1）形体分析　首先对组合体进行形体分析，确定组合体的组成类型，明确组合体各部分的构成情况及相对位置关系，对组合体有个总体认识。图 6-4 为杯口基础，可将其看作由两个长方体底板、一个四棱台和一个长方体杯口组成的。其中在四棱台、长方体杯口上又挖去一个倒四棱台体。

如图 6-5（a）所示，该形体是由长方体切割形成的切割型组合体。先在长方体左上方切去一个长方体，形成 6-5（b）所示形体，再将底板左边切成半圆柱体并挖一个圆柱孔，最后再在右侧竖直长方体上切去一个三棱柱，如图 6-5（c）所示。

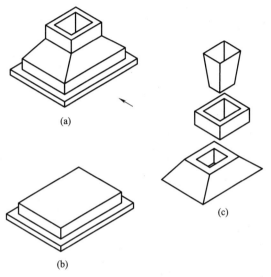

图 6-4　杯口基础的形体分析

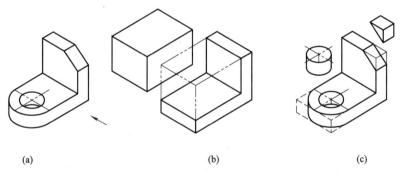

图 6-5　切割型组合体的形体分析

（2）选择正面投影的投射方向　正面投影图是形体的主要投影图，正面投影的选择影响着形体表达效果。选择正面投影的投射方向实际就是确定物体在投影体系中的放置位置，一般遵循以下三个原则。

① 尽量让正面投影反映形体的主要特征。

② 将形体按正常工作位置放置。按生产工艺和安装要求而放置形体，如房屋建筑中的梁应水平放置，而柱子则应竖直放置。

③ 尽量使形体上最多的表面与投影面平行，投影图中虚线最少。

在绘制具体形体投影图时以上三个原则要灵活把握。对图 6-4 中的杯口基础，按照其正

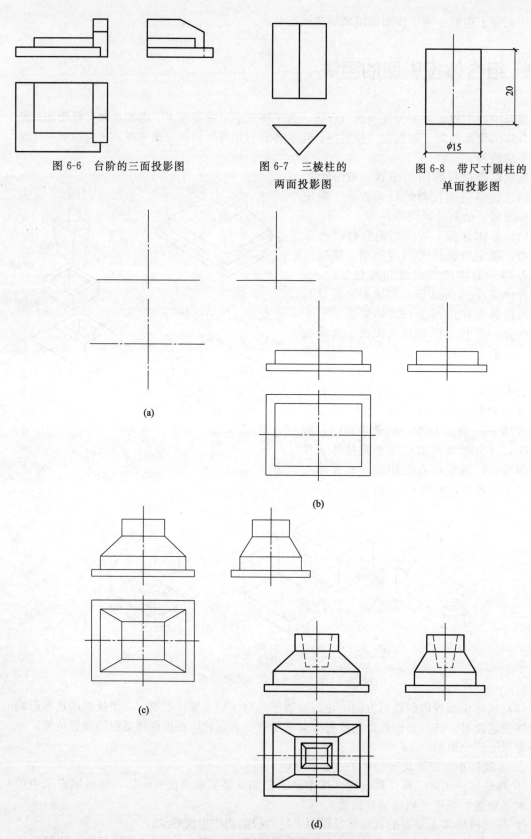

图 6-6　台阶的三面投影图

图 6-7　三棱柱的
两面投影图

图 6-8　带尺寸圆柱的
单面投影图

(a)

(b)

(c)

(d)

图 6-9　叠加型组合体的画图步骤

常位置，选择图示投射方向为好。图6-5所示形体，选择图示投射方向正面投影能清楚地反映形体的主要特征。正立面图的投影方向确定后，水平投影和侧面投影的方向也就随之确定。

（3）确定投影图数量　在实际作图时还要确定投影图的数量。有些形体必须采用三面投影才能表示清楚，如图6-6所示台阶的投影；有些形体用两面投影就能表示清楚，如图6-7所示三棱柱的投影；有些形体通过标注尺寸，用一个投影就能表示清楚，如图6-8所示圆柱的投影。

确定投影图数量时要在保证形体表达完整清晰的前提下，尽量采用较少的投影图。

（4）确定比例和图幅　选择好投射方向后，要确定绘图比例和图纸幅面尺寸。比例及图幅的选择互为约束，应同时进行，二者兼顾考虑。一种方法是先选定比例，确定投影图的大小（包括尺寸布置所需位置），并留出投影图名的位置及投影图间隔，然后确定图纸幅面尺寸；另一种方法是先选定图幅大小，再根据投影图数量和布局，定出比例，如果比例不合适，则要再调整图幅和比例。要使投影图在图纸上大小适当，投影图之间的距离大致相等，图面整体布置合理。

（5）绘制投影图　绘制投影图时一般采用如下步骤。

① 画底稿线。首先确定好投影图在图纸上的位置，一般先画出形体各投影图的基准线。基准线是画图时的定位依据，通常以图形的对称线、中心线、边界线为基准线。然后按照"先主后次、先大后小、先整体后局部"的顺序绘制组合体各部分的投影图。在绘制时先画最能反映形体特征的投影，然后利用投影规律将投影图联合起来画。

② 布置尺寸标注，具体标注方法见本章6.3节。

③ 检查修改。画完底稿后要对所画投影图进行检查，要注意检查各形体的相对位置，表面的连接关系，不要多线少线。

④ 加深图线并注写尺寸数字和图名等。检查无误后，按制图标准规定的线型线宽加深。加深图线顺序是"先上后下、先左后右、先细后粗、先曲后直、先水平后竖直"。

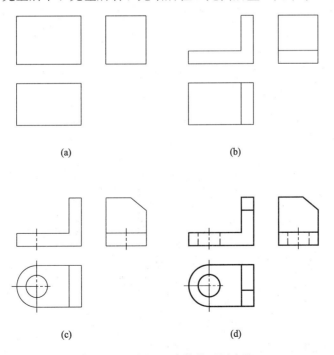

图 6-10　切割型组合体的画图步骤

以图 6-4 杯口基础为例，简述叠加型组合体的画图步骤。先画出杯口基础的基准线，由于杯口基础前后、左右对称，因此水平投影以其对称线为基准线，正面投影和侧面投影以对称线和底板下边线为基准线，如图 6-9（a）所示。以基准线为定位依据，画出杯口基础两块长方体底板的三面投影，如图 6-9（b）所示。画出杯口基础上部四棱台和长方体的三面投影，如图 6-9（c）所示。再画出杯口基础上部挖去倒四棱台的三面投影，正面投影和侧面投影不可见。最后检查图形，整理加深，如图 6-9（d）所示。

图 6-10 为切割型组合体的画图步骤。对切割型组合体应先画出原型的投影图，如图 6-10（a）所示，先画出了原型长方体的投影。再画出切去长方体后的投影，如图 6-10（b）所示。然后再画出底板左边切成半圆柱体后的投影，如图 6-10（c）所示。最后画出挖圆柱孔和右上方切去三棱柱的投影并检查，整理加深，完成形体的三面投影图，如图 6-10（d）所示。

6.3 组合体投影图的尺寸标注

形体的投影图只能表达形体的空间形状，而形体的大小则要由尺寸确定。故在形体的投影图中还必须标注出形体的实际尺寸以明确其具体的大小。在第 1 章第 1 节中已经阐述了平面图形尺寸注法及其相关规定，在此基础上，本节将介绍组合体的尺寸注法。关于专业图的尺寸标注，将在后面有关章节中结合各专业图特点作详细叙述。

6.3.1 基本几何体的尺寸标注

任何形体都有长、宽、高三个方向的大小，所以在标注尺寸时，应把反映三个方向大小的尺寸都标注出来。

基本几何体的尺寸注法如图 6-11 所示。其中，柱体和锥体应标注出决定底面形状的尺寸和高度尺寸；球体可只标注出其直径大小，并在直径数字前加注"$S\phi$"（标注球半径时用 SR）。

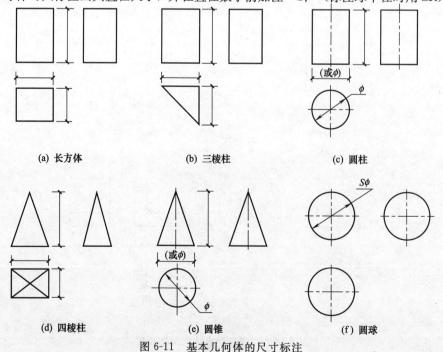

(a) 长方体   (b) 三棱柱   (c) 圆柱

(d) 四棱柱   (e) 圆锥   (f) 圆球

图 6-11 基本几何体的尺寸标注

当基本体标注尺寸后，有时可减少投影图的数量。如在图 6-6 中，除长方体仍需三个投影图表示外，其余的柱体和锥体，均可由两个投影图来表示。圆柱体和圆锥体，当标出底圆直径和高度尺寸后，均可省去表示底圆形状的那个投影图。但是，仅用一个投影图来表示圆柱或圆锥体，直观性较差，通常还是采用两个投影图（其中一个投影图仍应是反映底圆形状的投影图）来表示。当球体的某一投影图标注其直径后，可只用一个投影图来表示。

6.3.2 带切口形体的尺寸标注

带切口的形体，要注意标注确定其截切位置的尺寸，如图 6-12 所示。由于形体与截切平面的相对位置确定后，切口的交线已完全确定，因此不应标注交线的尺寸，以免重复。

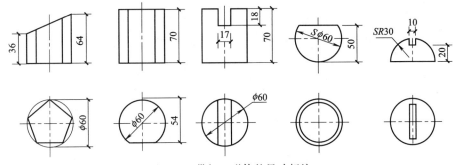

图 6-12 带切口形体的尺寸标注

6.3.3 组合体的尺寸标注

如前所述，组合体可视为是由若干基本体通过一定方式组合而成的，在标注其尺寸时，应先进行形体分析。

组合体的尺寸可分为三类：定形尺寸、定位尺寸和总体尺寸。

（1）定形尺寸 表示构成组合体各基本体大小的尺寸，称为定形尺寸。定形尺寸用来确定各基本体的形状。

如图 6-13 所示，该形体是一个由底板和竖板组成的"凵"形形体。其中，底板由长方体、半圆柱体以及圆柱孔组成。长方体的长、宽、高尺寸分别为 36、33、10；半圆柱体尺寸为半径 R16 和高度 10；圆柱孔尺寸为直径 φ18 和高度 10。这里，高度 10 是三个基本体的公用尺寸。竖板是由一长方体切去前上角形成的（也可以看作是一个五棱柱体）。长方体的三个尺寸分别是 10、33、28；切去的三棱柱的定形尺寸分别是 10、13、18。其中的第一个尺寸厚度 10 也是两个基本体的公用尺寸。

（2）定位尺寸 表示组合体中各基本体之间相对位置的尺寸，称为定位尺寸。

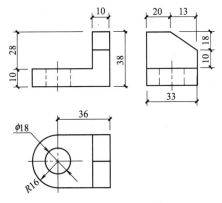

图 6-13 组合体的尺寸标注

如图 6-13 所示，平面图中的尺寸 36 即是确定圆柱孔和半圆柱体中心位置的定位尺寸。回转体（如圆柱孔）的定位尺寸，应标注到回转体的轴线（中心线）上，不能标注到孔的边缘。如图 6-13 所示的平面图，圆柱孔的定位尺寸 36 就是标注到中心线的。

（3）总体尺寸 表示组合体总长、总宽和总高的尺寸称为总体尺寸。

如图 6-13 所示的组合体总长应为圆孔的定位尺寸 36 和半圆柱的半径 16 之和 52；总宽

和总高分别为 33、38。由于一般尺寸不应注到圆柱的素线处，故本例图中的总长尺寸不必另作标注。

6.3.4 组合体尺寸的配置原则

在对组合体进行尺寸标注时除了尺寸要齐全、正确和合理外，还应清晰、整齐和便于阅读。以下列出尺寸配置的主要原则，当出现不能兼顾的情况时，在注全尺寸的前提下，则应统筹安排尺寸在各投影图中的配置，使其更为清晰、合理。

(1) 尺寸标注要齐全　不能漏注尺寸。首先注各组成部分的定形尺寸，然后注出表示它们之间相对位置的定位尺寸，最后再标注组合体的总体尺寸。按上述步骤来标注尺寸，就能做到尺寸齐全。

(2) 尺寸标注要明显　尽可能把尺寸标注在反映形体形状特征的投影图上，一般可布置在图形轮廓线之外，并靠近被标注的轮廓线，某些细部尺寸允许标注在图形内。与两个投影图有关的尺寸，以标注在两投影图之间的一个投影图上为好。此外，还要尽可能避免将尺寸标注在虚线上。

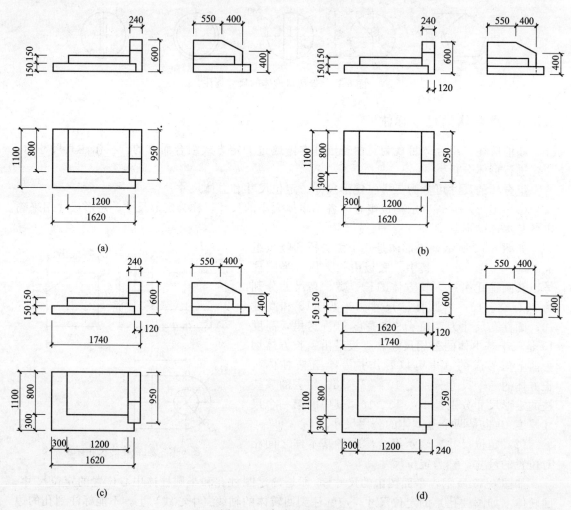

图 6-14　台阶的尺寸标注

如图 6-13 中平面图上注写反映底板形状特征的尺寸 $\phi18$，$R16$ 和 36；侧面图中注写反映形状特征的尺寸 20、13、10 和 18；圆柱孔的定位尺寸 36 则布置在平面图和正立面图之间。

（3）尺寸标注要集中　同一个几何体的定形和定位尺寸尽量集中，不宜分散。如图 6-13 中，底板的定形和定位尺寸都集中标注在平面图上。

（4）尺寸布置要整齐　可把长、宽、高三个方向的定形、定位尺寸组合起来排成几道尺寸，从被注的图形轮廓线由近向远整齐排列，小尺寸应离轮廓线较近，大尺寸应离轮廓线较远。平行排列的尺寸线的间距应相等，尺寸数字应写在尺寸线的中间位置，每一方向的细部尺寸的总和应等于总体尺寸。标注定位尺寸时，通常对圆弧形要注出圆心的位置。

【例 6-1】　标注图 6-14 所示台阶的尺寸。

解：由台阶投影图可看出，台阶由上下两个长方体和右侧的五棱柱（也可看成长方体切去一角）三部分构成。标注尺寸时，应先标注三部分的定形尺寸，再标注三部分间的定位尺寸，最后标注出台阶的总尺寸。作图步骤如下。

① 标注台阶各部分的定形尺寸，如图 6-14（a）所示。

② 标注各部分的定位尺寸，两个长方体在长度、宽度方向上的定位以下方长方体最左侧面和最前侧面为基准（即图中两个 300），高度方向上不用定位。台阶右方五棱柱在长度方向上，以下方长方体最右侧面为基准定位（即图中 120），宽度、高度方向不用定位，如图 6-14（b）所示。

③ 标注出台阶总尺寸。下部长方体宽度即是总宽，五棱柱高度即是总高，故只需标注出总长，如图 6-14（c）所示。

④ 对尺寸进行合理布置，如图 6-14（d）所示。

6.4　组合体投影图的阅读

画图是将三维立体的形体表达在二维的平面图纸上。而读图是其反过程，即根据图纸上的投影图和所注尺寸，想象（分析、推理）出形体的空间形状、大小、组成方式和构造特点。

6.4.1　读图的基础

（1）几个投影图要联系起来读　由于组合体是用多面正投影来表达的，而在每一个投影图中只能表示形体的长、宽、高三个基本方向中的两个，因此不能看了一个投影图就下结论。由图 6-15 可见，一个投影图不能唯一确定形体的形状。只有把各个投影图按"长对正、高平齐、宽相等"的规律联系起来阅读，才能读懂。

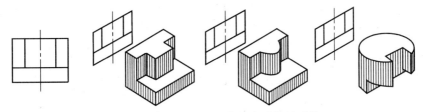

图 6-15　一个投影图不能确定形体的形状

（2）注意形体的方位关系　正面投影反映形体的左右和上下方向的位置关系，不反映形体的前后方向的位置关系；水平投影反映形体左右和前后方向的位置关系，不反映形体上下方向的位置关系；侧面投影反映形体上下和前后方向的位置关系，不反映形体左右方向的位置关系。通过投影图中的可见性判断，可以准确地判断形体中各个部分的空间位置关系，进而帮助我们更清楚地理解整个形体。

（3）认真分析形体间相邻表面的相对位置　读图时要注意分析投影图中反映形体之间相关的图线，判断各形体间的相对位置。如图 6-16（a）在正立面图中，三角肋板与底板之间为粗实线，说明它们的前表面不共面；结合平面图和左侧立面图可以判断出肋板只有一块，位于底板中间。而图 6-16（b）的正立面图中三角肋板与底板之间为虚线，说明其前表面是共面的，结合平面图、左侧立面图可以判断三角肋板有前后两块。

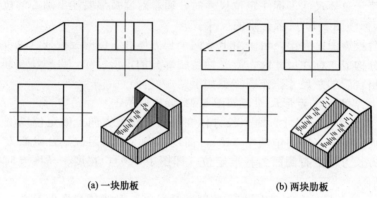

(a) 一块肋板　　　　　　　(b) 两块肋板

图 6-16　判断形体间的相对位置

另一方面，从图 6-16 中所示的两个形体来比较，它们的平面图和左侧立面图完全相同，仅仅因为正立面图中的一段折线为实线和虚线的区别，便呈现出中间肋板的较大差异。

（4）掌握各种位置直线、平面的投影特征　各种位置直线、平面的投影在第 2.5 节、第 2.6 节已详细地介绍了。要能够根据已知投影很快地判断出直线、平面的空间位置，利用投影特性，确定其在其他投影面上的投影。熟练掌握各种位置直线、平面的投影是阅读组合体投影图的基础。

（5）弄清投影图中图线、线框的空间含义　在读图时要注意投影图中每条图线、每个封闭线框的空间含义。弄清投影图中图线、封闭线框的空间含义有利于想象整个形体的空间形状。如图 6-17 所示，投影图中图线、封闭线框的空间含义有多种可能情况。

投影图中的图线的空间含义有下面三种可能。

① 表示相邻两个表面的交线（一条或多条）的投影。图中 $1'$ 对应的线表示六棱柱两个侧面的交线（即棱线）的投影。

② 表示平面或曲面的积聚投影。图中 2 对应的线表示六棱柱侧面的积聚投影，3 对应的线表示圆柱体柱面的积聚投影。

③ 表示曲面体的转向轮廓线（最边界素线）的投影。图中 $4'$ 对应的线表示圆柱体上最左素线的投影。

投影图中的封闭线框的空间含义有下面三种可能。

① 表示一个平面或曲面。图中圆形线框 5 表示圆柱体上底面的投影。

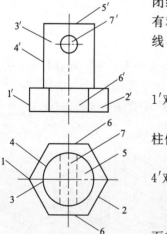

图 6-17　图线、线框的空间含义

② 表示多个平面的重合投影。图中矩形线框 $6'$ 表示六棱柱最前最后两个侧面的重合投影。

③ 表示形体上的孔或槽的投影。图中圆形线框 $7'$ 表示圆柱体上小圆孔的投影。

（6）反复对照　在读图过程中要把想象中的形体与给定的投影图反复对照，再不断修正想象中的形体形状，图与物不互相矛盾时，才能最后确认。

6.4.2 读图的基本方法

（1）形体分析法 在投影图中，根据形状特征比较明显的投影，先将其分成若干个基本体，并按它各自的投影关系分别想象出各个基本体的形状，然后再把它们组合起来，想象出组合体的整体形状，这种方法称为形体分析法。

用形体分析法读图，可按下列步骤进行（以图 6-18 为例）。

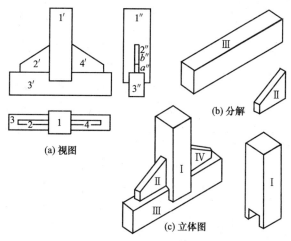

图 6-18 形体分析法读图

① 分线框 将组合体分解成若干个基本体。组合体的投影图表现为线框，因此，可以从反映形体特征的正立面图入手，如图 6-18（a）所示，将正立面图初步分为 $1'$、$2'$、$3'$、$4'$ 四个部分（线框）。

② 对投影 对照其他投影图，找出与之对应的投影，确认各基本体并想象出它们的形状。在平面图和左侧立面图中与前述 $1'$、$3'$ 相对应的线框是：1、3 和 $1''$、$3''$，由此得出简单体Ⅰ和Ⅲ，如图 6-18（b）所示；与 $2'$ 对应的线框，平面图是 2，但左侧立面图中却是 a'' 和 b'' 两个线框，此是因为其所对应的是上顶面为斜面的简单体Ⅱ，如图 6-18（b）所示；至于 $4'$ 线框体现的是与左边Ⅱ相对称的部分。

③ 想整体 读懂各简单体之间的相对位置，得出组合体的整体形状，如图 6-18（c）所示。

（2）线面分析法 分析所给各投影图上相互对应的线段和线框的意义，从而弄清组合体的各部分以及整体的形状，这种方法称为线面分析法。

下面以图 6-19 为例说明线面分析法读图全过程。

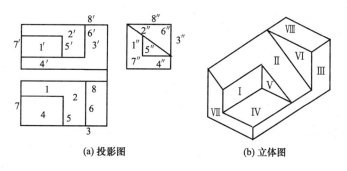

图 6-19 线面分析法读图

① 将正立面中封闭的线框编号，在平面图和左侧立面图中找出与之对应的线框或线段，确定其空间形状。

正立面图中有 1′、2′、3′三个封闭线框，按"高平齐"的关系，1′线框对应 W 投影上的一条竖直线 1″，根据平面的投影规律可知Ⅰ平面是一个正平面，其 H 面投影应为与之"长对正"的平面图中的水平线 1。2′线框对应 W 投影应为斜线 2″，因此Ⅱ平面应为侧垂面，根据平面的投影规律，其 H 面投影不仅与其正面投影"长对正"，而且应互为类似形，即为平面图中封闭的 2 线框。3′线框对应 W 投影为竖线 3″，说明Ⅲ平面为正平面，其 H 面投影为横向线段 3。

② 将平面图和侧面图中剩余封闭线框编号，分别有 4、8 和 5″、6″、7″，找出其对应投影并确定空间形状。

其中，4 线框对应投影为线段 4′和 4″，此为矩形的水平面；8 线框对应投影为线段 8′和 8″，其亦为矩形的水平面；5″线框的对应投影为竖向线 5′和 5，可确定为形状是直角三角形的侧平面；同理，6″线框及竖线 6′和 6 亦为侧平面；7″线框对应投影为竖线 7′和 7，可确定它亦为侧平面。

③ 由投影图分析各组成部分的上、下、左、右、前、后关系，综合起来得出整体形状，如图 6-19（b）所示。

上面虽然采用了两种不同的读图方法，读了两组不同的投影图，这只是为了说明两种读图方法的特点，其实这两种方法并不是截然分开的，它们既相互联系，又相互补充，读图时往往要同时用到这两种方法。对一些复杂的组合体，通常先用形体分析法分析整体，再用线面分析法分析局部。

总的来说，读图步骤常常是先作大概肯定，再作细致分析；先用形体分析法，后用线面分析法；先外部后内部；先实线后虚线；先整体后局部，再由局部回到整体。有时，也可以画轴测图来帮助读图。

6.4.3 读图实例

【例 6-2】 补全图 6-20（a）所示组合体三面投影中所缺的图线。

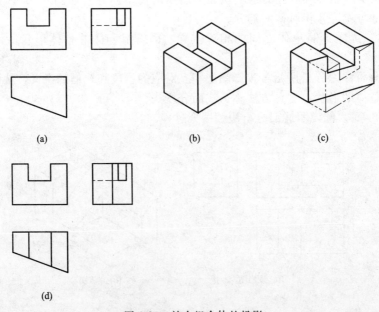

图 6-20 补全组合体的投影

解：根据所给缺线的三面投影图，不难看出该形体为切割型组合体，原型应为长方体。由正面投影可看出长方体被一个水平面、两个侧平面在中间切出一个槽，正面投影就是切割后的特征面，可以想象出切割后的形状，如图 6-20（b）所示。由水平投影可看出该形体又被一个铅垂面切去了前方一部分，如图 6-20（c）所示。从左侧投影未看出切割，但投影中所给虚线恰与正面投影的槽对应，虚线右侧的实线与铅垂面切割后槽的前表面对应。因此，可确定组合体的整体形状即为图 6-20（c）中的形状。按照上述组合体的形成过程，逐步添加图线。中间切槽后，水平投影缺两条线；铅垂面切割后，侧面投影少一条线，补全后的结果如图 6-20（d）所示。补完图线后还应该再检查、验证一遍。

【例 6-3】　如图 6-21（a）所示，已知组合体的正面投影和侧面投影，补画其水平投影。

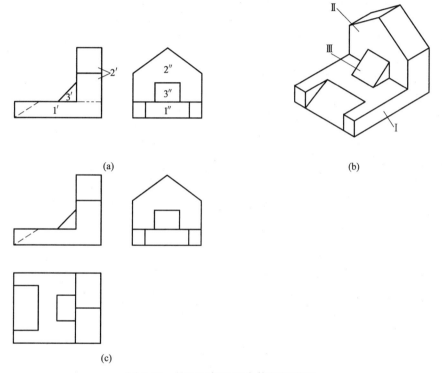

图 6-21　补画叠加型组合体的投影图

解：根据已知的正面投影和侧面投影可看出该形体为叠加型组合体。由投影图中的线框及"高平齐"的对应关系，不难看出该形体由三部分构成。长方体Ⅰ在底下而且在左边切出一个三棱柱形槽。五棱柱Ⅱ在形体右边，在长方体上面，五边形底面侧平放置。三棱柱体Ⅲ也在长方体上面，前后方向在中间，三角形底面正平放置。根据上述分析，可得出该形体整体形状，如图 6-21（b）所示。画图时，先分别画出未切槽的长方体Ⅰ、五棱柱Ⅱ、三棱柱体Ⅲ的水平投影，再画出切槽后的长方体Ⅰ的水平投影，检查是否多线、少线，完成作图，如图 6-21（c）所示。

【例 6-4】　如图 6-22（a）所示，已知组合体的正面投影和水平投影，补画其侧面投影。

解：根据已知的正面投影和水平投影可看出该形体为切割型组合体，原型为长方体。按照"长对正"的对应关系，正面投影投影中的梯形线框 $1'$ 与水平投影中的线框 1 对应，可得Ⅰ平面为梯形侧垂面。水平投影投影中的线框 2 与正面投影中的线段 $2'$ 对应，可得Ⅱ平面为梯形正垂面（被铅垂面切割前）。由此确定是在长方体上挖去一个倒直四棱台，如图 6-22（b）所示。然后，由两个已知投影不难看出，又挖去一个底面与倒四棱台下底面大小相等

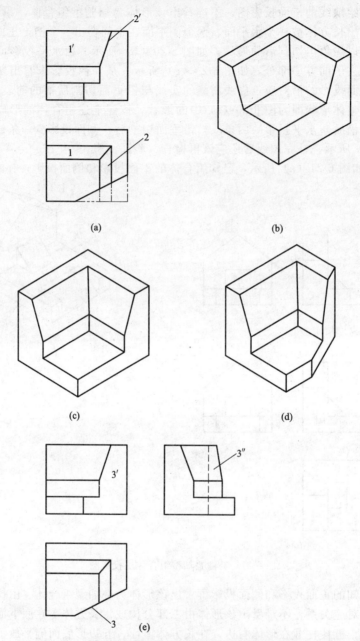

图 6-22　补画切割型组合体的投影图

的长方体，如图 6-22（c）所示。最后又被一个铅垂面切去了左前方一角，得到的形体如图 6-22（d）所示。画侧面投影时，先画出长方体原型的侧面投影，再画出切去倒四棱台和长方体后的侧面投影，最后画出被铅垂面切割后的投影，完成作图，如图 6-22（e）所示。形体被投影面垂直面截切，必在两个投影面上出现类似形，如图 6-22（e）中的 $3'$ 和 $3''$。这一特性能帮助分析、画图，还可对所画投影图进行检查。

第7章　建筑工程形体的表达方法

7.1　建筑形体的视图

7.1.1　基本视图

（1）基本视图的形成　基本视图是按正投影法向几个相互垂直的投影面上作正投影得到的投影图。制图标准中规定用正方体的六个表面作为六个基本投影面，分别记作 H 面、V 面、W 面、H_1 面、V_1 面、W_1 面，将物体放在正方体中，分别向六个基本投影面作正投影，所得到的六个投影图即为物体的六个基本视图。六个基本视图中 H 面上的投影、V 面上的投影、W 面上的投影就是前面中提到的水平投影、正面投影和侧面投影。六个基本视图的名称及投射方向如下。

①　正立面图　自前向后投射所得到的投影图。

②　平面图　自上向下投射所得到的投影图。

③　左侧立面图　自左向右投射所得到的投影图。

④　底面图　自下向上投射所得到的投影图。

⑤　右侧立面图　自右向左投射所得到的投影图。

⑥　背立面图　自后向前投射所得到的投影图。

六个基本视图的展开方法如图 7-1 所示，仍然保持正立投影面 V 面不动，H 面向下旋转 $90°$，W 面向右旋转 $90°$，H_1 面向上旋转 $90°$、V_1 面向右旋转 $180°$、W_1 面向左旋转 $90°$，这样各个投影面就旋转至与正立投影面共面的位置。六个基本视图宜按展开后对应的位置关系放置，如图 7-2（a）所示。在六个基本视图中，由于在展开时正立面投影图保持不变，所以正立面投影图比较直观易读。因此在对形体进行投影时，应尽量使形体正立面图反映物体的主要特征。在绘制形体视图时，六个基本视图要根据具体情况选用，在完整清晰地表达物体特征的情况下，选用的视图数量越少越好。

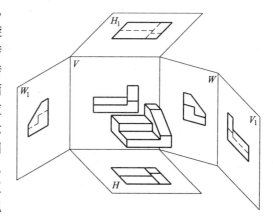

图 7-1　基本视图的展开

（2）视图配置　如果六个基本视图画在一张图纸内，并且按 7-2（a）位置排列时，可不注写视图名称。在实际中为了合理利用图纸，在一张图纸上绘制六个基本视图或其中几个时，其位置宜按主次关系从左到右依次排列，如图 7-2（b）所示。一般每个视图均应在下方标注出图名，并在图名下画一粗横线，其长度以图名所占长度为准。对于房屋建筑图，由于图形较大，受图幅限制，一般都不能画在一张图纸上，因此在工程实际中均需标注出各视图的图名。

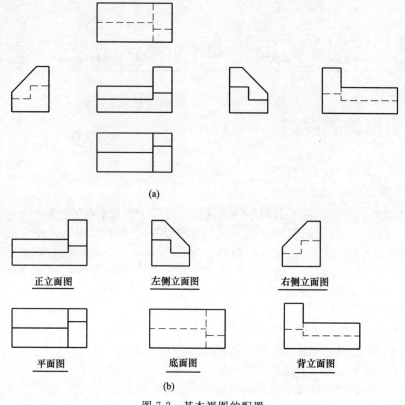

(a)

正立面图　　　　　　左侧立面图　　　　　　右侧立面图

平面图　　　　　　底面图　　　　　　背立面图

(b)

图 7-2　基本视图的配置

7.1.2　镜像视图

在国家标准中规定，当某些工程构造，用直接正投影法不易表达时，可用镜像投影法绘

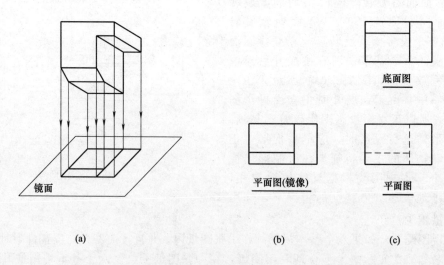

底面图

平面图(镜像)　　　　平面图

镜面

(a)　　　　　　　　　　　(b)　　　　　　　(c)

图 7-3　镜像视图

制。如图 7-3（a）所示，用镜面代替水平投影面，则形体在镜面中反射得到的图像称为镜像视图，这种投影方法称为镜像投影法。采用镜像投影法绘制的视图，应在图名后加注"镜像"二字，如图 7-3（b）所示。图 7-3（c）是用直接正投影法绘制的该物体的平面图和底面图，可以看出平面图中不可见的部分，在镜像投影图中都是可见的而形体中的左右、前后的方位关系并没有改变，在底面图中虽然平面图中不可见的部分变得可见了，但是形体前后方向的对应关系是与平面图相反的。在房屋建筑图中，常用镜像平面图来表示室内装修的顶棚布置情况等。

7.2 建筑形体的剖面图

7.2.1 剖面图的形成

应用基本视图表达建筑形体时，形体上不可见的轮廓线用虚线表示。由于建筑形体内外结构都比较复杂，形体的内部结构在投影时又往往不可见，视图中会出现较多的虚线，使图面虚实线交错，混淆不清，给读图和尺寸标注带来很大麻烦。

为了清楚地表达物体的内部结构，便于读图，假想用剖切平面将物体剖切开，把剖切平面和观察者之间的部分移去，将剩余部分向投影面投影，所得的投影图称为剖面图，剖面图可简称剖面。剖面图是工程实践中广泛采用的一种工程图样。

图 7-4 所示为污水池的三视图，在三个投影图上出现了许多虚线，使其对形体的表达不够清晰，给读图带来很多困难。为表明其内部结构，假想用一个通过污水池排水孔中心线的正平面 P 将污水池剖开，移去平面 P 前面的部分，将剩余的后半部分向正立投影面投影，就得到了污水池的正立剖面图，如图 7-5（a）所示。同样，可选择通过污水池左右方向对称线的侧平面 Q 剖开污水池，移去 Q 平面左面的部分，剩余部分向 W 面投影，得到左侧剖面图，如图 7-5（b）所示。由于水池下的支座在两个剖面图中已表达清楚，故在平面图中可省去表示支座的虚线，如图 7-5（c）所示。

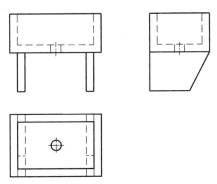

图 7-4 污水池的三视图

7.2.2 剖面图的画法

（1）剖切平面的选择 为了表达形体内部结构的真实形状，剖切平面一般应平行于某一个基本投影面，特殊情况下剖切平面也可垂直于某个基本投影面。同时，为了表达清晰，应尽量使剖切平面通过形体的对称面或主要轴线、中心线及物体上的孔、洞、槽等结构的轴线或对称线。如图 7-5（b）所示剖切平面为污水池的左右对称面，7-5（a）所示剖切平面通过污水池排水孔的中心线。

（2）剖面图的标注 为了便于阅读，查找剖面图与其他图样间的对应关系以及准确表达剖切情况，应对剖面图进行标注。标注应包括如下内容。

① 剖视剖切符号 剖面图的剖视剖切符号由剖切位置线和剖视方向线组成，均用粗实线绘制。剖切位置线用两小段粗实线表示，每段长度宜为 6～8mm，如图 7-6 所示。剖切位置线有时需要转折，在转折处的标注方法，如图 7-6 所示。剖视方向线表明剖切后的投影方

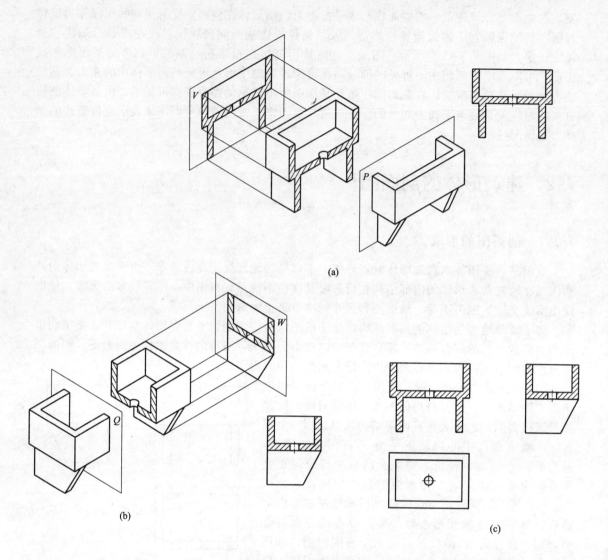

图 7-5　剖面图的形成

向，它与剖切位置线垂直，长度短于剖切位置线，宜为 4～6mm，如图 7-6 所示。绘图时，剖视剖切符号应画在与剖面图有明显联系的视图上，且不宜与图形轮廓线相交。

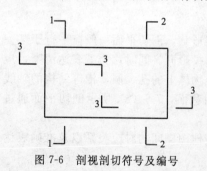

图 7-6　剖视剖切符号及编号

② 剖视剖切符号的编号及剖面图的图名　剖视剖切符号的编号宜采用阿拉伯数字水平注写在剖视方向线的端部，如图 7-6 所示。

剖面图的图名以剖切符号的编号命名，并在图名下绘一粗实横线，其长度应以图名所占长度为准。如剖切符号编号为"1"，则相应的剖面图命名为"1-1 剖面图"，

（3）材料图例　在剖面图中，形体被剖切后得到的断面轮廓线在进行投影时是可见的，用粗实线绘制。同时还应在剖面图的断面部分画出代表实际材料的材料图例。常用的建筑材料图例见表 7-1。如果没有指明形体的实际材料，材料图例可用间隔均匀的 45°细实线（相当于砖的材料图例）表示。

表 7-1　常用建筑材料图例

序号	名称	图例	说明
1	自然土壤		包括各种自然土壤
2	夯实土壤		
3	砂、灰土	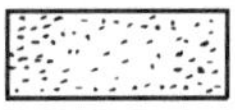	靠近轮廓线绘较密的点
4	砂砾石、碎砖三合土	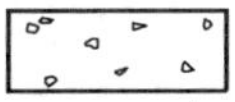	
5	石材	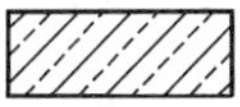	
6	毛石		
7	普通砖	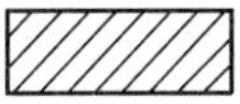	包括实心砖、多孔砖、砌块等砌体。断面较窄不易绘出图例线时,可涂红
8	多孔砖		非承重砖砌体
9	饰面砖	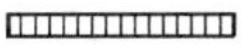	包括铺地砖、马赛克、陶瓷锦砖、人造大理石等
10	混凝土		1. 本图例指能承重的混凝土及钢筋混凝土 2. 包括各种强度等级、骨料、添加剂的混凝土 3. 在剖面图上画出钢筋时,不画图例线
11	钢筋混凝土		4. 断面图形小,不易画出图例线时,可涂黑
12	多孔材料	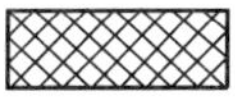	包括水泥珍珠岩、沥青珍珠岩、泡沫混凝土、非承重加气混凝土、软木、蛭石制品等
13	泡沫塑料材料	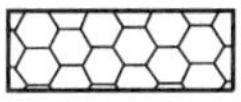	包括聚苯乙烯、聚乙烯、聚氨酯等多孔聚合物类材料
14	木材	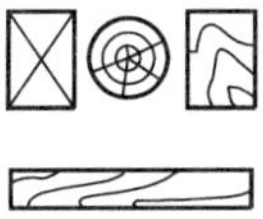	1. 上图为横断面,上左图为垫木、木砖或木龙骨 2. 下图为纵断面
15	金属		1. 包括各种金属 2. 图形小时,可涂黑
16	防水材料		构造层次多或比例大时,采用上图例

（4）画剖面图应注意的问题

① 剖切是假想的。整个剖切过程是假想的,而形体仍然是完整的形体,形体的其他视图仍应完整画出。若需要对形体进行两次以上剖切,则每次剖切都应按整个形体进行考虑。

② 剖面图中不可见的形体轮廓线,当配合其他视图能够表达清楚时,一般省略不画虚线。若因省略虚线不能表达清楚或引起误解,则不可省略。

③ 剖面图的位置一般按投影关系配置。在表达形体时剖面图可代替原有的基本视图,如图 7-5（c）所示。当剖面图按投影关系配置,且剖切平面为形体对称面时,可全部省略标注。必要时也允许将剖面图配置在其他位置,但应注写图名。

7.2.3　剖面图的种类

（1）全剖面图　用剖切面完全地剖开形体所得到的剖面图称为全剖面图。全剖面图以表达形体的内部结构为主。常用于外部形状较简单的不对称形体。

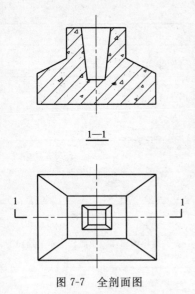

图 7-7 全剖面图

图 7-7 为用全剖面图表达的杯形基础。1—1 剖面图是用通过杯形基础前后对称面的切平面剖切开形体，然后从前向后投影得到的剖面图。由于基础是钢筋混凝土结构的，所以在剖面图的断面上画出了钢筋混凝土的材料图例。剖面图很清楚地表示出了基础的内部形状，再结合平面图便可得出，基础的内部是倒四棱台形状的槽。

(2) 半剖面图　对于对称的形体，作剖面图时，可以以对称线为分界线，一半画剖面图表达内部结构，一半画视图表达外部形状，这种剖面图称为半剖面图。它适用于表示内外形状都较复杂的对称形体。

如图 7-8 所示形体前后、左右都对称，正立面图画成半剖面图，以表示其内部结构和外部形状。由于平面图配合正立剖面图已能完整、清晰地表达形体的结构，所以平面图中省略了虚线。

画半剖面图应注意以下几点。

① 半个剖面图与半个视图之间要画对称符号，如图 7-8 所示。国家标准规定了对称符号的画法：在对称线（细单点长画线）两端，分别画两条垂直于对称线的平行线，平行线用细实线绘制，长度宜为 6～10mm，间距宜为 2～3mm，平行线在对称线两侧的长度应相等。

② 当对称中心线竖直时，剖面图部分一般画在中心线右侧；当对称中心线水平时，剖面图部分一般画在中心线下方。

③ 半剖面图的标注方法同全剖面图。

(3) 阶梯剖面图　用两个或两个以上互相平行的剖切面剖切形体得到的剖面图，称为阶梯剖面图。当形体内部结构层次较多，用一个剖切面不能同时剖切到所要表达的几处内部构造时，常采用阶梯剖面图。

如图 7-9 所示，形体左右两部分，两部分都是长方体形槽，左右两个槽有一个孔相连，右边的槽底有一个圆孔。如果用一个正平面剖切形体，则不能同时剖开形体上前后两个孔洞。因此采用阶梯剖面图，如图 7-9 所示。

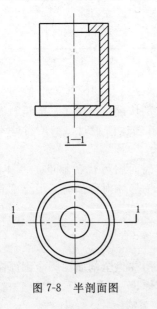

图 7-8　半剖面图

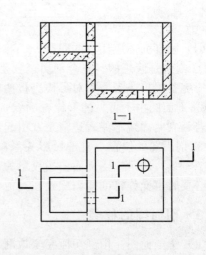

图 7-9　阶梯剖面图

画阶梯剖面图时应注意：在剖切面的开始、转折和终了处，都要画出剖切符号并注上同一编号；剖切是假想的，在剖视图中不能画出剖切平面转折处的分界线且转折处不应与形体的轮廓线重合，如图 7-9 所示。

（4）局部剖面图　用剖切平面局部剖开形体后所得的剖面图称为局部剖面图。局部剖面图常用于外部形状比较复杂、内部形状较简单且仅需局部表示的形体。局部剖面图一般不需要标注剖切符号和图名。形体局部剖开处以波浪线为界线，波浪线应画在形体的实体部分，不得与轮廓线重合，也不得超出轮廓线之外。

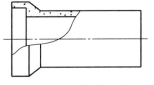

图 7-10　局部剖面图

图 7-10 是混凝土瓦筒的局部剖面图。瓦筒局部剖切的部分可以确定出瓦筒内部的管径和壁厚。

对一些具有不同构造层次的工程形体，可按实际需要，用分层局部剖面图表示。图 7-11 所示为墙面的分层局部剖面图。

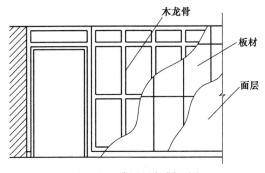

图 7-11　分层局部剖面图

（5）旋转剖面图　用两个或两个以上相交的剖切平面（一般交线垂直于某一投影面）剖开形体，并将倾斜于投影面的断面及其有关部分绕剖切面的交线旋转到平行于投影面的位置，然后再向该投影面作投影，得到的剖面图，称为旋转剖面图。旋转剖面图常用于内部形状用一个剖切平面剖切不能表达完全，并且具有回转轴的形体。如图 7-12 是用两个剖面图表达的检查井。从 2—2 剖面图中可以看出 1—1 剖面图是用垂直于水平面的切平面剖切后，将剖切到的倾斜部分绕竖直线旋转到与正立投影面平行的位置，并与右侧剖切的部分一起向 V 面投影得到的。按国标规定需在图名后加注"展开"字样。从 1—1 剖面图中可以看出 2—2 剖面是以通过检查井两侧管段轴线的水平面为剖切面，作阶梯剖面图得到的。

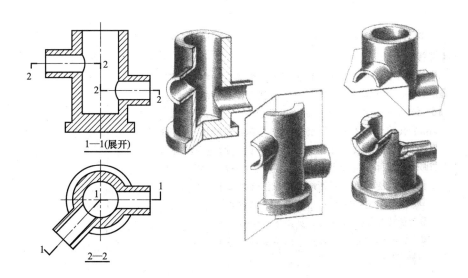

图 7-12　旋转剖面图

画旋转剖面图时应注意：旋转剖面图的标注与阶梯剖面图基本相同。只是按制图标准的规定，旋转剖面图的图名后加注"展开"字样；不可画出两剖切平面相交处的分界线，在两剖切平面相交处需标注与剖切符号相同的编号。

7.3 断面图

7.3.1 断面图的基本概念

用一个假想剖切平面剖开物体，将剖得的断面向与其平行的投影面投影，所得的图形称为断面图或断面，如图 7-13（a）所示。

断面图常用于表达建筑物中梁、板、柱的某一部位的截面形状。图 7-13 为一根钢筋混凝土牛腿柱的断面图和剖面图，从图中可见，断面图与剖面图有许多共同之处，如都是用假想的剖切平面剖开形体；断面轮廓线都用粗实线绘制；断面轮廓范围内都画材料图例等。

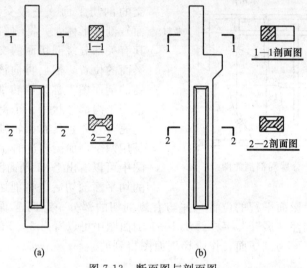

图 7-13　断面图与剖面图

断面图与剖面图的区别主要有以下两点。

① 表示的内容不同。断面图是形体被剖切到的断面的投影，即断面图是平面的投影。而剖面图是形体被剖切后剩余部分体的投影，是体的投影。实际上，剖面图中包含着断面图，如图 7-13 所示。

② 标注不同。断面图的剖视剖切符号只画剖切位置线，不画剖视方向线。编号在哪一侧即向哪一侧投影，如图 7-13（a）中 1—1 断面、2—2 断面表示的剖视方向都是向下的。

7.3.2 断面图的种类与画法

根据断面图与视图位置的不同，断面图可分为移出断面图、中断断面和重合断面图。

（1）移出断面图　画在形体投影图以外的断面图，称为移出断面。为了便于读图，宜将移出断面放在剖切平面迹线的延长线上，也可放在其他适当位置，如图 7-13（a）所示。

（2）中断断面图　将杆件的断面图置于杆件的中断处，这种断面称为中断断面。中断断面不需要标注，常用来表达较长杆件的断面，如图 7-14 所示。

（3）重合断面图　直接画在投影图内的断面图，称为重合断面。重合断面不需要标注。当视图中轮廓线与重合断面轮廓线重合时，视图中的轮廓线仍应连续画出，不可间断，如图

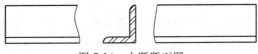

图 7-14　中断断面图

7-15（a）所示。图 7-15（b）是画在平面图上的钢筋混凝土屋面的重合断面。图 7-15（c）是用重合断面表示墙面的凹凸起伏情况，该断面不画完成的断面，只需在断面范围内沿轮廓线边缘画 45°细线。

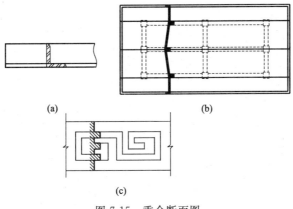

图 7-15　重合断面图

7.4　简化画法

为了节省图幅和绘图时间，提高工作效率，建筑制图国家标准允许在必要时采用下列简化画法。

7.4.1　对称图形的简化画法

对称图形，可只画一半，但要画出对称符号，如图 7-16（a）所示。若对称形体的图形有两条对称线，可只画图形的 1/4，并画出对称符号，如图 7-16（b）所示。对称图形也可以超出图形的对称线，画一半多一点儿，然后加上波浪线或折断线，而不画对称符号，如图 7-16（c）所示。

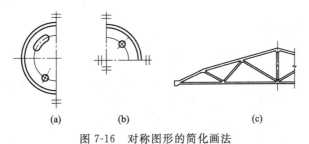

图 7-16　对称图形的简化画法

7.4.2　相同要素的简化画法

如果形体上有多个形状相同且连续排列的结构要素时，可只在两端或适当位置画少数几个要素的完整形状，其余的用中心线或中心线交点来表示，并注明要素总量，如图 7-17

(a)、(b)、(c) 所示。

如果形体上有多个形状相同但不连续排列的结构要素时，可在适当位置画出少数几个要素的形状，其余的以中心线交点处加注小黑点表示，并注明要素总量，如图 7-17 (d) 所示。

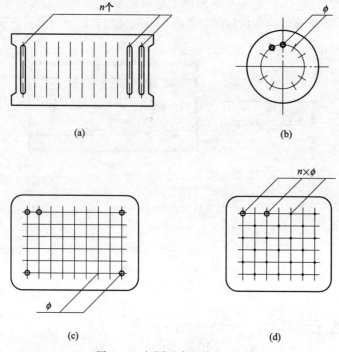

图 7-17 相同要素的简化画法

7.4.3 折断简化画法

当形体较长且沿长度方向的形状相同或按一定规律变化时，可采用折断的画法，省略不画形体上相同的部分。形体断开处以折断线表示，如图 7-18 (a) 所示。需要注意的是标注尺寸时要按折断前原尺寸标注。当一个构件与另一个构件仅部分不同时，该构件可只画出不同的部分，但要在两个构件相同部分与不同部分的分界线上，分别画出连接符号，两连接符号应在对齐在同一条线上，如图 7-18 (b) 所示。

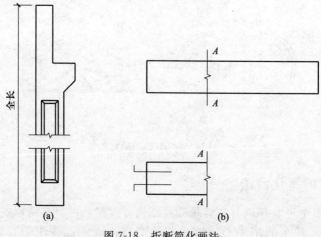

图 7-18 折断简化画法

第8章　房屋建筑施工图

8.1　房屋施工图概述

8.1.1　房屋的组成

房屋按照使用功能不同可分为民用建筑、工业建筑（厂房、仓库等）、农业建筑（养殖场、饲养场等）。民用建筑又可分为居住建筑（住宅、宿舍楼、公寓等）和公共建筑（学校、医院、车站、影剧院等）。各种不同功能的房屋，一般都由基础、墙和柱、楼面与地面、屋顶、楼梯、门窗等基本部分组成，如图 8-1 所示。

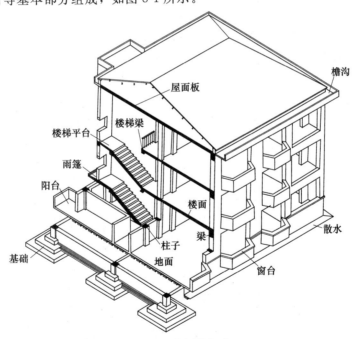

图 8-1　房屋的组成

（1）基础　基础在建筑物的底部，埋于地面以下。基础将建筑物的全部荷载及自重传递给地基。基础作为建筑物的主要承重构件，除了坚固、稳定、耐久之外，还应具有防潮、防水、耐腐蚀等性能。

（2）墙和柱　墙是建筑物的竖向围护构件，墙体按受力情况可分为承重墙和非承重墙。承重墙既是承重构件，又起围护或分隔房间的作用。非承重墙不起承重作用，只起围护或分隔房间的作用。墙体按所在位置可分为外墙和内墙；墙体按方向又可分为纵墙和横墙，一般沿建筑物长度方向的墙称为纵墙；沿建筑物宽度方向的墙称为横墙。墙体除了有坚固、稳定、耐久等性能外还应具有保温、隔热、隔声、防潮、防水等性能。

柱是竖向承重构件，将房屋屋顶和各楼层的荷载层层下传至基础。但有时柱子不起承重作用，只起增强房屋整体性的作用。

（3）楼面与地面　楼面和地面是将房屋内部空间竖向分隔开的水平承重构件。楼面承受本楼层上的全部荷载及自重，并将这些荷载传递给墙或柱。地面是建筑物底层房间的水平构件，除承受作用其上的全部荷载和自重之外，还应具有防潮、防水等功能。

（4）屋面　屋面是建筑物最上部的围护构件和承重构件。它抵御建筑物各种外界因素对顶层房间的侵蚀，将建筑物顶部的全部荷载及自重传递给墙或柱。屋面除了要具有足够的强度和刚度之外，还应具有保温、隔热、防水等功能。

（5）楼梯　楼梯是房屋中供人们上下楼层的垂直交通设施。楼梯要有足够的通行能力，供人们上下楼和紧急疏散。

（6）门窗　门窗都是非承重的围护构件。门是进入建筑物及内部各房间的通道。窗的主要功能是采光和通风。门窗应具有保温、隔热、隔声等功能。

房屋除具有上述基本组成部分外，还有台阶、雨篷、散水、雨水管、阳台、勒脚等部分。

8.1.2　房屋施工图的产生及分类

（1）房屋施工图的产生　建造房屋需要根据房屋施工图进行施工。房屋施工图是由建筑设计单位经过初步设计、施工图设计两次设计产生的。

初步设计旨在提出方案，表明建筑的平面布局、立面处理、结构形式等内容。初步设计一般需要经过收集资料、调查研究等一系列设计前的准备工作，作出若干方案进行比较，完成方案设计并绘制初步设计图。初步设计一般包括简略的总平面布置，房屋的平面、立面及剖面图，有关技术和构造说明等。

施工图设计是在初步设计的基础上产生的。施工图设计旨在进一步完善初步设计，以符合施工要求。它是在已经批准的初步设计的基础上完成建筑、结构、设备各专业施工图的设计。

对于大型工程或复杂工程，通常在施工图设计之前，增加一个技术设计阶段，用来深入解决各专业的技术问题，这个阶段又称"扩大初步设计"阶段，简称"扩初设计"。扩初设计中应该提出结构方案及设备方案，并做出相应的经济分析和工程概算。

（2）房屋施工图的分类　一套完整的房屋施工图，按照不同专业可分为建筑施工图、结构施工图、设备施工图。

① 建筑施工图　建筑施工图，简称"建施"，用符号"J"编号。建筑施工图是表示建筑物的总体布局、外部造型、细部构造、内外装饰等施工要求的图样。建筑施工图一般应包括：图纸目录、总平面图、建筑设计说明、建筑平面图、建筑立面图、建筑剖面图、建筑详图等。能看懂建筑施工图，掌握它的内容和要求是搞好施工的前提条件。

② 结构施工图　结构施工图，简称"结施"，用符号"G"编号。结构施工图是表示建筑物的结构类型、各承重构件的布置情况、细部尺寸、构造做法等施工要求的图纸。结构施工图一般包括：结构设计说明、基础平面图及基础详图、楼层结构平面图、屋面结构平面图、结构构件详图等。结构施工图是影响房屋使用寿命、质量好坏的重要图纸，施工时要格外仔细。

③ 设备施工图　设备施工图是表示房屋所安装的管线、设备的布置情况的图纸。它包括给水排水施工图，简称"水施"，用符号"S"编号；采暖通风施工图，简称"暖施"，用符号"N"编号；电气施工图，简称"电施"，用符号"D"编号。设备施工图一般由设计说

明，表示管线的水平方向布置情况的平面布置图，表示管线竖向布置情况的系统轴测图，表示安装情况的安装详图等组成。

一套完整图纸的编制顺序应为：图纸目录、设计总说明、建筑施工图、结构施工图、给水排水施工图、采暖通风施工图、电气施工图。各专业施工图的编制顺序为全局性的图纸在前面、局部性的图纸在后面；先施工的图纸在前面，后施工的图纸在后面。

8.1.3 标准图

为了加快设计和施工的速度与质量，将各种常用的建筑构、配件，按照不同的规格标准设计出一系列的施工图，供设计和施工时选用，这种图样称为标准图，将其装订成册后称为标准图集。

标准图按使用范围可分为以下几种。

① 经国家部、委批准的，可以在全国范围内使用的。

② 经各省、自治区、直辖市有关部门批准的，在各地区使用的。

③ 各设计单位编制的图集，在本单位内部使用的。

标准图按专业可分为以下两种。

① 建筑配件标准图，一般用"J"或"建"表示。

② 建筑构件标准图，一般用"G"或"结"表示。

除建筑、结构标准图集外，还有给水排水、电气设备、采暖通风标准图集。

8.1.4 房屋建筑施工图的相关规定

为了保证图纸质量，提高制图效率并便于阅读，国家住房和城乡建设部发布了《房屋建筑制图统一标准》（GB/T 50001—2010）、《总图制图标准》（GB/T 50103—2010）、《建筑制图标准》（GB/T 50104—2010）。在绘制和阅读房屋建筑施工图时要严格遵守国家标准的有关规定。

（1）图线 建筑施工图采用的图线（包括线型、线宽），应符合表 8-1 的规定，线宽 b 应根据图幅的大小，图形的复杂程度，从 2.0mm、1.4mm、1.0mm、0.7mm、0.5mm、0.35mm 的线宽系列中选取。

表 8-1 建筑施工图图线

名称		线型	线宽	用 途
实线	粗	———	b	1. 平、剖面图中被剖切的主要建筑构造（包括构配件）的轮廓线 2. 建筑立面图或室内立画图的外轮廓线 3. 建筑构造详图中被剖切的主要部分的轮廓线 4. 建筑构配件详图中的外轮廓线 5. 平、立、剖面的剖切符号
	中粗	———	$0.7b$	1. 平、剖面图中被剖切的次要建筑构造（包括构配件）的轮廓线 2. 建筑平、立、剖面图中建筑构配件的轮廓线 3. 建筑构造详图及建筑构配件详图中的一般轮廓线
	中	———	$0.5b$	小于 $0.7b$ 的图形线、尺寸线、尺寸界限、索引符号、标高符号、详图材料做法引出线、粉刷线、保温层线、地面、墙面的高差分界线等
	细	———	$0.25b$	图例填充线、家具线、纹样线等

续表

名称		线型	线宽	用　途
虚线	中粗	— – — – —	0.7b	1. 建筑构造详图及建筑构配件不可见的轮廓线 2. 平面图中的起重机(吊车)轮廓线 3. 拟建、扩建建筑物轮廓线
	中	— — — — —	0.5b	投影线、小于0.5b的不可见轮廓线
	细	— — — — —	0.25b	图例填充线、家具线等
单点长画线	粗	— — —·— — —·—	b	起重机(吊车)轨道线
	细	— — —·— — —·—	0.25b	中心线、对称线、定位轴线
折断线	细	╱╲╱	0.25b	部分省略表示时的断开界线
波浪线	细	∿∿∿	0.25b	部分省略表示时的断开界线,曲线形构间断开界线 构造层次的断开界线

注:地平线宽可用1.4b。

（2）比例　建筑专业制图选用的比例宜符合表8-2。

表 8-2　建筑施工图比例

图　名	比　例
总平面图、管线图、土方图	1∶300、1∶500、1∶1000、1∶2000
建筑物或构筑物的平面图、立面图、剖面图	1∶50、1∶100、1∶150、1∶200、1∶300
建筑物或构筑物的局部放大图	1∶10、1∶20、1∶25、1∶30、1∶50
配件及构造详图	1∶1、1∶2、1∶5、1∶10、1∶15、1∶20、1∶25、1∶30、1∶50

8.2　建筑总平面图

8.2.1　建筑设计总说明

建筑设计总说明通常放在图纸目录后面或建筑总平面图后面,它的内容根据建筑物的复杂程度有多有少,但一般应包括:设计依据、工程概况、工程做法等内容。

① 设计依据　施工图设计过程中采用的相关依据。主要包括:建设单位提供的设计任务书,政府部门的有关批文、法律、法规,国家颁布的一些相关规范、标准等。

② 工程概况　工程的一些基本情况,一般应包括工程名称、工程地点、建筑规模、建筑层数、设计标高等一些基本内容。

建筑面积:建筑物外墙皮以内各层面积之和。

占地面积:建筑物底层外墙皮以内的面积之和。

③ 工程做法　介绍建筑物的各部位的具体做法和施工要求。一般包括屋面、楼面、地面、墙体、楼梯、门窗、装修工程、踢脚、散水等部位的构造做法及材料要求,若选自标准图集,则应注写图集代号。除了文字说明的形式,对某些说明也可采用表格的形式。通常工程做法中还包括建筑节能、建筑防火等方面的具体要求。

读者可阅读本书附图中的建筑设计说明。

8.2.2　总平面图

（1）总平面图的形成及用途　总平面图是整个建设区域由上向下按正投影的原理投影到水平投影面上得到的正投影图。总平面图用来表示一个工程所在位置的总体布置情况，是建筑物施工定位、土方施工以及绘制其他专业管线总平面图的依据。

总平面图一般包括的区域较大，因此采用 1∶500、1∶1000、1∶2000 等较小的比例绘制。在实际工程中，总平面图经常采用 1∶500 的比例。由于比例较小，故总平面图中的房屋、道路、绿化等内容无法按投影关系真实地反映出来，因此这些内容都用图例来表示。总平面图中常用图例，见表 8-3。在实际中如果需要用自定图例，则应在图纸上画出图例并注明其名称。

表 8-3　总平面图图例

名称	图例	备注
新建建筑物	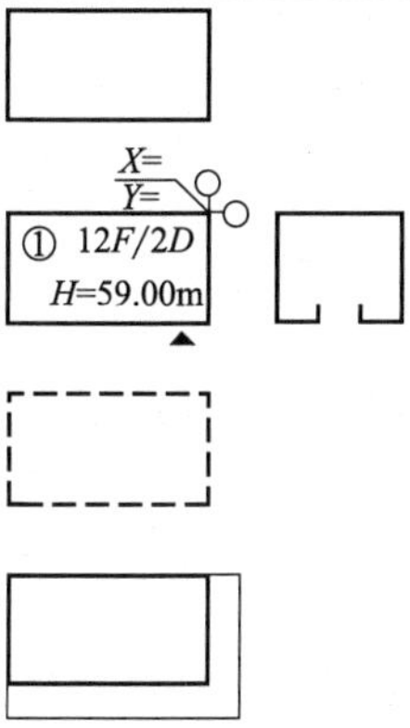 $X=$ $Y=$ ① 12F/2D H=59.00m	新建建筑物以粗实线表示与室外地坪相接处±0.00 外墙定位轮廓线 建筑物一般以±0.00 高度处的外墙定位轴线交叉点坐标定位。轴线用细实线表示，并标明轴线号 根据不同设计阶段标注建筑编号，地上、地下层数，建筑高度，建筑出入口位置（两种表示方法均可，但同一图纸采用一种表示方法） 地下建筑物以粗虚线表示其轮廓 建筑上部（±0.00 以上）外挑建筑用细实线表示 建筑物上部连廊用细虚线表示并标注位置
原有建筑物	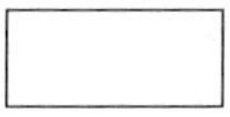	用细实线表示
计划扩建的预留地或建筑物		用中粗虚线表示
拆除的建筑物		用细实线表示
建筑物下面的通道	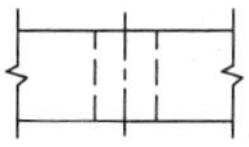	—
散状材料露天堆场	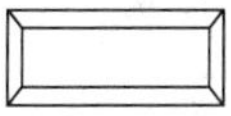	需要时可注明材料名称
其他材料露天堆场或露天作业场		需要时可注明材料名称
铺砌场地	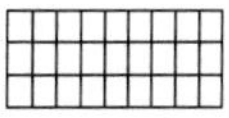	—
烟囱		实线为烟囱下部直径，虚线为基础，必要时可注写烟囱高度和上、下口直径
围墙及大门	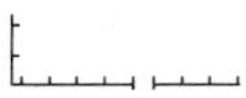	—

续表

名称	图例	备注
挡土墙	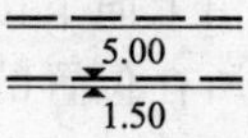 5.00 / 1.50	挡土墙根据不同设计阶段的需要标注 墙顶标高 墙底标高
坐标	1. 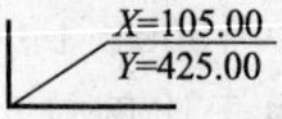 X=105.00 Y=425.00 2. A=105.00 B=425.00 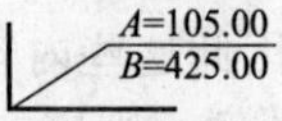	1. 表示地形测量坐标系 2. 表示自设坐标系 坐标数字平行于建筑标注
填挖边坡		—
水池、坑槽		也可以不涂黑
截水沟	 40.00	"1"表示1%的沟底纵向坡度,"40.00"表示变坡点间距离,箭头表示水流方向
雨水口	1. 2. 3. 	1. 雨水口 2. 原有雨水口 3. 双落式雨水口
消火栓井		—
室内地坪标高	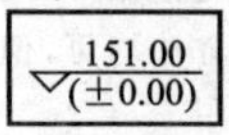 151.00 (±0.00)	数字平行于建筑物书写
室外地坪标高	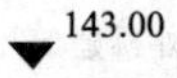 ▼143.00	室外标高也可采用等高线
新建的道路	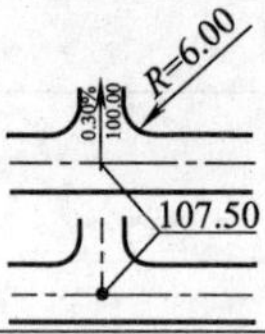 R=6.00 100.00 0.30% 107.50	"R=6.00"表示道路转弯半径;"107.50"为道路中心线交叉点设计标高,两种表示方式均可,同一图纸采用一种方式表示;"100.00"为变坡点之间距离,"0.30%"表示道路坡度,→表示坡向
原有道路	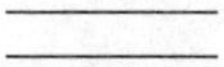	
计划扩建的道路	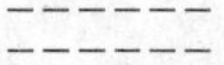	
草坪	1. 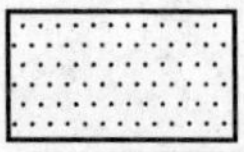 2. 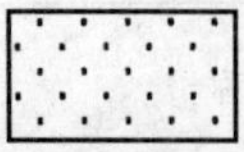 3. 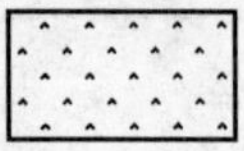	1. 草坪 2. 表示自然草坪 3. 表示人工草坪
花卉		

(2) 总平面图的主要内容

① 用地红线　在总平面图中,表示由城市规划部门批准的土地使用范围的图线称为用地红线。一般采用红色的粗单点长画线表示。任何建筑物在设计施工时都不能超过此线。

② 绝对标高、相对标高

　　绝对标高：我国把青岛附近的平均海平面定为绝对标高的零点，各地以此为基准所得到的标高称为绝对标高。

　　相对标高：在建筑物设计与施工时通常以建筑物的首层室内地面的标高为零点，所得到的标高称为相对标高。

　　在总平面图中通常都采用绝对标高。注写标高时，要用标高符号。标高符号用细实线绘制，具体画法如图 8-2（a）所示。标高数值以米为单位，一般注写至小数点后三位（总平面图为两位）。标高符号的尖端可向下，也可向上。零点处的标高应注写成"±0.000"，零点以上不注"＋"号，零点以下注写"－"号。同一位置表示不同标高时，应按如图 8-2（b）所示形式注写。在总平面图中建筑物室内外的标高符号不同，室外标高符号宜用涂黑的三角形表示，如图 8-2（c）所示。

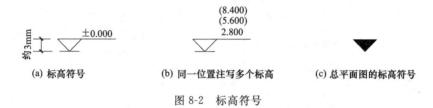

(a) 标高符号　　　　　　(b) 同一位置注写多个标高　　　　(c) 总平面图的标高符号

图 8-2　标高符号

　　③ 建筑物　总平面图中的建筑物有四种情况，新建建筑物用粗实线表示，原有建筑物用细实线表示，计划扩建的预留地或建筑物用中粗虚线表示，拆除的建筑物用细实线表示并在细实线上画叉。在新建建筑物的右上角用点数或数字表示层数。在阅读总平面图时要注意区分这几种建筑物。

　　在总平面图中要表示清楚新建建筑物的定位。新建建筑物的定位一般采用两种方法：一是按原有建筑物或原有道路定位；二是按坐标定位。总平面图中的坐标分为测量坐标和施工坐标两种。

　　测量坐标：测量坐标是国家相关部门经过实际测量得到的画在地形图上的坐标网，南北方向轴线为 X，东西方向的轴线为 Y。

　　施工坐标：施工坐标是为了便于定位，将建筑区域的某一点作为原点，通常沿建筑物的横墙方向为 A 向，纵墙方向为 B 向的坐标网。

　　④ 风向频率玫瑰图　风向频率玫瑰图是根据当地的气象统计资料得出的不同风向的吹风频率用同一比例画在十六个方位上连接而成的。图中实线表示全年的风向频率，虚线表示夏季（6 月、7 月、8 月）的风向频率，如图 8-3 所示。风向频率玫瑰图不仅表示出了整个区域的风向，还能确定整个区域的朝向。

　　⑤ 建筑物周围环境　整个建设区域所在位置，周围的道路情况，区域内部的道路情况。由于比例较小，总平面图中的道路只能表示出平面位置和宽度，不能作为道路施工的依据。

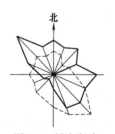

图 8-3　风向频率玫瑰图

　　整个建设区域及周围的地形情况，表示地面起伏变化通常用等高线表示，等高线是每隔一定高度的水平面与地形面交线的水平投影并在等高线上注写出其所在的高度值。等高线的间距越大，说明地面越平缓，等高线的间距越小，说明地面越陡峭。等高线上的数值由外向内越来越大，表示地形凸起；等高线上的数值由外向内越来越小，表示地形凹陷。

　　整个建设区域及周围的地物情况，如水木、草地、电线杆、设备管井等。

　　(3) 总平面图的阅读

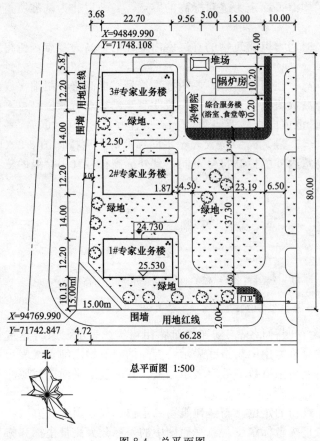

图 8-4　总平面图

① 熟悉图例　在阅读总平面图之前要先熟悉相应图例，表 8-3 是摘自《总制图标准》中的总平面图常用比例。熟悉图例是阅读总平面图应具备的基本知识。

② 查看比例、风向频率玫瑰图　查看总平面图的比例和风向频率玫瑰图，确定总平面图中的方向，找出规划红线确定总平面图所表示的整个区域中土地的使用范围。

③ 查找新建筑物　按照图例的表示方法，找出并区分各种建筑物。确定新建建筑物方向、尺寸及定位依据。

④ 了解建筑物周围环境　了解地形、地物情况，以确定新建建筑物所在的地形情况及周围地物情况。了解总平面图中的道路、绿化情况，以确定新建建筑物建成后的人流方向和交通情况及建成后的环境绿化情况。

图 8-4 是某单位办公区的局部总平面图，该总平面图比例为 1∶500，图中围墙前面的粗单点长画线为用地红线。图中三栋专家业务楼为新建建筑物，都是三层，都朝北。在 3 号楼东边有一个杂物院，院中有已建的锅炉房和综合服务楼。从图中可以看出整个区域比较平坦，室外标高为 24.730m，室内地面标高为 25.530m。图中分别在西南和西北的围墙处给出两个坐标用于新建三栋楼定位，各楼具体的定位尺寸在图中都已标出。三栋楼的长度为 22.7m，宽度为 12.2m。图中还表示了这个区域的绿地和道路情况。

8.3　建筑平面图

8.3.1　平面图的形成及用途

建筑平面图是假想用一个水平剖切平面，在建筑物门窗洞口处将房屋剖切开，移去剖切平面以上的部分，将剩余部分用正投影法向水平投影面作正投影所得到的投影图。沿底层门窗洞口剖切得到的平面图称为底层平面图，又称为首层平面图或一层平面图。沿二层门窗洞口剖切得到的平面图称为二层平面图。若房屋的中间层相同，则用同一个平面图表示，称为标准层平面图（或 $X\sim X$ 层平面图）。沿最高一层门窗洞口将房屋切开得到的平面图称为顶层平面图。将房屋的屋顶直接做水平投影得到的平面图称为屋顶平面图。有的建筑物还有地下室平面图和设备层平面图等。

建筑平面图能够表达建筑物各层水平方向上的平面形状，房间的布置情况，墙、柱、门窗等构配件的位置、尺寸等内容。建筑平面图是建筑施工图的主要施工图之一，是施工过程中放线、砌墙、安装门窗、编制概预算及施工备料的主要依据。

8.3.2 平面图的主要内容

建筑平面图经常采用1∶50、1∶100、1∶200的比例绘制，其中1∶100的比例最为常用。由于比例较小，建筑物中的某些构造和一些配件无法按比例绘制，通常用图例表示。常用建筑构造及配件图例见表8-4。建筑物的各层平面图中除顶层平面图之外，其他各层建筑平面图中的主要内容及阅读方法基本相同。下面以底层平面图为例介绍平面图的主要内容。

表 8-4 建筑构造及配件图例

名称	图例	备注
墙体	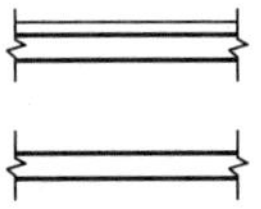	1. 上图为外墙，下图为内墙 2. 外墙细线表示有保温层或有幕墙 3. 应加注文字或涂色或图案填充表示各种材料的墙体 4. 在各层平面图中防火墙宜着重以特殊图案填充表示
隔断		1. 加注文字或涂色或图案填充表示各种材料的轻质隔断 2. 适用于到顶与不到顶隔断
玻璃幕墙		幕墙龙骨是否表示由项目设计决定
栏杆		—
楼梯	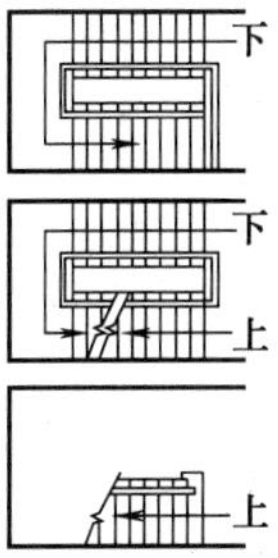	1. 上图为顶层楼梯平面，中图为中间层楼梯平面，下图为底层楼梯平面 2. 需设置靠墙扶手或中间扶手时，应在图中表示
坡道	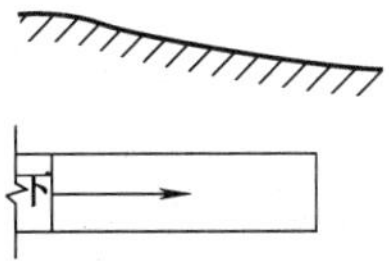	长坡道
	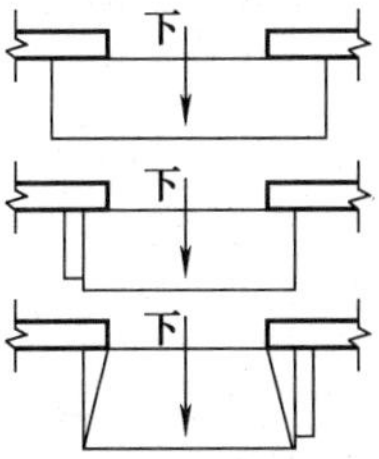	上图为两侧垂直的门口坡道，中图为有挡墙的门口坡道，下图为两侧找坡的门口坡道
台阶	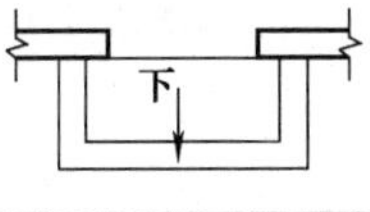	—

续表

名 称	图 例	备 注
平面高差	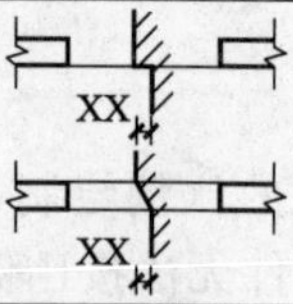 XX XX	用于高差小的地面或楼面交接处，并应与门的开启方向协调
墙预留洞、槽	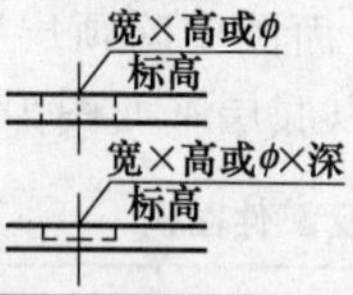 宽×高或φ 标高 宽×高或φ×深 标高	1. 上图为预留洞，下图为预留槽 2. 平面以洞(槽)中心定位 3. 标高以洞(槽)底或中心定位 4. 宜以涂色区别墙体和预留洞(槽)
烟道	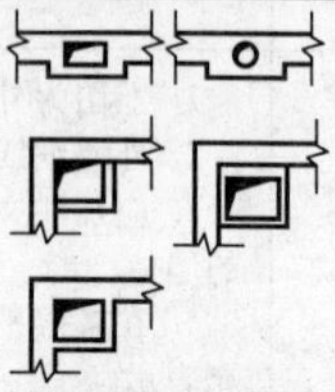	1. 阴影部分亦可填充灰度或涂色代替 2. 烟道、风道与墙体为相同材料，其相接处墙身线应连通 3. 烟道、风道根据需要增加不同材料的内衬
风道	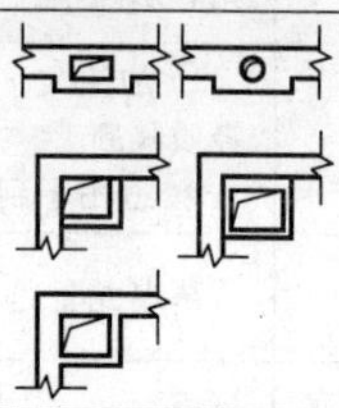	
新建的墙和窗	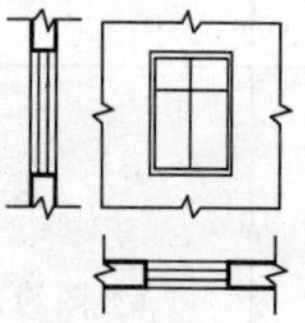	—
改建时保留的墙和窗	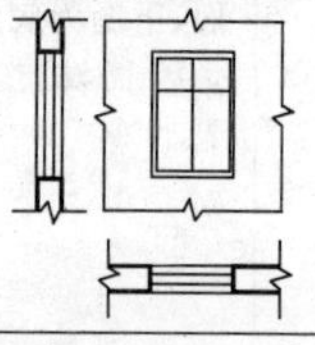	只更换窗，应加粗窗的轮廓线
拆除的墙	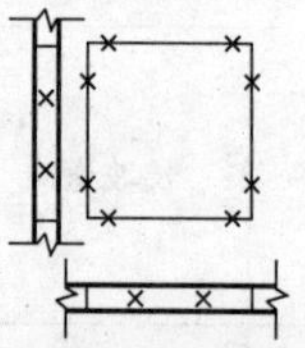	—
改建时在原有墙或楼板新开的洞	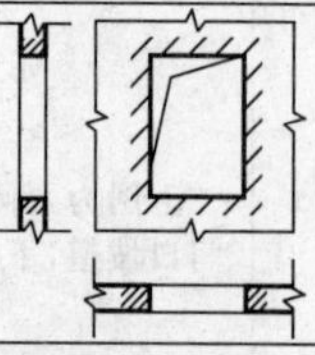	—
空门洞	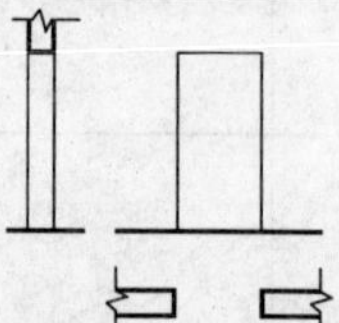 h=	h 为门洞高度

续表

名　称	图　例	备　注
电梯	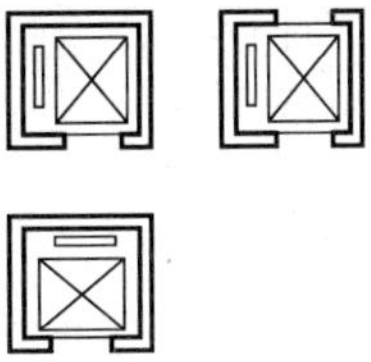	—
单面开启单扇门（包括平开或单面弹簧）	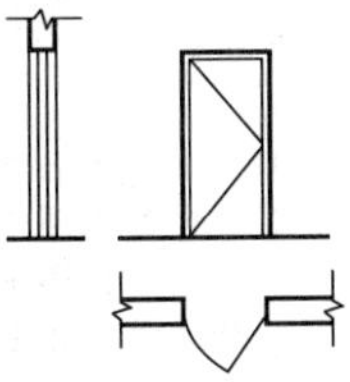	
双面开启单扇门（包括双面平开或双面弹簧）	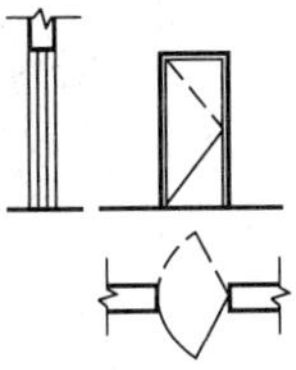	
单面开启双扇门（包括平开或单面弹簧）	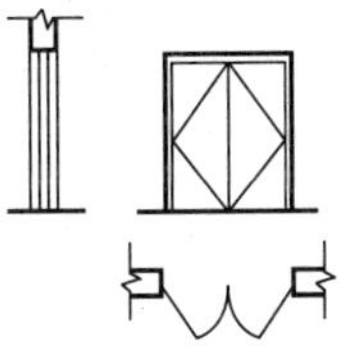	1. 门的名称代号用 M 表示 2. 平面图中,下为外,上为内 门开启线为 90°、60°或 45°,开启弧线宜绘出 3. 立面图中,开启线实线为外开,虚线为内开。开启线交角的一侧为安装合页一侧。开启线在建筑立面图中可不表示,在立面大样图中可根据需要绘出 4. 剖面图中,左为外,右为内 5. 附加纱扇应以文字说明,在平、立、剖面图中均不表示 6. 立面形式应按实际情况绘制
双面开启双扇门（包括双面平开或双面弹簧）	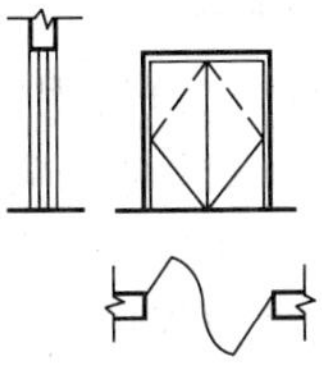	
墙中双扇推拉门	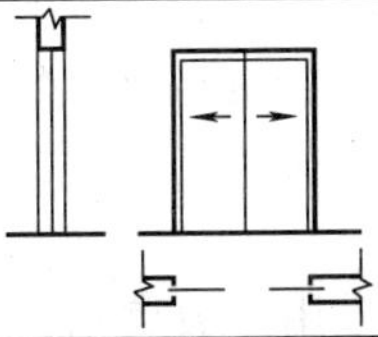	
分节提升门	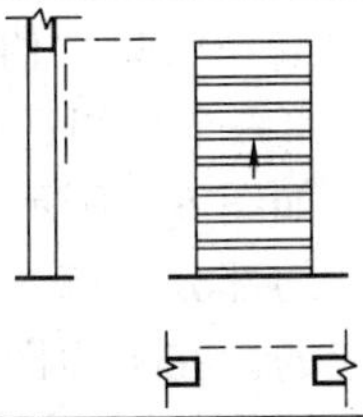	
竖向卷帘门	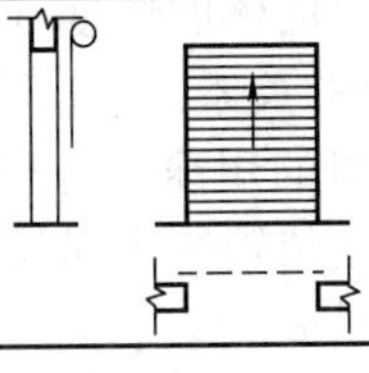	

续表

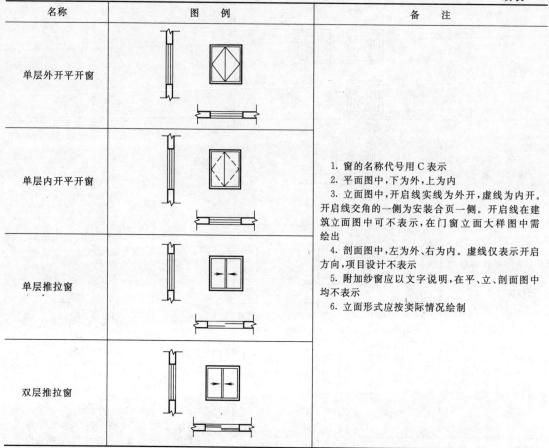

名称	图例	备注
单层外开平开窗		
单层内开平开窗		1. 窗的名称代号用 C 表示 2. 平面图中，下为外，上为内 3. 立面图中，开启线实线为外开，虚线为内开。开启线交角的一侧为安装合页一侧。开启线在建筑立面图中可不表示，在门窗立面大样图中需绘出 4. 剖面图中，左为外，右为内。虚线仅表示开启方向，项目设计不表示 5. 附加纱窗应以文字说明，在平、立、剖面图中均不表示 6. 立面形式应按实际情况绘制
单层推拉窗		
双层推拉窗		

（1）建筑物朝向　建筑物朝向是指建筑物主要出入口的朝向，主要入口朝哪个方向就称建筑物朝那个方向。建筑物的朝向由指北针来确定。指北针应用细实线绘制，圆的直径为 24mm，指针尾部宽度宜为 3mm。指北针一般只画在底层平面图中。

（2）定位轴线　定位轴线是确定建筑物承重构件位置的基准线。定位轴线在施工图中用细单点长画线绘制，端部的圆圈用细实线绘制直径为 8mm，在详图中可增加至 10mm。定位轴线的编号填写在圆圈中，横向定位轴线的编号应用阿拉伯数字，从左向右依次编写；竖向定位轴线编号应用大写拉丁字母，从下至上顺序编写，如图 8-5 所示。竖向定位轴线编号不得采用 I、O、Z 以避免与 1、0、2 混淆。

对一些次要构件一般用附加定位轴线，其编号用分数表示。分母表示附加轴线的前一轴线的编号，分子表示附加轴线的编号。附加轴线的编号用阿拉伯数字依次编写。分母为 01、0A 的分别表示 1 轴线和 A 轴线之前的附加轴线。如一个详图适用于几个轴线时，应同时将各有关轴线的编号注明。通用详图则不填写编号，如图 8-5 所示。

（3）墙体、柱　在平面图中墙、柱是被剖切到的部分。墙、柱在平面图中用定位轴线来确定其平面位置，在各层平面图中定位轴线是对应的。在平面图中剖切到的墙体通常不画材料图例，柱子用涂黑来表示。平面图中还应表示出墙体的厚度（墙体的厚度指的是墙体未包含装修层的厚度）、柱子的截面尺寸及它们与轴线的关系。

（4）建筑物的平面布置情况　建筑物内各房间的用途，各房间的平面位置及具体尺寸。横向定位轴线之间的距离称为房间的开间，纵向定位轴线之间的距离称为房间的进深。

（5）门窗　在平面图中门窗用图例表示，详见表 8-4。为了表示清楚，通常对门窗进行

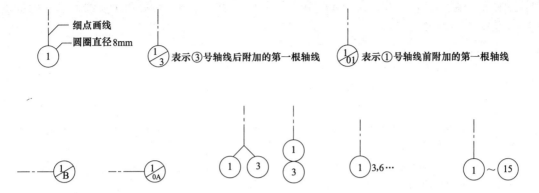

图 8-5　轴线编号

编号。门用代号"M"表示，窗用代号"C"表示，编号相同的门窗，做法尺寸都相同。为了便于施工，通常将建筑物内所有的门窗列成表格，即门窗表。表中通常包括门窗的编号、尺寸、数量、做法（从图集中选取）等。在平面图中门窗只能表示出宽度，高度尺寸要到剖面图、立面图或门窗表中查找。

（6）楼梯　由于平面图比例较小，楼梯只能表示出平面位置、上下方向、级数等，详细的尺寸做法在楼梯详图中表示。

（7）标高　在底层平面图中通常表示出室内地面和室外地面的相对标高。在标准层平面图中，不在同一个高度上的房间都要标出其相对标高。

（8）附属设施　在平面图中还有散水、台阶、雨篷、雨水管、烟道、通风道、管道井等一些附属设施。这些附属设施在平面图中按照所在位置有的只出现在某层平面图中，如台阶、散水等只在底层平面图中表示，在其他各层平面图中则不再表示。附属设施在平面图中只表示平面位置及一些平面尺寸，具体做法则要结合建筑设计说明查找相应详图或图集。

（9）尺寸标注　平面图中标注的尺寸分内部尺寸和外部尺寸两种。内部尺寸一般标注一道，表示墙厚、墙与轴线的关系、房间的净长、净宽以及内墙上门窗大小及与轴线的关系。外部尺寸一般标注三道。最里边一道尺寸标注门窗洞口尺寸及与轴线关系，中间一道尺寸标注轴线间的尺寸，最外边一道尺寸标注房屋的总尺寸。

在平面图中还包含有剖切符号、索引符号（见 8.5 节）等相应符号。

标准层平面图的主要内容与底层平面图类似，主要区别体现在以下几方面。

① 房间布置。标准层平面图的房间布置情况与底层平面图可能不同。

② 墙体厚度、柱子断面尺寸。由于建筑物使用功能的不同或结构受力不同，标准层平面图中墙体厚度、柱子断面尺寸与底层平面图可能不同。

③ 门窗。标准层平面图的门窗布置情况、平面尺寸与底层平面图可能不同。

④ 建筑材料。建筑材料要求的不同一般反映在建筑设计说明中。

⑤ 楼梯图例。标准层平面图的楼梯图例与底层平面图不同。

屋顶平面图与其他各层平面图不同，其主要表示两方面的内容。

① 屋面的排水情况，一般包括排水分区、屋面坡度、天沟、雨水口等内容。

② 突出屋面部分的位置，如女儿墙、楼梯间、电梯机房、水箱、通风道、上人孔等。

8.3.3　平面图的图线要求

建筑平面图中被剖切到的主要轮廓线，如墙、柱的断面轮廓线用粗实线表示；次要轮廓线，如楼梯、踏步、台阶等，用中粗实线表示；引出线、标高符号等用中实线表示。图例填充线、家具线用细实线表示。

8.3.4 平面图的阅读

阅读平面图时一般应按照如下步骤进行。

① 查阅建筑物朝向、尺寸。

② 查阅建筑物墙体厚度、柱子截面尺寸及墙、柱的平面布置情况。各房间的用途及平面位置，房间的开间、进深尺寸等。

③ 查阅建筑物门窗的位置、尺寸。检查门窗表中的门窗代号、尺寸、数量与平面图是否一致。

④ 查阅建筑物各部位标高。

⑤ 查阅建筑物附属设施的平面位置。

⑥ 核对建筑物各部位的尺寸。检查各部位尺寸有无错误。检查建筑物各部位的细部尺寸相加与相应轴线尺寸是否一致；各轴线尺寸相加与总尺寸是否一致。

⑦ 结合设计说明，查阅相应的一些施工要求、材料要求。

图 8-6 是某办公楼的底层平面图，由图可知该楼朝向为坐南朝北，采用的绘图比例为1：100。房屋的总长 22.7m，总宽 12.2m。房屋的外墙厚度为 250mm，内墙厚度为200mm，在墙体中涂黑的方框表示钢筋混凝土柱子，柱子的尺寸并未标出，需查阅结构施工图。房屋中间为通长的走廊，走廊将房间分成南北两部分。南边是办公室，北边有办公室、卫生间和楼梯间。各房间的开间、进深尺寸都可查出，如两个卫生间的开间都为3300mm，进深都为 4500mm。进楼门 M5 是双扇外开门，宽度 1500mm。南部办公室通往

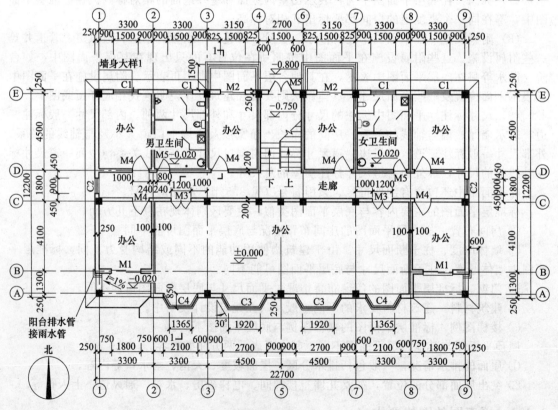

底层平面图 1:100

图 8-6　底层平面图

阳台的门编号 M1，宽度 1800mm，由图中图例可看出此门为推拉门。北面办公室和卫生间的窗户 C1，宽度 1500mm，走廊窗户 C2，宽度 900mm。室外地坪标高－0.800m，室内外高差 800mm。楼梯入口处标高－0.750m。卫生间标高－0.020m，比室内地面低 20mm，一般情况下用水的房间比相邻的房间要低，是为了防止水流入相邻房间。房屋四周为散水，宽度 600mm。

　　房屋的其他各层平面图的阅读与底层平面图类似，请读者自己阅读二、三层平面图（图 8-7）和屋顶平面图（图 8-8）。

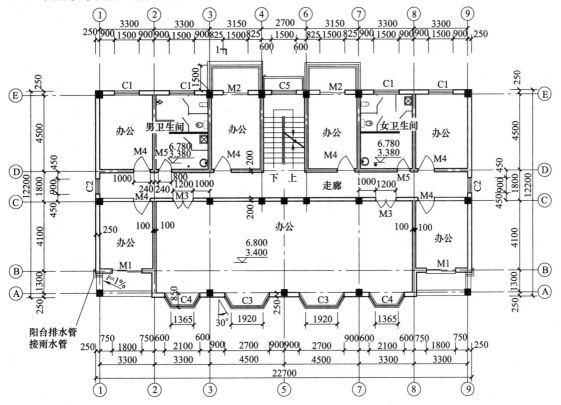

二、三层平面图 1:100

图 8-7　二、三层平面图

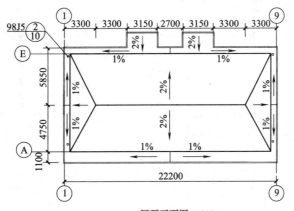

屋顶平面图 1:200

图 8-8　屋顶平面图

8.3.5 平面图的绘制

① 确定图幅及比例进行图面布置，要考虑尺寸标注及有关文字说明等的位置。

② 画出定位轴线，如图 8-9（a）所示。

③ 画墙、柱及门窗，如图 8-9（b）所示。

④ 画楼梯、台阶、散水等附属设施及各种符号、尺寸标注线等。检查无误后加深图线，如图 8-9（c）所示。

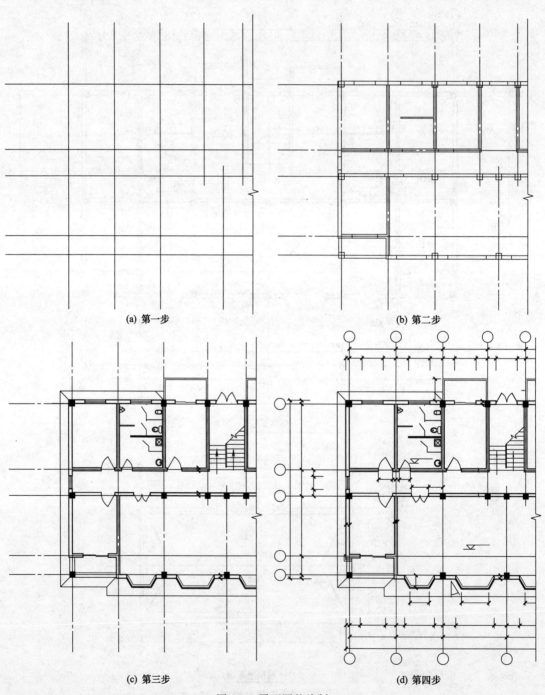

(a) 第一步　　　　　　　　　　　　　　　　(b) 第二步

(c) 第三步　　　　　　　　　　　　　　　　(d) 第四步

图 8-9　平面图的绘制

⑤ 注写尺寸数字、各种文字等，如图 8-9（d）所示。

8.4 建筑立面图

8.4.1 立面图的形成及用途

建筑物的外墙面向与其平行的投影面做正投影，得到的投影图称为立面图。立面图在投影完展开到平面上时，是按照第 7.1 节介绍的基本视图的展开方法得到的。一般建筑物有前后左右四个外墙面，则相应有四个立面图。立面图可以按照两端定位轴线编号来命名，如：①～⑨立面图。立面图也可以按各墙面的朝向来命名，如东立面图、西立面图、南立面图、北立面图。某些建筑物的立面可能为斜面或曲面，则应将倾斜的部分展开绘制展开立面图，但应在图名后加注"展开"二字。

立面图是表达建筑物外部造型、艺术效果的重要图纸。在施工过程中，它是外墙面装修、工程概预算、备料等的依据。

8.4.2 立面图的主要内容

建筑立面图的比例通常与平面图一致。

① 建筑物一些部分的位置形状，如门窗、台阶、雨篷、阳台、雨水管等的位置。

② 建筑物外墙面的装修做法。装修做法的标注形式以带黑圆点的引出线表示，黑圆点所在区域的做法采用文字说明注写在引出线上。

③ 建筑物各主要部位的高度。立面图中通常需要标注出室内外地坪、各楼层、门窗洞口上下口、台阶、雨篷、檐口、屋面等部位的标高。

④ 尺寸标注。立面图一般只在竖直方向标注尺寸。需要标注三道尺寸：里边一道尺寸标注房屋的室内外高差、门窗洞口高度、窗台的高度、窗顶到楼面（屋面）的高度等；中间一道尺寸标注层高尺寸（从某层楼面或地面到上一层楼面的垂直距离称为层高）；外边一道尺寸标注总高尺寸。

8.4.3 立面图的图线要求

立面图的外轮廓线用粗实线表示；在外轮廓线之内的凹进或凸出墙面轮廓线，以及门窗洞、雨篷、阳台、台阶、平台、遮阳板等建筑构配件的轮廓线，画成中粗实线；引出线、粉刷线、墙面高差分界线等画成中实线；图例填充线画成细实线。

8.4.4 立面图的阅读

阅读立面图时要结合平面图，建立整个建筑物的立体形状。对一些细部构造要通过立面图与平面图结合确定其空间形状与位置。另外，在阅读立面图时要根据图名确定立面图表示建筑物的哪个立面。阅读立面图时一般按照如下步骤进行。

① 了解建筑物竖向的外部形状。

② 查阅建筑物各部位的标高及尺寸标注，再结合平面图确定建筑物门窗、雨篷、阳台、台阶等部位的形状、尺寸与具体位置。

③ 查阅外墙面的装修做法。

图 8-10 是某办公楼的南立面图。从图中可看出房屋共三层，屋顶为彩色压型钢板的坡屋顶，山墙两侧有挑檐。东西两侧的阳台为不封闭阳台。由图中的标高可得出窗台高度都为

900mm，窗高都为1850mm，建筑物层高为3400mm，从室外地面到檐口处高10.20m。东西两侧的山墙上有雨水管。墙体下部勒脚为贴仿蘑菇石墙砖，高度至一层窗台，墙体上部为贴米黄色面砖。阳台栏杆为成品汉白玉栏杆，阳台栏杆上部和屋檐处为刷乳白色涂料。窗户为铝合金窗。在阅读立面图时要注意与平面图联系起来。

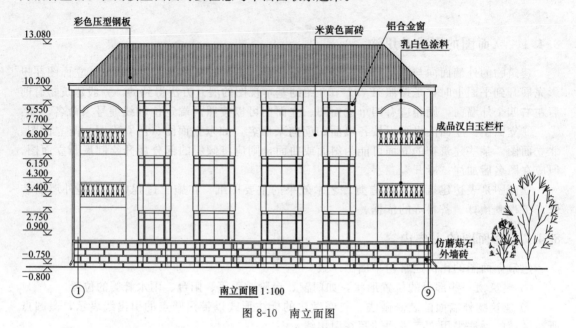

图 8-10　南立面图

8.4.5　立面图的绘制

一般先绘制好平面图，对应来绘制立面图。

① 选定比例、图幅进行图面布置。比例、图幅一般与平面图相同。

② 画出两端的定位轴线、室外地坪线、外墙轮廓线、屋顶线、门窗位置线，如图8-11（a）所示。

③ 画出一些细部构造的位置及各种符号、尺寸标注线等，如门窗洞口位置、窗台、屋檐、台阶、雨篷、雨水管等，如图8-11（b）所示。

④ 按要求加深图线，注写尺寸数字、文字说明等，如图8-11（c）所示。

8.5　建筑剖面图

8.5.1　剖面图的形成及用途

假想用一个或多个与房屋横墙或纵墙平行的平面将房屋切开，移去剖平面与观察者之间的部分，将剩余部分按正投影原理向与其平行的投影面做投影，得到的投影图称为建筑剖面图。建筑剖面图的剖切位置应标注在底层平面图上，且应尽量选择在能反映建筑物全貌、构造特征以及有代表性的部位。在实际工程中剖切位置通常选择在楼梯间并包括需要剖切的门、窗洞口的位置。

建筑剖面图是用来表达建筑物内部竖直方向的布置情况及各构件竖向剖切后的情况，是工程概预算及备料的重要依据。

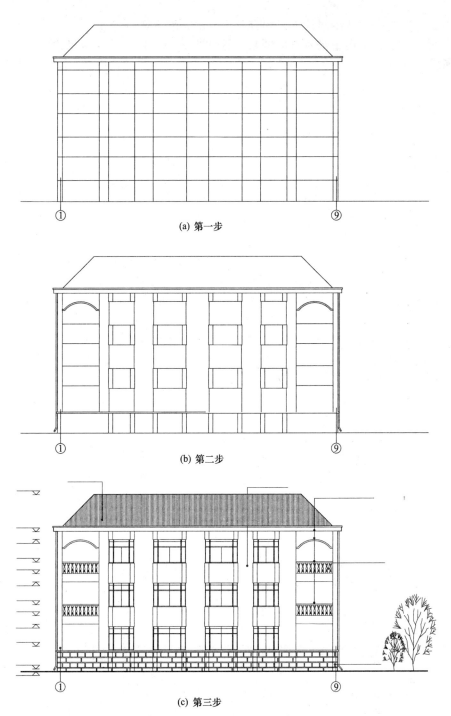

(a) 第一步

(b) 第二步

(c) 第三步

图 8-11　立面图的绘制

8.5.2　剖面图的主要内容

建筑剖面图的比例通常与平面图、立面图相同。

① 房屋内部的分层分隔情况。

② 剖切到的房屋的一些承重构件，如楼板、圈梁、过梁、楼梯等。

③ 房屋高度的尺寸及标高。

④ 房屋剖切到的一些附属构件，如台阶、散水、雨篷等。

⑤ 尺寸标注。剖面图中竖直方向的尺寸标注也分为三道尺寸：最里边一道尺寸标注门窗洞口高度、窗台高度、门窗洞口顶上到楼面（屋面）的高度；中间一道尺寸标注层高尺寸；最外一道尺寸标注从室外地坪到外墙顶部的总高度。剖面图中水平方向需要标注剖切到的墙、柱轴线间的尺寸。

8.5.3 剖面图的图线要求

剖面图中被剖切到的主要建筑构配件的轮廓线，为粗实线；被剖切到的次要构配件的轮廓线，为中粗实线；保温层线、索引符号、标高符号等为中实线；图例填充线为细实线。

8.5.4 剖面图的阅读

在阅读剖面图时一般按照如下步骤进行。

① 在底层剖面图中找到相应的剖切位置与投影方向。结合各层建筑平面图，根据对应的投影关系，找到剖面图中建筑物各部分的平面位置，建立建筑物内部的空间形状。

② 查阅建筑物各部位的高度。查阅建筑物的层高、剖切到的门窗高度、楼梯平台高度、屋檐部位的高度等，再结合立面图检查是否一致。

③ 结合屋顶平面图查阅屋顶的形状、做法、排水情况等。

④ 结合建筑设计说明查阅地面、楼面、墙面、顶棚的材料和装修做法。

图 8-12 是某办公楼的 1—1 剖面图。从房屋的底层平面图中的剖切符号可知 1—1 剖面图是在两个办公室的门窗处将房屋剖开，然后向西做投影得到的。从图中可看出，涂黑的部分为钢筋混凝土楼板和梁，房屋的层高为 3.400m。剖切到的办公室的门高度为 2100mm，阳台门为 2750mm；剖切到了阳台上的窗户，走廊的窗户未剖切到，但投影时可以看到。从剖面图中能很清楚看出窗台高 900mm，窗高 1850mm，窗上的梁高 650mm。房屋顶部是钢筋混凝土平屋顶，屋顶上又安装了彩钢板。屋顶挑檐的厚度 80mm，伸出屋面 300mm，高出屋面 400mm。房屋各层顶棚的装饰做法为吊顶，详细做法需查阅建筑设计说明。阅读建

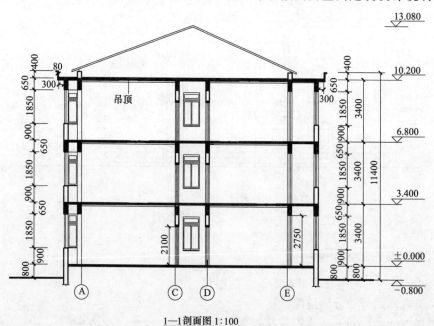

1—1 剖面图 1:100

图 8-12 1—1 剖面图

筑剖面图也要与建筑平面图、立面图结合起来阅读。

8.5.5 剖面图的绘制

一般先绘制好平面图、立面图，再绘制剖面图，并采用与平面图、立面图相同的比例。

① 画出剖切到的墙体的定位轴线、室内外地坪线、楼面线、屋面线，如图 8-13（a）所示。

② 画出剖切到的墙体、地面、楼板、楼梯等，剖切后可见的构配件轮廓线，各种符号、尺寸标注线等，如门窗、台阶、雨篷等，如图 8-13（b）所示。

③ 加深图线，注写尺寸数字、文字说明等，如图 8-13（c）所示。

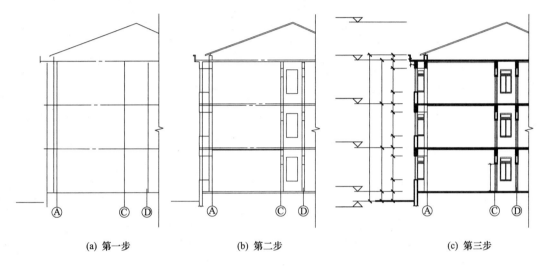

(a) 第一步　　　　　　　　(b) 第二步　　　　　　　　(c) 第三步

图 8-13　剖面图的绘制

8.6　建筑详图

房屋建筑平、立、剖面图都是用较小比例绘制的，主要表示房屋的总体情况，而建筑物的一些细部形状、构造等无法表示清楚。因此，在实际中对建筑物的一些节点、建筑构配件形状、材料、尺寸、做法等用较大比例图样表示，称为建筑详图或大样图。

详图通常采用表 8-2 中的比例，必要时也可选用 1∶3、1∶4、1∶25、1∶30、1∶40 等比例绘制。建筑详图的数量由工程难易程度决定。常用的建筑详图有外墙身详图、楼梯间详图等。由于各地区都编有标准图集，在实际工程中有些详图经常从标准图集中选取。

详图与平、立、剖面图是用索引符号与详图符号联系起来的。

（1）索引符号　索引符号用细实线绘制，圆的直径为 10mm。索引的详图可以在本张图纸上，可以与被索引的图不在同一图纸上，也可以采用标准图。各种情况下所使用的符号如图 8-14（a）所示。图样中的某一局部需要用剖切之后的详图表示，则在此图样中采用局部剖切索引符号，如图 8-14（b）所示。局部剖切索引符号是在索引符号的基础上增加了剖切位置线，剖切位置线用粗短线表示，索引符号的引出线所在的一侧为剖切后的投影方向。

（2）详图符号　索引出的详图应注写详图符号，它与索引符号一一对应。详图符号应用

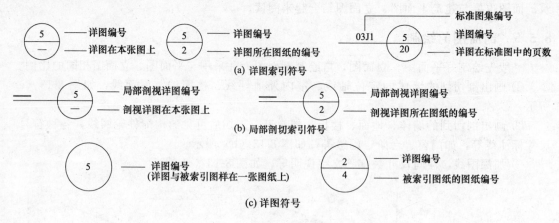

图 8-14　索引符号、详图符号

粗实线绘制，圆的直径 14mm。详图符号表示方法，如图 8-14（c）所示。

8.6.1　外墙身详图

　　外墙身详图是建筑物的外墙身剖面详图，是建筑剖面图的局部放大图，主要用来表达：外墙的厚度；门窗洞口、窗台、窗间墙、檐口、女儿墙等部位的高度；地面、楼面、屋面的构造做法；外墙与室内外地坪、与楼面、与屋面的连接关系；门窗立口与墙身的关系；墙体的勒脚、散水、窗台、檐口等一些细部尺寸、材料、做法等内容。

　　外墙身详图常用 1：20 的比例绘制，线型与剖面图相同，详细地表明外墙身从防潮层至墙顶各主要节点的构造做法。为了节约图纸、表达简洁，常将墙身在门窗洞口处折断。有时还可以将整个墙身详图分成各个节点单独绘制。在多层房屋之中，若中间几层情况相同，则可只画出底层、顶层和一个中间层三个详图。

　　外墙身详图的 ±0.000 或防潮层以下的基础部分要以结构施工图中的基础图为准。地面、楼面、屋面、散水、墙面装修等做法要和建筑设计说明中的一致。

　　图 8-15 为房屋的外墙身详图。它是由三个节点构成的，从图中可以看出基础墙为普通砖砌成，上部墙体为混凝土砌块砌成。在室内地面处有基础圈梁，在窗台上也有圈梁，一层窗台的圈梁上部突出墙面 60mm，突出部分高 100mm。室外地坪标高 −0.800m，室内地坪标高 ±0.000m。窗台高 900mm，窗户高 1850mm，窗户上部的梁与楼板是一体的，到屋顶与挑檐也构成一个整体。由于梁的宽度比墙体厚度小，在外面又贴了 50mm 的聚苯板，还可以起到保温作用。室外散水、室内地面、楼面、屋面的做法采用分层标注的形式表示，当构件有多个层次构造时就采用此法表示。

8.6.2　楼梯详图

　　楼梯由楼梯段、平台、栏杆（栏板）、扶手等组成，如图 8-16 所示。楼梯段是指楼梯两平台之间的倾斜构件，又称为楼梯跑。楼梯段由楼梯板（或楼梯梁、楼梯板）和若干踏步组成。楼梯踏步上的水平面称为踏面，垂直面称为踢面。楼梯平台是指楼梯段之间的水平构件。楼梯平台分为楼层平台和中间平台，中间平台又称为休息平台。楼梯平台是楼梯段之间转换方向的连接处。楼梯栏杆（栏板）设在楼梯段及平台悬空的一侧，要求坚固可靠，并保证有足够的安全高度，起安全防护作用。楼梯栏杆常用金属材料制成。楼梯栏杆上供人们倚扶的配件称为扶手，扶手一般用金属、硬木、塑料等材料制成。楼梯层间有几个楼梯梯段称为几跑楼梯，常见的楼梯平面形式有单跑楼梯、双跑楼梯、三跑楼梯等。

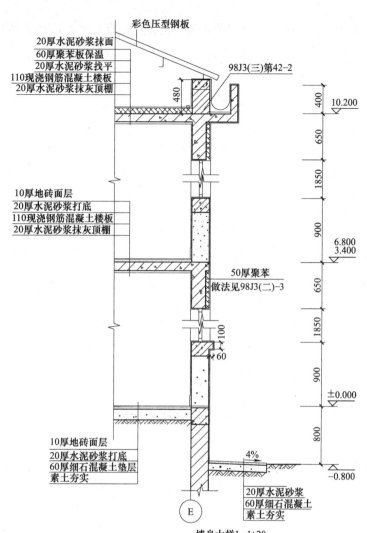

彩色压型钢板
20厚水泥砂浆抹面
60厚聚苯板保温
20厚水泥砂浆找平
110现浇钢筋混凝土楼板
20厚水泥砂浆抹灰顶棚

98J3(三)第42-2

10厚地砖面层
20厚水泥砂浆打底
110现浇钢筋混凝土楼板
20厚水泥砂浆抹灰顶棚

50厚聚苯
做法见98J3(二)-3

10厚地砖面层
20厚水泥砂浆打底
60厚细石混凝土垫层
素土夯实

20厚水泥砂浆
60厚细石混凝土
素土夯实

4%

E

墙身大样1 1:20

图 8-15 外墙身详图

楼梯详图包括楼梯平面图、楼梯剖面图、楼梯踏步、栏杆、扶手详图等。楼梯详图主要用于表示楼梯的类型、空间形状、楼梯各部位尺寸、构造和装修做法等内容。楼梯详图应尽量绘制在同一张图纸上，以便于阅读。

（1）楼梯平面图　楼梯平面图是假想用一水平剖切平面在该层上行的第一个梯段中部将楼梯剖开，移去剖切平面以上的部分，剩余部分按正投影原理投影到水平投影面上得到的投影图，称为楼梯平面图。在楼梯平面图中的折断线本应为平行于踏步的，为了与踏面线区分开常将其画成与踏面成 30°的倾斜线。与建筑平面图相同，楼梯平面图一般也有底层平面图、标准层

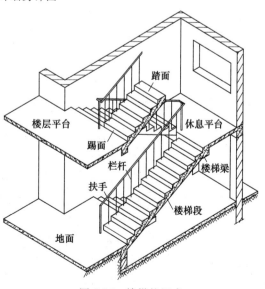

图 8-16 楼梯的组成

平面图、顶层平面图。其中顶层平面图是在安全栏杆（栏板）之上，直接向下作水平投影得到的投影图。

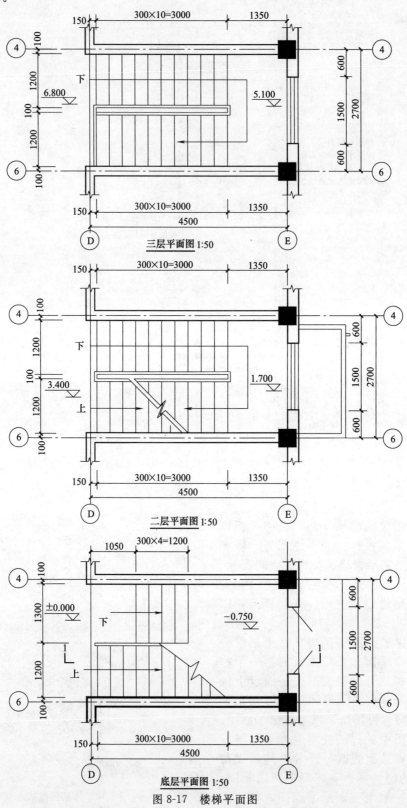

图 8-17 楼梯平面图

楼梯平面图常采用 1：50 的比例。为了便于阅读及标注尺寸，各层平面图宜上下或左右对齐放置。平面图中应标注楼梯间的轴线编号、开间、进深尺寸，楼地面和中间平台的标高，楼梯梯段长、平台宽等细部尺寸。楼梯梯段长度尺寸标注时应采用"踏面宽度×踏面数＝梯段长"的形式，如"300×10＝3000"。

图 8-17 是某办公楼的楼梯平面图。楼梯间的开间为 2700mm，进深为 4500mm。由于楼梯间与室内地面有高差，先上了 5 级台阶。每个梯段的宽度都是 1200mm（底层除外），梯段长度为 3000mm，每个梯段都有 10 个踏面，踏面宽度均为 300mm。楼梯休息平台的宽度为 1350mm，两个休息平台的标高分别为 1.700m、5.100m。楼梯间窗户宽为 1500mm。楼梯顶层悬空的一侧，有一段水平的安全栏杆。

（2）楼梯剖面图　楼梯剖面图是假想用一个与楼梯栏杆平行的切平面将各层楼梯的某一个梯段竖直剖开，向未剖切到的另一梯段方向投影，得到的剖面图称为楼梯剖面图。楼梯剖面图的剖切位置通常标注在楼梯底层平面图中。在多高层建筑中若中间若干层构造相同，则楼梯剖面图可只画出首层、中间层和顶层三部分。

楼梯剖面图通常也采用 1：50 的比例。在楼梯剖面图中应标注首层地面、各层楼面平台和各个休息平台的标高。水平方向应标注被剖切墙体轴线尺寸、休息平台宽度、梯段长度等尺寸。竖直方向应标注门窗洞口、梯段高度、层高等尺寸。梯段高度也应采用"踢面高度×踏步数＝梯段高度"的形式。需要注意踏步数比踏面数多"1"。

图 8-18 是某办公楼的楼梯剖面图。从底层平面图中可以看出是从楼梯上行的第一个梯段剖切的。楼梯每层有两个梯段，每一个梯段有 11 级踏步，每级踏步高 154.5mm，每个梯段高 1700mm。楼梯间窗户和窗台高度都为 1000mm，楼梯基础、楼梯梁等构件尺寸应查阅结构施工图。

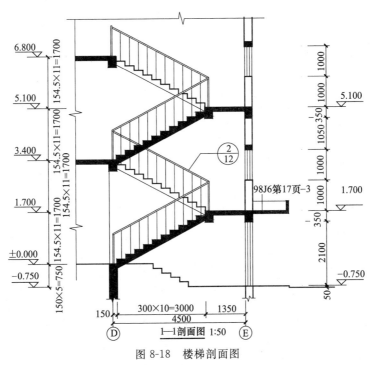

图 8-18　楼梯剖面图

（3）楼梯踏步、栏杆、扶手详图　楼梯踏步、栏杆、扶手详图是表示踏步、栏杆、扶手的细部做法及相互间连接关系的图样，一般采用较大的比例。

由图 8-19 可以看出，楼梯的扶手高 900mm，采用直径 50mm、壁厚 2mm 的不锈钢管，楼梯栏杆采用直径 25mm、壁厚 2mm 的不锈钢管，每个踏步上放两根。扶手和栏杆采用焊接连接。楼梯踏步的做法一般与楼地面相同。踏步的防滑采用成品金属防滑包角。楼梯栏杆底部与踏步上的预埋件 M-1、M-2 焊接连接，连接后盖不锈钢法兰。预埋件详图用三面投影图表示出了预埋件的具体形状、尺寸、做法，括号内表示的是预埋件 M-1 的尺寸。

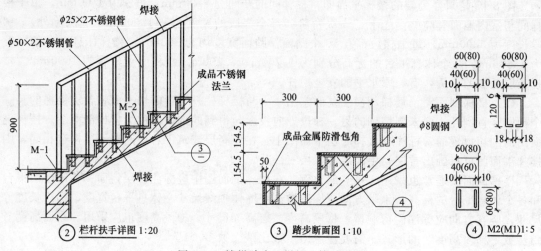

图 8-19　楼梯踏步、栏杆、扶手详图

第9章 房屋结构施工图

9.1 结构施工图概述

9.1.1 房屋的结构简介

任何建筑物都是由许多结构构件和建筑配件组成的，其中梁、板、柱、墙、基础等构件是建筑物的主要承重构件。这些结构构件相互支承，连成整体，构成了房屋的承重结构系统。房屋的承重结构系统称为建筑结构，简称结构，组成这个系统的各个构件称为结构构件。

设计一幢房屋，除了要进行建筑设计外，还要进行结构设计。在进行结构设计时要根据建筑物的使用要求及其荷载情况，选择合理的结构方案，经过结构计算，确定各结构构件的尺寸、材料和构造等；以最经济的手段，使建筑结构在规定的使用年限满足安全、适用、耐久的要求。表达建筑结构构件的施工图即为房屋结构施工图。结构施工图必须与建筑施工图互相配合，不能产生矛盾。

结构施工图与建筑施工图一样，是施工的主要依据，主要用于放灰线、挖基槽、做基础、支模板、加工绑扎钢筋、浇筑混凝土等施工过程，是计算工程量、编制预算和施工组织设计的主要依据。

房屋的结构按承重构件的材料可分为以下几类。

（1）混合结构　墙体用砖砌筑，梁、楼板、屋面等为钢筋混凝土构件。

（2）钢筋混凝土结构　主要承重构件柱、梁、楼板、屋面都为钢筋混凝土构件。

（3）砖木结构　墙体用砖砌筑，梁、柱、楼板、屋架都用木料组成。

（4）钢结构　承重构件全部为钢材。

（5）木结构　承重构件全部为木材。

目前，我国大部分民用建筑物采用混合结构和钢筋混凝土结构，工业建筑大部分为钢结构。

房屋的结构体系可分为砌体结构体系、框架结构体系、剪力墙结构体系、框架-剪力墙结构体系、筒体结构体系等。砌体结构体系主要用于低层建筑，框架结构体系主要用于多高层建筑，剪力墙结构体系、框架-剪力墙结构体系和筒体结构体系主要用于高层建筑。

9.1.2 结构施工图的主要内容

结构施工图通常应包括以下内容。

（1）结构设计说明　结构设计说明是结构设计中文字说明性内容，主要表述工程在结构方面的工程概况、材料做法、施工要求等内容。

（2）基础平面图及基础详图　基础平面图及基础详图是表示基础的形式、平面布置情况、空间形状尺寸、各部位高度及材料做法等内容的施工图。

（3）各楼层结构平面图　楼层结构平面图是表示楼层空间形状尺寸、配筋情况等内容的施工图。

（4）屋顶结构平面图　屋顶结构平面图是表示屋面空间形状尺寸、配筋情况等内容的施工图。

（5）结构构件详图　结构构件详图是表示建筑物各结构构件（如梁、柱、楼梯、雨篷等）的空间形状尺寸、配筋情况等的施工图。

9.1.3　结构施工图的基本规定

（1）图线　结构施工图中各图线的线型、线宽应符合表 9-1 的规定。

表 9-1　结构施工图图线

名称		线型	线宽	一般用途
实线	粗	———————	b	螺栓、钢筋线、结构平面图中的单线结构构件线，钢木支撑及系杆线，图名下横线、剖切线
	中粗	———————	$0.7b$	结构平面图及详图中剖到或可见的墙身轮廓线、基础轮廓线，钢、木结构轮廓线、钢筋线
	中	———————	$0.5b$	结构平面图及详图中剖到或可见的墙身轮廓线、基础轮廓线、可见的钢筋混凝土构件轮廓线、钢筋线
	细	———————	$0.25b$	标注引出线、标高符号线，索引符号线、尺寸线
虚线	粗	- - - - - -	b	不可见的钢筋线、螺栓线、结构平面图中不可见的单线结构构件线及钢、木支撑线
	中粗	- - - - - -	$0.7b$	结构平面图中的不可见构件，墙身轮廓线及不可见钢、木结构构件线、不可见的钢筋线
	中	- - - - - -	$0.5b$	结构平面图中的不可见构件、墙身轮廓线及不可见钢、木结构构件线，不可见的钢筋线
	细	- - - - - -	$0.25b$	基础平面图中的管沟轮廓线、不可见的钢筋混凝土构件轮廓线
单点长画线	粗	—·—·—·—	b	柱间支撑、垂直支撑、设备基础轴线图中的中心线
	细	—·—·—·—	$0.25b$	定位轴线、对称线、中心线、重心线
双点长画线	粗	—··—··—	b	预应力钢筋线
	细	—··—··—	$0.25b$	原有结构轮廓线
折断线		—— ⌐⌐ ——	$0.25b$	断开界线
波浪线		～～～	$0.25b$	断开界线

（2）比例　不同的结构施工图，可选用的比例见表 9-2。

表 9-2 结构施工图比例

图 名	常用比例	可用比例
结构平面图 基础平面图	1：50、1：100、1：150	1：60、1：200
圈梁平面图及总平面图中管沟、地下设施等	1：200、1：500	1：300
详图	1：10、1：20、1：50	1：5、1：30、1：25

（3）常用构件代号　由于结构构件较多，为了便于绘图和读图，在结构施工图中结构构件的名称用代号表示，各种结构构件的代号见表 9-3。

表 9-3 常用构件代号

序号	名称	代号	序号	名称	代号	序号	名称	代号
1	板	B	19	圈梁	QL	37	承台	CT
2	屋面板	WB	20	过梁	GL	38	设备基础	SJ
3	空心板	KB	21	连系梁	LL	39	桩	ZH
4	槽形板	CB	22	基础梁	JL	40	挡土墙	DQ
5	折板	ZB	23	楼梯梁	TL	41	地沟	DG
6	密肋板	MB	24	框架梁	KL	42	柱间支撑	ZC
7	楼梯板	TB	25	框支梁	KZL	43	垂直支撑	CC
8	盖板或沟盖板	GB	26	屋面框架梁	WKL	44	水平支撑	SC
9	挡雨板或檐口板	YB	27	檩条	LT	45	梯	T
10	吊车安全走道板	DB	28	屋架	WJ	46	雨篷	YP
11	墙板	QB	29	托架	TJ	47	阳台	YT
12	天沟板	TGB	30	天窗架	CJ	48	梁垫	LD
13	梁	L	31	框架	KJ	49	预埋件	M-
14	屋面梁	WL	32	刚架	GJ	50	天窗端壁	TD
15	吊车梁	DL	33	支架	ZJ	51	钢筋网	W
16	单轨吊车梁	DDL	34	柱	Z	52	钢筋骨架	G
17	轨道连接	DGL	35	框架柱	KZ	53	基础	J
18	车挡	CD	36	构造柱	GZ	54	暗柱	AZ

9.1.4 结构设计说明

结构设计说明是结构施工图的总说明，结构施工图中未表示清楚的构造、做法都反映在结构设计说明中。结构设计说明内容的多少由工程的复杂程度决定，但一般应包含以下几方面内容。

（1）工程概况　一般包括工程的结构体系、地震设防烈度、荷载取值、结构设计使用年限等内容。

（2）设计依据　一般包括国家颁布的建筑结构方面的设计规范、规定、强制性条文等内容。

（3）工程各部位的材料做法　一般包括地基与基础工程、主体工程、砌体工程等部位的材料做法等，如混凝土构件的强度等级、保护层厚度；配置的钢筋级别、钢筋的锚固长度和搭接长度；砌块的强度、砌筑砂浆的强度等级、砌体的构造要求等方面的内容。

（4）施工要求　施工中需要注意的问题及对施工质量的要求等内容。

9.2 钢筋混凝土构件简介

9.2.1 混凝土、钢筋混凝土

混凝土是由水泥、砂子、石子和水按一定比例混合，搅拌均匀，然后把它浇入预先支设好的模板中，经过振捣密实后再进行养护而形成的一种人造石材，是建筑工程中的一种主要材料。混凝土具有较高的抗压强度，但抗拉强度较低，很容易在荷载的作用下受拉产生裂缝而断裂，如图 9-1 （a）所示。

钢筋的抗拉强度和抗压强度都很高，为了充分利用混凝土抗压强度高的优点，提高其抗拉能力，常在混凝土构件的受拉区内配置一定数量的钢筋用以抵抗一定的拉力，使钢筋和混凝土构成一个整体，从而提高构件的承载力，这种配有钢筋的混凝土称为钢筋混凝土，如图 9-1 （b）所示。钢筋混凝土构件广泛应用于各种工程中。

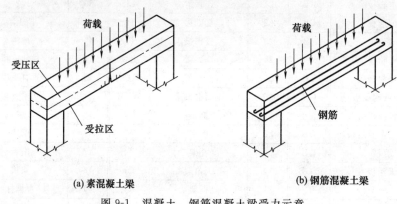

(a) 素混凝土梁　　　　　　　　　　(b) 钢筋混凝土梁

图 9-1　混凝土、钢筋混凝土梁受力示意

9.2.2 混凝土的强度等级

混凝土按其抗压强度的不同分为不同的强度等级。普通混凝土的强度等级有 C15、C20、C25、C30、C35、C40、C45、C50、C55 等等级（≥C60 的混凝土为高强混凝土）。"C"表示混凝土强度符号，后边的数值为混凝土的抗压强度标准值，数值越大表示混凝土的抗压强度越高。

9.2.3 钢筋混凝土构件及预应力混凝土构件

用钢筋混凝土浇筑而成的结构构件，如梁、板、柱、基础等，称为钢筋混凝土构件。其中，在施工时直接浇筑的称为现浇钢筋混凝土构件；预先制作好的，施工时安装的称为预制钢筋混凝土构件。

为了提高同等条件下构件的抗拉和抗裂性能，在浇筑钢筋混凝土时，预先给钢筋施加一定的拉力，这样的钢筋混凝土构件称为预应力钢筋混凝土构件。由于混凝土受到受拉钢筋的反作用而承受一定的压力，这样就提高了它的抗拉能力。

9.2.4 钢筋混凝土构件中的钢筋

（1）钢筋的分类　钢筋混凝土构件中的钢筋有的是由于受力需要而配制的，有的是由于构造需要而配制的，这些钢筋的形式及作用各不相同，如图 9-2 所示。钢筋混凝土构件中的钢筋按作用可分为以下几种。

① 受力钢筋　在构件中起主要受力作用（受拉或受压）的钢筋。

② 箍筋　在构件中承受一部分剪力，还起到固定受力筋、架力筋的位置的作用。箍筋一般用于梁和柱中。

③ 架力钢筋　用以固定梁内钢筋的位置，把纵向受力的筋和箍筋绑扎成骨架。

④ 分布钢筋　分布筋用于板内，与板内的受力筋垂直布置，其作用是将板承受的荷载均匀地传递给受力筋，也起到固定受力筋位置的作用。此外，还能抵抗因温度变化导致的混凝土的变形。

⑤ 构造钢筋　由于构件的构造要求或施工需要而配置的钢筋，如拉结筋、预埋锚固筋、吊筋等。

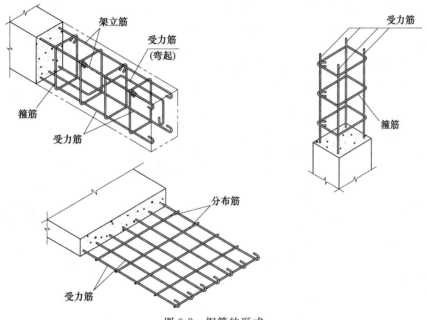

图 9-2　钢筋的形式

（2）钢筋的弯钩　螺纹钢筋由于本身有螺纹，与混凝土的黏结力很强，所以末端不需要做弯钩。光圆钢筋则需在两端做弯钩，以加强钢筋与混凝土的黏结力，以避免钢筋在受拉区滑动。钢筋弯钩的形式有半圆弯钩、直弯钩、箍筋弯钩，如图 9-3 所示。由图可以看出在计算钢筋实际长度时，半圆弯钩端部需增加的长度为 $6.25d$（d 为钢筋的直径），直弯钩端部需增加的长度为 $3.5d$。

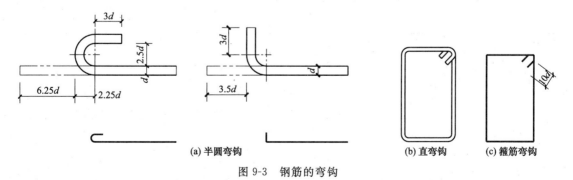

图 9-3　钢筋的弯钩

（3）钢筋的混凝土保护层 为了使钢筋在钢筋混凝土构件中不被锈蚀，保证钢筋在构件中的承载力，钢筋混凝土构件中在钢筋外面必须留有一定厚度的混凝土，这层混凝土称为保护层。保护层因构件不同及构件所处环境不同而厚度不同。在《钢筋混凝土设计规范》（GB 50010—2010）中对构件的保护层厚度作了详细规定，见表9-4。

表 9-4　钢筋的混凝土保护层最小厚度　　　　　　　　　单位：mm

环境类别	环境条件	板、墙、壳	梁、柱、杆
一	室内干燥环境；无侵蚀性静水浸没环境	15	20
二 a	室内潮湿环境；非严寒和非寒冷地区的露天环境；非严寒和非寒冷地区与无侵蚀性的水或土壤直接接触的环境；严寒和寒冷地区的冰冻线以下与无侵蚀性的水或土壤直接接触的环境	20	25
二 b	干湿交替环境；水位频繁变动环境；严寒和寒冷地区的露天环境；严寒和寒冷地区的冰冻线以上与无侵蚀性的水或土壤直接接触的环境	25	35
三 a	严寒和寒冷地区冬季水位变动区环境；受除冰盐影响环境；海风环境	30	40
三 b	盐渍土环境；受除冰盐作用环境；海岸环境	40	50

注：混凝土强度等级不大于C25时，表中保护层厚度数值应增加5mm；钢筋混凝土基础宜设置混凝土垫层，基础中钢筋的混凝土保护层厚度应从垫层顶面算起，且不应小于40mm。

（4）钢筋的种类及代号 钢筋混凝土中钢筋按钢筋表面形式分为光圆钢筋和带肋钢筋（人字纹、螺旋纹等）。建筑用钢筋混凝土中常用的钢筋有 HPB300 钢筋、HRB335 钢筋、HRB400 钢筋、HRB500 钢筋、RRB400 钢筋、HRBF335 钢筋、HRBF400 钢筋、HRBF500 钢筋等。其中"H"表示热轧，"P"表示表面光圆，"B"表示钢筋，"R"表示表面带肋，"300"、"335"、"400"、"500"表示钢筋强度标准值。"HRBF"表示细晶粒带肋钢筋，"RRB"表示余热处理带肋钢筋。钢筋经过热处理、冷拉、冷拔后，都能提高其强度。常用的钢筋种类和代号，见表9-5。

表 9-5　常用钢筋的种类和代号

钢筋种类	钢筋代号	钢筋种类	钢筋代号
HPB300 光圆钢筋	Φ	HRBF335 细晶粒带肋钢筋	Φ^F
HRB335 热轧带肋钢筋	$\underline{\Phi}$	HRBF400 细晶粒带肋钢筋	Φ^F
HRB400 热轧带肋钢筋	Φ	HRBF500 细晶粒带肋钢筋	Φ^F
HRB500 热轧带肋钢筋	Φ	RRB400 余热处理带肋钢筋	Φ^R

注：HPB300 光圆钢筋对应原 I 级钢筋 HPB235 钢筋，HRB335 热轧带肋钢筋原称为 II 级钢筋，HRB400 热轧带肋钢筋原称为 III 级钢筋。

（5）钢筋的表示方法 在钢筋混凝土构件图中，钢筋的表示方法应按《建筑结构标准》（GB/T 50105—2010）中规定的画法绘制，见表9-6。

表 9-6　钢筋的画法

序号	名称	图例	说明
1	钢筋横断面	●	
2	无弯钩的钢筋端部		下图表示长、短钢筋投影重叠时，短钢筋的端部用45°斜画线表示
3	带半圆形弯钩的钢筋端部		
4	带直钩的钢筋端部		

续表

序号	名　称	图　例	说　明
5	带丝扣的钢筋端部		
6	无弯钩的钢筋搭接		
7	带半圆弯钩的钢筋搭接		
8	带直钩的钢筋搭接		
9	花篮螺丝钢筋接头		
10	机械连接的钢筋接头		用文字说明机械连接的方式（如冷挤压或锥螺纹等）

9.2.5　钢筋混凝土构件详图

　　钢筋混凝土构件详图是表示钢筋混凝土构件中钢筋详细情况的图样。在钢筋混凝土构件详图中，假想混凝土是透明的，构件中的钢筋是可见的且不画出钢筋混凝土的材料图例。在钢筋混凝土构件详图中，钢筋用粗实线绘制，构件的轮廓线用细实线绘制，钢筋断面用小黑圆点表示，钢筋与构件轮廓应有适当距离表示保护层厚度。

　　钢筋混凝土构件详图中表示了钢筋的种类、数量、形状、直径、尺寸、间距等配制情况，是施工中支设模板、加工制作钢筋、浇注混凝土的重要依据。

　　为了清楚地表示构件中钢筋的情况，在钢筋混凝土构件中应对不同形状、不同种类、不同规格的钢筋进行编号。钢筋编号采用阿拉伯数字，写在直径 6mm 的圆圈内，圆圈应用细实线绘制，放在引出线的端部。钢筋编号的标注形式及含义，如图 9-4 所示。

图 9-4　钢筋编号的标注形式及含义

　　（1）钢筋混凝土梁　如图 9-5 为钢筋混凝土梁的详图。该梁的详图由立面图、断面图、钢筋表组成。由梁的立面图可以看出梁内共配有四种钢筋。其中①号钢筋、②号钢筋在梁的下部是主要受力筋。在靠近梁端部有一条 45°斜线表示②号钢筋弯起。弯起钢筋的弯起角度一般为 45°或 60°。③号钢筋在梁的上部为架立筋。④号钢筋是箍筋，箍筋在梁中分布是均匀的（一般端部需加密）故可采用简化画法，只在中部画出三至四根。再结合两个断面图确定①号钢筋是两根直径 14mm 的 HRB335 钢筋，在梁下部通长放置。②号钢筋是一根直径 14mm 的 HRB335 钢筋，在距梁端部 600mm 处向上做 45°弯起。③号钢筋是两根直径 12mm 的 HPB300 钢筋，在梁上部通长放置，端部做半圆弯钩。④号钢筋是直径 8mm 的 HPB300 钢筋，用于箍筋，每隔 200mm 放一个。

　　为了便于施工配料，有时将钢筋的形状、规格、数量等以列表形式表示出来，这个表格称为钢筋表。钢筋表中计算钢筋长度时，箍筋的尺寸指箍筋的里皮尺寸，弯起钢筋高度指钢筋外皮尺寸。有时需要画出钢筋详图（钢筋成型图），钢筋详图可采用与立面图相同的比例将每一根钢筋按其实际形状画在立面图的下面。简单构件可不画钢筋表和钢筋详图。

　　（2）钢筋混凝土板　钢筋混凝土板有预制板和现浇板两种。预制板的表示方法见本章第9.4 节。图 9-6 是混凝土现浇板的配筋图，板的配筋图是用平面图表示的。钢筋混凝土板一般在底层和顶层都配置钢筋。在《建筑结构制图标准》中规定"在结构平面图中配置双层钢

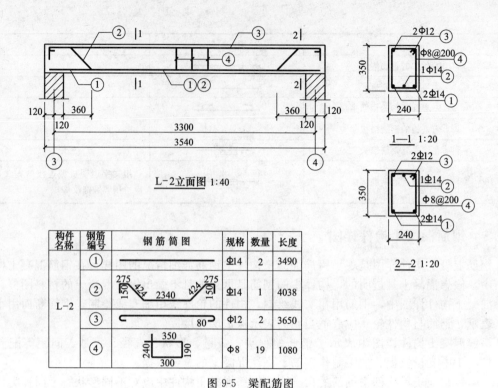

图 9-5 梁配筋图

筋时，底层钢筋的弯钩应向上或向左，顶层钢筋的弯钩则向下或向右"，由此可知在图 9-6 中①、②号钢筋在板的底层，③、④、⑤号钢筋在板的顶层。①、②号钢筋是直径 8mm 的 HPB300 钢筋，钢筋间距分别是 130mm、150mm，沿板底通长布置。③号钢筋也是直径 8mm 的 HPB300 钢筋，间距为 150mm，距墙（梁）内皮 1040mm。④、⑤号钢筋都是直径 12mm 的 HRB335 钢筋，间距分别是 200mm、120mm，距墙（梁）内皮都是 950mm。图中的 $h=110$ 表示板的厚度为 110mm。需要注意的是悬挑构件的主要受力筋在顶层。

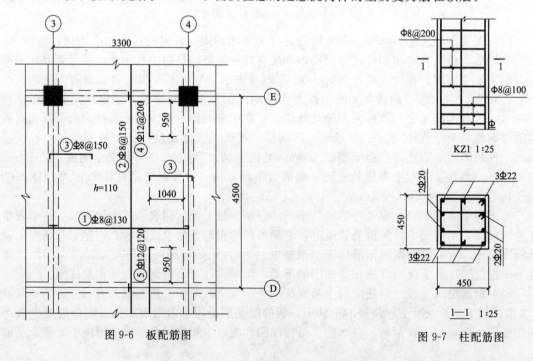

图 9-6 板配筋图

图 9-7 柱配筋图

（3）钢筋混凝土柱　钢筋混凝土柱的配筋图与梁的类似，一般由立面图和断面图组成。图 9-7 是钢筋混凝土柱的配筋图，从图中可以看出柱内共配置 6 根直径 22mm 的 HRB335 钢筋，4 根直径 20mm 的 HRB335 钢筋。箍筋是直径 8mm 的 HPB300 钢筋，间距 200mm，加密区间距 100mm。截面水平方向两根直径 22mm 的钢筋之间的钢筋为拉结筋，起增加柱的强度、提高抗剪能力的作用。

9.3　基础平面图及基础详图

9.3.1　基础的组成

基础是建筑物底部的主要承重构件，将建筑物的全部荷载传递给地基。基础的类型很多，划分方法也不尽相同。从基础的材料和受力来划分，基础可分为刚性基础和柔性基础。刚性基础指用砖、灰土、混凝土、三合土等抗压强度大而抗拉强度小的刚性材料做成的基础。柔性基础一般指用钢筋混凝土制成的受压、受弯均较强的基础。根据基础构造形式的不同，基础可分为条形基础、独立基础、筏形基础、桩基础等，如图 9-8 所示。

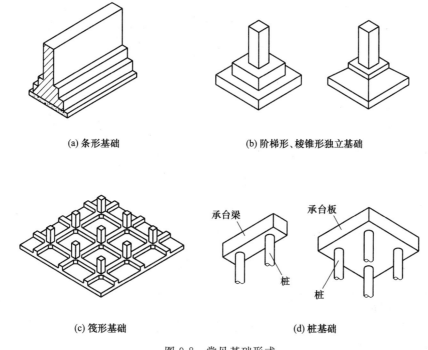

(a) 条形基础　　(b) 阶梯形、棱锥形独立基础

(c) 筏形基础　　(d) 桩基础

图 9-8　常见基础形式

下面以条形基础为例介绍基础的组成，如图 9-9 所示。

（1）地基　是承受由基础传递的建筑物的全部荷载的土层。一般对房屋进行设计之前应对地基土层进行勘察，以了解地基土层的组成、地下水位、承载力等地质情况。

（2）垫层　在基础与地基之间，将基础传来的荷载均匀地传递给地基。基础垫层材料一般采用混凝土，荷载比较小时也采用灰土垫层。

（3）大放脚　基础底部一阶一阶扩大的部分称为大放脚。大放脚可以增加基础墙与垫层的接触面积，减少垫层上单位面积的压力。

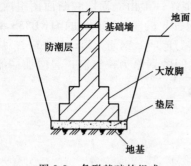

图 9-9　条形基础的组成

（4）基础墙　在室内地面以下的墙体称为基础墙。

（5）防潮层　为了防止水分沿基础墙上升，防止墙身受潮，通常在室内地面以下（一般为 0.060m 处）设置一层防水材料，这层防水层称为防潮层。

9.3.2　基础平面布置图

（1）基础平面布置图的形成　假想用一个水平剖切面将建筑物沿室内地面以下剖切开，移去切平面以上的部分和基础回填土后向水平投影面做投影，得到的投影图称为基础平面图。基础平面图所采用的比例、轴线编号与建筑底层平面图相同。基础平面图是施工时放灰线、挖基槽的主要依据。

（2）基础平面布置图的主要内容　基础平面图主要表示基础的平面布置情况，一般应包括以下内容。

① 基础边线　基础的最外边线（一般为不包括垫层的基础边线）。

② 基础墙体及其定位轴线。

③ 剖切符号　在不同位置基础的形状、尺寸、埋置深度及与轴线相对位置可能不同。因此，在基础平面图中要画出剖切符号，注明编号以便与基础详图相对应。

④ 尺寸标注　基础平面图中的尺寸标注一般需标出轴线间的尺寸及轴线总尺寸两道尺寸。

（3）基础平面布置图的图线要求　在基础平面图中，定位轴线用细单点长画线，剖切到的基础墙画粗实线，基础底面边线画细实线。如果剖切到钢筋混凝土柱，则用涂黑表示。

（4）基础平面布置图的阅读　图 9-10 是某办公楼的基础平面布置图，定位轴线及轴间尺寸与建筑平面图相同。图中的粗实线表示剖切到的墙体，墙体厚度为 240mm。墙两侧的细实线表示墙下的条形基础底边的投影，条形基础宽度 600mm。涂黑的方框表示剖切到的钢筋混凝土柱。柱周围的细线方框表示柱下独立基础，共有编号 J-1、J-2、J-3 的三种尺寸，基础底面标高都为－1.800m。平面布置图中还有 1—1 剖切符号与详图对应。

9.3.3　基础详图

基础平面图只表明了基础的平面布置，而基础各部分的形状、大小、材料、构造以及基础的埋置深度等都没有表达出来，这就需要画出各部分的详图，作为砌筑基础的依据。基础详图就是基础的垂直断面图，一般采用 1∶20、1∶30 等较大的比例。基础断面完全相同的部位可以用同一个基础详图来表示，基础断面形状类似只有部分尺寸不同时也可以采用同一个基础详图标注不同尺寸的方式表示。

（1）基础详图的内容　基础详图一般应包括以下内容：

① 定位轴线及其编号；

② 基础墙厚度、大放脚每步的高度及宽度；基础断面的形状、大小、材料以及配筋情况；基础梁的宽度、高度及配筋情况；

③ 室内外地面、基础底面的标高；

④ 防潮层的位置和做法；文字说明等。

（2）基础详图阅读　图 9-11 是条形基础详图。图中的 1—1 断面图是墙下的条形基础，基础垫层为 100mm 厚素混凝土，两侧宽出基础 100mm。基础墙 240mm 厚，底部进行三次放脚，放脚处宽 60mm，高为 120mm。一般在条形基础详图中，需要标注室内外地面及基础底部的标高，本图中基底标高为－1.500m。基础墙在室内地坪以下 50mm 处设置

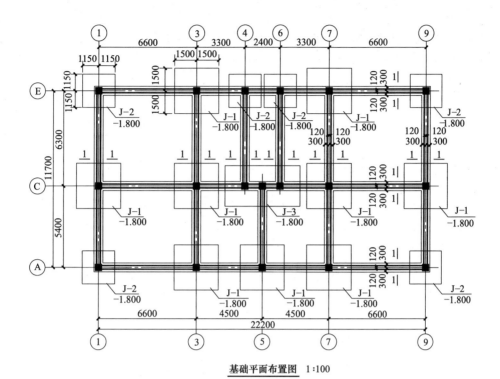

基础平面布置图 1:100

图 9-10 基础平面布置图

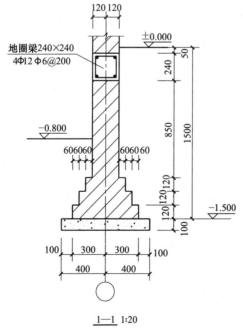

1—1 1:20

图 9-11 条形基础详图

240mm×240mm 地圈梁，以增加建筑物的整体性及减少地基不均匀沉降，兼做防潮层。

图 9-12 是柱下的独立基础 J-1 的平面图和剖面图。从图中可以看出柱下采用的是阶梯形

独立基础。基础垫层仍为 100mm 厚素混凝土，每侧宽出基础 100mm。基础中柱的断面尺寸为 450mm×450mm，其他部位尺寸及标高见图中标注。J-1 的底板配筋两个方向都为直径 13mm 的 HRB335 钢筋，间距 130mm。柱子的配筋在基础中要符合锚固要求，钢筋搭接位置也应该错开。

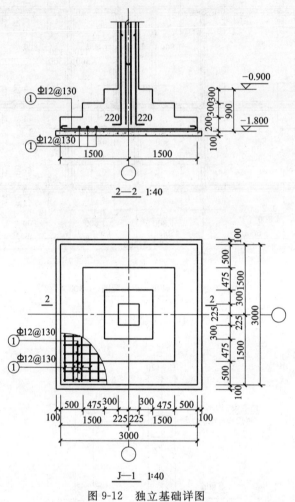

图 9-12　独立基础详图

9.4　楼层结构平面图

楼层和屋顶两种构件结构相同，材料一致，二者的结构平面图表示方法也基本相同。因此，在此仅介绍楼层结构平面图。

9.4.1　楼层结构平面图的形成

楼层结构平面图是假想沿楼板上面将房屋水平剖切后所得到的水平投影图，主要表示楼面板及其下面的墙、梁、柱等承重构件的平面布置情况，它是施工时布置或安放各层承重构件的依据。

楼层结构平面图的比例与建筑平面图的比例相同，常用 1∶100、1∶200、1∶50 的比例。钢筋混凝土楼层可分为预制装配式和现浇整体式两类。预制装配式钢筋混凝土楼层是由许多块在预制厂预制的一定尺寸的钢筋混凝土板，经过现场安装组成的。这种楼板具有施工速度快、造价较低、便于工业化生产和机械化施工等优点，但其整体性不如现浇整体式楼板。现浇整体式楼板是在施工现场直接浇筑，养护成型的钢筋混凝土楼板。这种楼板具有整体性好、适应性强等优点，但在施工时工作量大、造价较高、工期长。

9.4.2 楼层结构平面图的主要内容

① 轴线　楼层平面图中的轴线与建筑平面图一致，并标注轴线编号、轴线间尺寸和轴线总尺寸。

② 墙、柱、梁的平面位置　梁要标注编号。

③ 预制板的代号、型号、数量、布置情况等。

④ 现浇板的钢筋布置情况。

⑤ 圈梁、过梁的位置及编号　为了提高砌体的整体性和稳定性，沿外墙周边以及与之相交的承重内墙，设置连续封闭的钢筋混凝土梁称为圈梁。为了支撑门窗洞口上面墙体的重量并将其传递给两侧的墙体，在门窗洞口顶上沿墙设一道梁（长度大于洞口），称为过梁。

⑥ 文字说明。

9.4.3 楼层结构平面图的图线要求

在结构平面图中，可见的钢筋混凝土楼板的轮廓线用细实线表示，剖切到的墙身轮廓线用中实线表示，楼板下面不可见的墙身轮廓线用中虚线表示，钢筋用粗实线表示，剖切到的钢筋混凝土柱子涂黑表示。

9.4.4 楼层结构平面图的阅读

（1）预制板楼层结构平面图　在预制板的楼层结构平面图中要画出预制板的轮廓，并在楼板的范围内画一条对角线，沿对角线注写预制板的数量、代号、规格等。对布置相同情况预制板的板块编写相同的编号，可以只标注一次。各省制定的预制板标注方法不完全相同，但表示的内容基本相同，如"6Y-KB359-1"，"6"表示布置 6 块预制板，"Y-KB"表示预应力多孔板，"35"表示板的长度为 3500mm，"9"表示板宽为 900mm，"1"表示荷载等级为 1 级。

图 9-13 为某预制板楼层结构平面图，该图为二层结构平面图，比例为 1：100，图中涂黑的代表钢筋混凝土构造柱，共有 GZ1、GZ2、GZ3 三种。由于配筋比较简单，具体配筋情况只采用断面图的形式表示。与构造柱相同，图中两种圈梁 QL1、QL2 的配筋也是用断面图表示的。图中共包括三种形式的预制板，其中②号板表示布置 4 块长度 3500mm、宽度 1200mm 和 1 块长度 3500mm、宽度 900mm，荷载等级都是 1 级的预应力多孔板。由于在Ⓑ轴线上有构造柱 GZ3，无法放预制板，故在此现浇一板带。板带下配 6 根直径 14mm 的 HRB335 钢筋（与板平行），分布筋为直径 6 的 HPB300 钢筋，间距 200mm。

图中门或窗洞口的上方为过梁，如"GL-7243"，其中"GL"表示过梁，"7"表示过梁所在的墙厚为 370mm（"2"表示 120mm、"8"表示 180mm、"4"表示 240mm），"24"表示过梁下墙洞口宽度 2400mm，"3"表示过梁荷载等级为 3 级。图中"XL-1"表示编号是 1 的现浇梁。图中Ⓐ轴线上的粗实线表示雨篷梁及端部的压梁，分别用代号 YPL、YL-1、YL-2 表示。图还给出了圈梁、构造柱的断面图及雨篷的配筋图，读者可自己阅读。

构造柱是为了增加砌体结构的整体性、稳定性而设置，不起主要承重作用的结构构件。构造柱一般设在建筑物外墙转角处、内外墙交接处、楼梯间、较长墙体的中部。构造柱与圈梁、墙体必须牢固连接成整体，以提高建筑物的空间刚度。

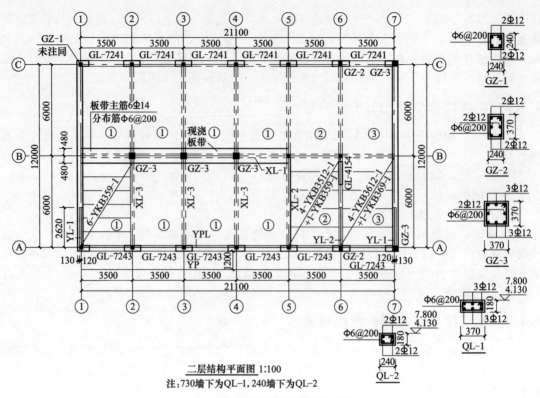

二层结构平面图 1:100
注：730墙下为QL-1, 240墙下为QL-2

图 9-13　预制板楼层结构平面图

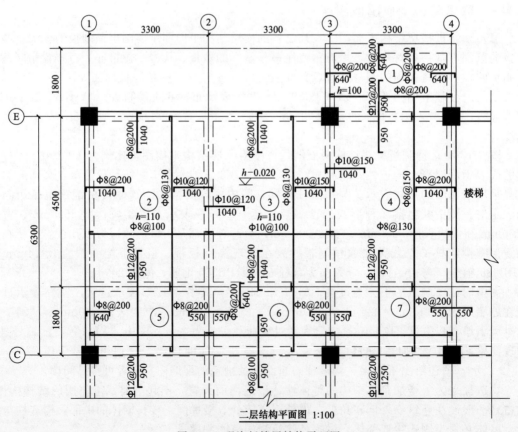

二层结构平面图 1:100

图 9-14　现浇板楼层结构平面图

（2）现浇板楼层结构平面图　现浇板的楼层结构平面图中板的配筋表示方法本章 9.2 节已讲述。在现浇板楼层结构平面图中同样对楼板进行编号，配筋相同的板采用相同的编号可只标注一次。图 9-14 是二层结构平面图的一部分，图中的轴线编号及轴间尺寸与建筑图相同，比例也采用 1∶100 的比例。图中的虚线表示板底下的梁，由于该办公楼采用框架的结构体系，故未设置圈梁、构造柱。门窗的上表面与框架梁底在同一高度，也未设置过梁。整个楼板厚度除阳台部位为 100mm 外，其余部位为 110mm。相邻板若上部配筋相同，则中间不断开，采用一根钢筋跨两侧放置。在图中还注明了卫生间部位的结构标高（不含装修层的高度）比其他部位低 20mm。

9.5　结构构件详图

一些结构构件在结构平面布置图中无法表示清楚，需要用较大比例的详图表示。钢筋混凝土梁、板、柱的构件详图在本章 9.2 节已表述，下面介绍一下楼梯详图。楼梯结构详图包括楼梯结构平面图、楼梯剖面图、楼梯配筋图。

9.5.1　楼梯结构平面图

楼梯结构平面图是在每层楼梯上部楼层平台顶面处水平剖切，然后向下投影得到的。楼梯结构平面图的表示方法和楼层结构平面图一样，表示楼梯板和楼梯梁的平面布置情况、编号、尺寸、结构标高及平台板的配筋情况等内容。楼梯结构平面图一般包括底层结构平面图、中间层结构平面图、顶层结构平面图。楼梯结构平面图一般采用 1∶50 的比例。

在楼梯结构平面图中剖切到的墙体轮廓线用中实线表示，可见轮廓线用细实线表示，不可见轮廓线用细虚线表示，钢筋用粗实线表示。

图 9-15 是楼梯的二层结构平面

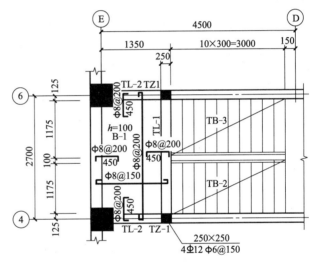

图 9-15　楼梯二层结构平面图

图，从图中可以看出从二层到三层的第一个梯段楼梯板编号为 "TB-3"，第二个梯段的梯板编号为 "TB-2"。在楼梯休息平台处有编号分别为 "TL-1、TL-2" 的楼梯梁。TL-1 的两侧放在编号 "TZ-1" 的楼梯柱上。TZ-1 的尺寸及配筋情况都已标出。图中还表示了楼梯平台板的厚度及配筋情况。

9.5.2　楼梯剖面图

楼梯剖面图表示楼梯各构件的编号、尺寸、竖向布置情况、连接情况、结构标高等。楼梯剖面图的剖切位置也应注在楼梯底层结构平面图上。楼梯剖面图通常也用 1∶50 的比例。若楼梯结构平面图与楼梯配筋图能将楼梯剖面图中的内容表示清楚，可以不画楼梯剖面图。

9.5.3　楼梯配筋图

楼梯配筋图是用较大比例表示楼梯板、楼梯梁的尺寸和配筋情况的构件详图。楼梯梁与普通梁一样，一般采用立面图和断面图来表示其配筋情况。楼梯板是倾斜的钢筋混凝土板，配筋与水平的钢筋混凝土板类似。楼梯板顶层的钢筋需要锚固到楼梯梁或楼梯平台板中。

图 9-16 是楼梯梁和楼梯板的配筋图。楼梯梁配筋比较简单，只画出了断面图就可以将

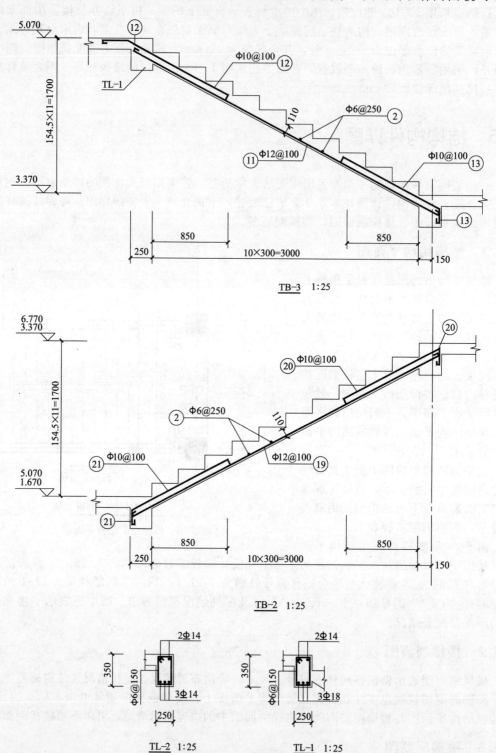

图 9-16 楼梯配筋图

其配筋表示清楚。TB-2 的标高有两个，根据标高数值可以看出分别是一层到二层的第二个梯段板和二层到三层的第二个梯段板。TB-2 厚度 110mm，底部的受力筋是直径 12mm 的 HPB300 钢筋，间距 100mm，伸入楼梯梁中，分布筋是直径 6mm 的 HPB300 钢筋，间距 250mm。在 TB-2 的两端顶部配置有直径 10mm 的 HPB300 钢筋，间距 100mm，分别伸入楼梯梁中。

9.6 平法施工图简介

建筑结构施工图平面整体设计方法（简称平法），即将各构件的尺寸、配筋和所选用的标准构造详图，按照各类构件的平法制图规则，直接表示在所绘制的平面布置图上。平法是结构施工图中普遍采用的图示方法。按平法设计绘制的施工图，一般是由各类结构构件的平法施工图和标准构造详图两大部分构成。

在用平法表示的施工图中，应将所有构件进行编号，编号中含有类型代号和序号等，常用的构件代号见表 9-7。

表 9-7　平法常用构件代号

名称	代号	名称	代号
框架柱	KZ	连梁（无交叉暗撑、钢筋）	LL
框支柱	KZZ	连梁（有交叉暗撑）	LL(JC)
芯柱	XZ	连梁（有交叉钢筋）	LL(JG)
梁上柱	LZ	暗梁	AL
剪力墙上柱	QZ	边框梁	BKL
约束边缘暗柱	YAZ	楼层框架梁	KL
约束边缘端柱	YDZ	屋面框架梁	WKL
约束边缘翼墙（柱）	YYZ	框支梁	KZL
约束边缘转角墙（柱）	YJZ	非框架梁	L
构造边缘端柱	GDZ	悬挑梁	XL
构造边缘暗柱	GAZ	井字梁	JZL
构造边缘翼墙（柱）	GYZ	楼面板	LB
构造边缘转角墙（柱）	GJZ	屋面板	WB
非边缘暗柱	AZ	延伸悬挑板	YXB
扶壁柱	FBZ	纯悬挑板	XB

9.6.1　柱平法施工图制图规则

柱子的平法表示方法有两种，列表注写方式和截面注写方式。

（1）列表注写方式　列表注写方式，系在柱平面布置图上标注截面几何参数及代号；将柱编号、柱段起止标高、几何尺寸与配筋情况等列成表的表示方式，如图 9-17 所示。

柱表注写内容规定如下。

① 注写柱编号　如图 9-17 柱表中的 KZ1。

② 注写各段柱的起止标高　自柱根部往上以变截面位置或截面未变但配筋改变处为界分段注写。

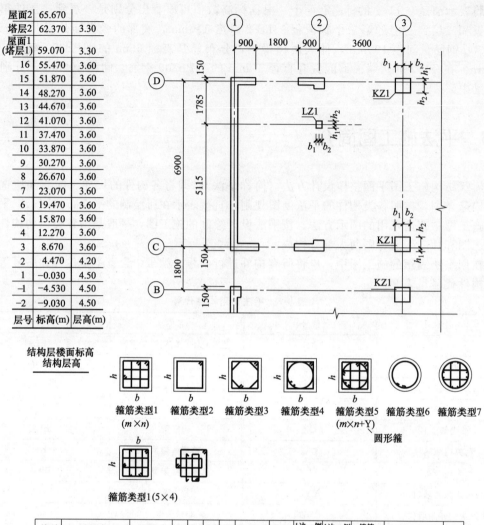

图 9-17　柱平法施工图列表注写方式

③ 注写柱截面尺寸 $b \times h$ 及与轴线关系的几何参数代号 b_1、b_2 和 h_1、h_2 的具体数值　须对应于各段柱分别注写。其中，$b = b_1 + b_2$，$h = h_1 + h_2$。对于圆柱用直径数字前加 d 表示。

④ 注写柱纵筋　当柱纵筋直径相同，各边根数也相同时，将纵筋注写在 "全部纵筋" 一栏中；除此之外，柱纵筋分角筋、截面 b 边中部筋和 h 边中部筋三项分别注写（对于采用对称配筋的矩形截面柱，可仅注写一侧中部筋，对称边省略不注；如采用非对称配筋，需在柱表中增加相应栏目分别表示各边的中部筋）。

⑤ 注写箍筋类型号（如图 9-17 中的 7 种型号）及箍筋肢数　在具体工程中还须在表的

上部或图中的适当位置画出箍筋类型图以及箍筋复合的具体方式，如图 9-17 中绘制了箍筋类型 1（5×4）的具体方式。

⑥ 注写柱箍筋，包括钢筋级别、直径与间距 "/"用来区分柱端箍筋加密区与柱身非加密区长度范围内箍筋的不同间距。

（2）截面注写方式 在柱平面布置图上，从相同编号的柱中选择一个截面，按另一种比例原位放大绘制柱截面配筋图。截面注写方式需在各配筋图上注明：柱编号；截面尺寸 $b×h$；角筋或全部纵筋；箍筋的具体数值；标注柱截面与轴线关系 b_1、b_2、h_1、h_2 的具体数值。当纵筋采用两种直径时，须再注写截面各边中部筋的具体数值（对于采用对称配筋的矩形截面柱，可仅在一侧注写中部筋，对称边省略不注）。

图 9-18 为采用截面注写方式表达的柱平法施工图，其中柱 LZ1 截面尺寸为 250mm×300mm，全部纵筋 6 根，均为直径 16mm 的 HRB335 钢筋，箍筋采用直径 8mm 的 HPB300 钢筋，间距 200mm。柱 KZ1 截面尺寸 650mm×600mm，角筋为 4 根直径 22mm 的 HRB335 钢筋，b 边一侧中部筋为 5 根直径 22mm 的 HRB335 钢筋，h 边一侧中部筋为 4 根直径 20mm 的 HRB335 钢筋，b、h 边另一侧中部筋均对称配置，箍筋为直径 10mm 的 HPB300 钢筋，加密区间距为 100mm，非加密区间距为 200mm。

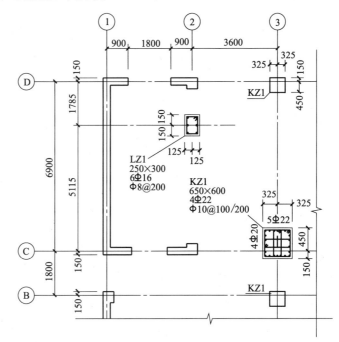

19.470～37.470柱平法施工图(局部)

图 9-18　柱平法施工图截面注写方式

9.6.2　梁平法施工图制图规则

梁平法施工图是在梁平面布置图上采用平面注写方式或截面注写方式表达梁的截面尺寸及配筋的一种方法。

（1）平面注写方式　平面注写方式，就是在梁的平面布置图上，分别在不同编号的梁中各选一根梁,直接在其上注写截面尺寸和配筋具体数值。平面注写方式包括集中标注与原位标注两部分,如图9-19所示。当集中标注中的某项数值不适用于梁的某部位时,则将该项数值原位标注,施工时,原位标注取值优先。在图9-19中下面是采用传统表示方法绘制的四个梁断面图,用于与平面注写方式进行对比。

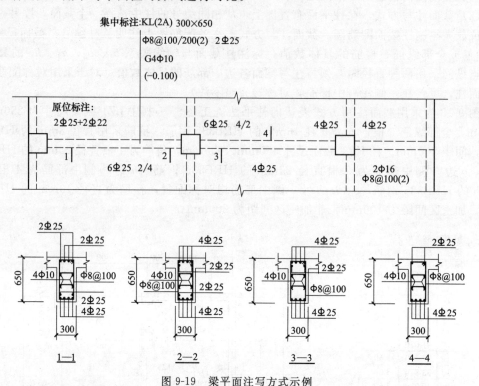

图9-19 梁平面注写方式示例

① 集中标注 集中标注表达梁的通用数值。梁集中标注的内容共六项,其中前五项为必注值,第六项为选注值(集中标注可以从梁的任意一跨引出),如图9-19中的KL2,各项内容的含义如下。

第一项:梁编号。KL2(2A)表示2号框架梁。其中括号中的"2"表示该梁为2跨;"A"表示一端有悬挑(若为B则表示两端悬挑)。

第二项:梁截面尺寸。当为等截面梁时,用$b×h$表示。

第三项:梁箍筋,包括钢筋级别、直径、加密区与非加密区间距及肢数。箍筋加密区与非加密区的不同间距及肢数需用斜线"/"分隔;箍筋肢数应写在括号内。如图9-19中"Φ8@100/200(2)",表示箍筋为直径8mm的HPB300钢筋,加密区间距为100mm,非加密区间距为200mm,均为双肢箍。再例如"Φ10@100(4)/150(2)",表示箍筋为直径10mm的HPB300钢筋,加密区间距为100mm,四肢箍;非加密区间距为150mm,双肢箍。若在"Φ"前出现数字表示箍筋的个数。

第四项:梁上部通长筋或架立筋配置。图9-19中梁上部的通长筋为两根直径25mm的HRB335钢筋。当梁上部同排纵筋中既有通长筋又有架立筋时,应用加号"+"相联标注,注写时将角部纵筋写在"+"号前面,架立筋写在"+"号后面并加括号。当全部采用架立筋时,则将其写入括号内。当梁的上部纵向钢筋和下部纵向钢筋均为全跨相同,且多数跨配筋相同时,此项可加注下部纵筋的配筋值,用分号";"将上、下部纵筋的配筋值隔开。

第五项:梁侧面纵向构造钢筋或受扭钢筋配置。当梁的腹板高度$h_w≥450mm$时,需配置梁侧纵向构造钢筋,此项注写时以大写字母G打头。图9-19中"G4Φ10",表示按构造在梁的两侧各配 2 根直径 10mm 的 HPB300 钢筋。若用 N 打头则表示梁两侧的受扭纵筋。

第六项：梁顶面标高高差。梁顶面标高高差是指梁顶与相应的结构层楼面标高的高差值。无高差时不注，有高差时，将高差值标入括号内。图 9-19 中"（−0.100）"表示梁顶低于结构层 0.1m。

② 原位标注　原位标注表达梁的特殊数值，原位标注的内容主要有三项。

第一项：梁支座上部纵筋。该部位标注包括梁上部的所有纵筋，即包括通长筋。梁上部纵筋多于一排时，用斜线"/"将各排纵筋自上而下分开。如图 9-19 中"6⊈25　4/2"，表示梁支座的上一排纵筋为 4⊈25，下一排纵筋为 2⊈25。当同排纵筋有两种直径时，用加号"＋"将两种直径的纵筋相连，并将角部纵筋写在"＋"号前面。例如图 9-19 中的"2⊈25＋2⊈22"表示 2⊈25 放在角部，2⊈22 放在中部。

当梁中间支座两边的上部纵筋不同时，须在支座两边分别标注；当梁中间支座两边的上部纵筋相同时，可仅在支座一边标注，另一边可省略标注，如图 9-19 所示。

第二项：梁下部纵筋。当梁下部纵筋多于一排时，用斜线"/"将各排纵筋自上而下分开。如图 9-19 中"6⊈25　2/4"表示梁下部纵向钢筋为两排，上排为 2⊈25，下排为 4⊈25，钢筋全部伸入支座。当同排纵筋有两种直径时，用加号"＋"将两种直径的纵筋相连，注写时角筋写在前面。

当梁下部纵筋不全部伸入支座时，将梁支座下部纵筋减少的数量写在括号内。例如梁下部纵筋注写为"6⊈25　2（−2）/4"表示梁下部为双排配筋，其中上排纵筋为 2⊈25，且不伸入支座；下排纵筋为 4⊈25，全部伸入支座。

当梁的集中标注中已注写了梁上部和下部均为通长的纵筋值时，则不需在梁下部重复做原位标注。

第三项：附加箍筋和吊筋的标注。当多数附加箍筋和吊筋相同时，可在梁平法施工图上统一注明，否则直接画在平面图中的主梁上，进行原位标注，用引出线标注总配筋值（附加

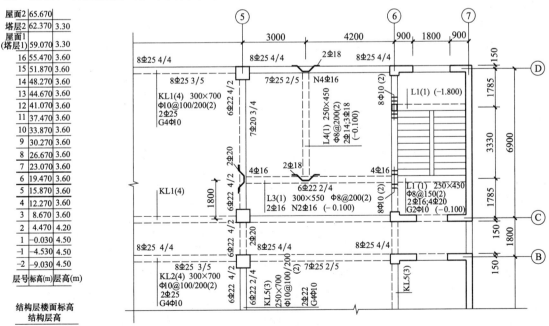

15.870～26.670梁平法施工图(局部)

图 9-20　梁平法施工图平面注写方式示例

箍筋的肢数注在括号内)，如图 9-20 中的 "8φ10（2）"、"2φ18" 等。

图 9-20 为梁平面注写方式的平法施工图，图中纵向框架梁 KL1 有 2 根、KL2 有 1 根，横向框架梁 KL2 有 2 根；非框架梁 L1 有 2 根，L3、L4 各一根。从图中框架梁 KL1 的集中标注可看出，框架梁 KL1 为 4 跨，截面尺寸 300mm（宽）×700mm（高）。箍筋采用直径 10mm 的 HPB300 钢筋，加密区间距为 100mm，非加密区间距为 200mm，均为双肢箍。梁的上部通长筋为两根直径 25mm 的 HRB335 钢筋。梁的两侧按构造各配 2 根直径 10mm 的 HPB300 钢筋。梁上部在⑤轴线两侧放置两排钢筋，其中两排钢筋都是 4 根直径 25mm 的 HRB335 钢筋（包括 2 根通长的）。⑥轴线左端也放置两排钢筋，每排都是 4 根直径 25mm 的 HRB335 钢筋（包括 2 根通长的）。梁下部⑤、⑥轴线间放置两排钢筋，下排是 5 根直径 25mm 的 HRB335 钢筋，上排是 2 根直径 25mm 的 HRB335 钢筋，共 7 根，全部伸入支座。注意梁此处在两侧面各配置 2 根直径 16mm 的 HRB335 钢筋，取代了通长的构造筋。在与 L4 相交处配置的附加吊筋为 2 根直径 18mm 的 HRB335 钢筋。至于梁中钢筋的形状、尺寸、要求等还要查阅标准构造详图。图中其他梁，读者可自行分析。

（2）截面注写方式　梁的截面注写方式是在按层绘制的梁平面布置图上，分别在不同编号的梁中各选择一根画出 "单边截面号"，另画出对应的截面配筋图。截面注写方式既可以单独使用，也可与平面注写方式结合使用。截面注写方式多适用于表达异形截面梁的尺寸与配筋或平面图上局部区域梁布置过密的情况，截面注写方式与传统表达方法相似。如图 9-

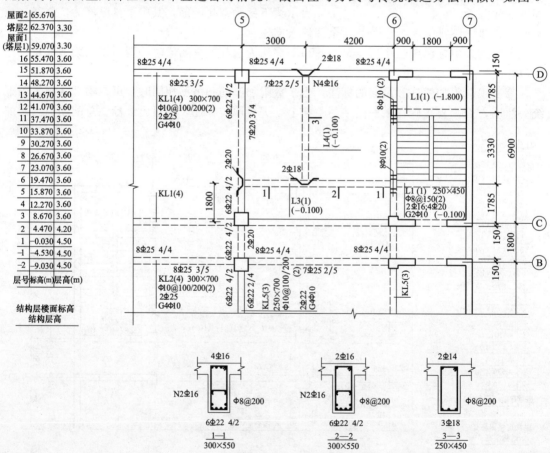

15.870~26.670梁平法施工图(局部)

图 9-21　梁平法施工图截面注写方式示例

21 为梁平法施工图截面注写方式实例。

9.6.3　有梁楼盖板平法制图规则

有梁楼盖板是指以梁为支座的楼面与屋面板。有梁楼盖板平法施工图，是在楼面板和屋面板平面布置图上，采用平面注写的表达方式。板平面注写主要包括：板块集中标注和板支座原位标注。图 9-22 为板的平法施工图（局部）。

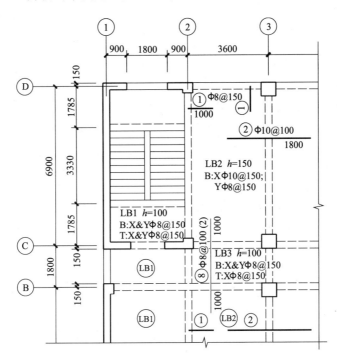

图 9-22　板平法施工图示例

（1）**板块集中标注**　板块集中标注包括板块编号，板厚，贯通纵筋，以及当板面标高不同时的标高高差等内容。贯通纵筋按板块的下部和上部分别注写（当板块上部不设贯通纵筋时则不注），并以 B 代表下部，以 T 代表上部，B&T 代表下部与上部；X 向贯通纵筋以 X 打头，Y 向贯通纵筋以 Y 打头，两向贯通纵筋配置相同时则以 X&Y 打头（当两向轴网正交布置时，图面从左至右为 X 向，从下至上为 Y 向）。当为单向板时，另一向贯通的分布筋可不标注，而在图中统一注明。当在某些板内配置有构造筋时，则 X 向以 X_C，Y 向以 Y_C 打头注写。

如图 9-22 中的"LB1；$h=100$；B：X&YΦ8@150；T：X&YΦ8@150"表示 1 号楼面板，板厚 100mm，板上、下部均配置了Φ8@150 的双向贯通纵筋，楼面板相对于结构层楼面无高差。

（2）**板支座原位标注**　板支座上部非贯通纵筋需进行原位标注。标注时，应在配置相同跨的第一跨表达，垂直于板支座（梁或墙）绘制一段长度适当的中粗实线，以该线段代表支座上部非贯通纵筋，并在线段上方注写钢筋编号，配筋值，横向连续布置的跨数（注写在括号内，一跨时可不注）。在一个部位注写清楚后，对其他相同者仅需在代表钢筋的线段上注写编号及横向连续布置的跨数即可。

板支座上部非贯通筋自支座中线向跨内的延伸长度，注写在线段的下方位置。当中间支座上部非贯通纵筋向支座两侧对称延伸时，可仅在支座一侧线段下方标注延伸长度，另一侧不注。

如图9-22中，板LB2内支座上部配置非贯通筋，①号筋为"Φ8@150"，自支座中线向一侧跨内延伸长度为1000m；②号筋为"Φ10@100"，自支座向两侧跨内对称延伸，长度均为1800m。板LB3内支座上部配置⑧号非贯通筋，为"Φ8@100"，向跨内延伸长度为1000m，横向连续布置两跨。

9.7 钢结构图简介

钢结构是用型钢，通过焊接、螺栓连接、铆钉连接，组合而成的承重结构物。它与钢筋混凝土结构、木结构和砖石结构相比，具有自重轻、可靠性高、装配速度快等优点，因此在工程建设中得到了广泛应用，如工业厂房、大跨度、高层建筑物、桥梁等。

9.7.1 钢结构的基本知识

（1）型钢及其标注 钢结构中用的各种钢材构件是由轧钢厂按标准规格（型号）轧制而成的，这种标准钢构件称为型钢。常用的型钢及标注方法见表9-8。

表 9-8 常用型钢及标注方法

序号	名称	截面	标注	说　明
1	等边角钢	∟	$\llcorner b \times t$	b 为肢宽 t 为肢厚
2	不等边角钢	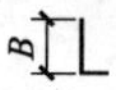 B ∟	$\llcorner B \times b \times t$	B 为长肢宽 b 为短肢宽 t 为肢厚
3	工字钢	I	$I N \quad Q I N$	轻型工字钢加注 Q 字
4	槽钢	[	$[N \quad Q [N$	轻型槽钢加注 Q 字
5	方钢	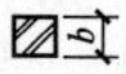 b	$\square b$	
6	扁钢	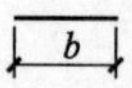 b	$- b \times t$	
7	钢板	—	$\dfrac{- b \times t}{l}$	$\dfrac{宽 \times 厚}{板长}$
8	圆钢	⊘	$\phi 6$	
9	钢管	○	$\phi d \times t$	d 为外径 t 为壁厚

续表

序号	名称	截面	标注	说　明
10	薄壁方钢管	□	B □ $b{\times}t$	薄壁型钢加注 B 字 t 为壁厚
11	薄壁等肢角钢	L	B L $b{\times}t$	
12	薄壁等肢卷边角钢		B ⌐ $b{\times}a{\times}t$	
13	薄壁槽钢		B [$h{\times}b{\times}t$	
14	薄壁卷边槽钢		B [$h{\times}b{\times}a{\times}t$	
15	薄壁卷边 Z 型钢		B ⌐ $h{\times}b{\times}a{\times}t$	
16	T 型钢	T	TW　${\times}{\times}$ TM　${\times}{\times}$ TN　${\times}{\times}$	TW　为宽翼缘 T 型钢 TM　为中翼缘 T 型钢 TN　为窄翼缘 T 型钢
17	H 型钢	H	HW　${\times}{\times}$ HM　${\times}{\times}$ HN　${\times}{\times}$	HW　为宽翼缘 H 型钢 HM　为中翼缘 H 型钢 HN　为窄翼缘 H 型钢
18	起重机钢轨		⊥ QU${\times}{\times}$	详细说明产品规格型号
19	轻轨及钢轨		⊥${\times}{\times}$kg/m钢轨	

（2）焊接的表示方法　由于焊接具有构造简单、不削弱构件截面、用料经济、制作加工方便等优点，所以各种型钢构件常用焊接的方式连接起来。由于设计时对焊接的不同要求，产生的焊缝形式也不同。在焊接的钢结构图中，必须把焊缝的位置、形式和尺寸表示清楚。按国标规定，焊缝应用焊缝代号标注。焊缝代号应由图形符号、焊缝尺寸、引出线、辅助符号组成，如图 9-23 所示。

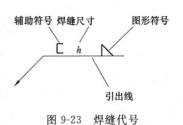

图 9-23　焊缝代号

常用图形符号和辅助符号及标注方法见表9-9、表9-10。

表 9-9　常用图形符号及标注方法

焊缝名称	示意图	图形符号	标注方法
V 形焊缝	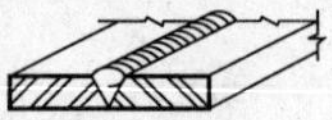	V	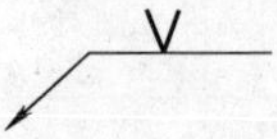
角焊缝	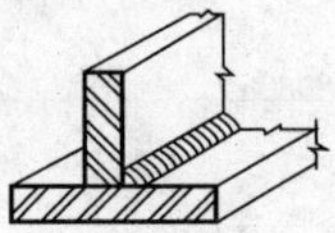	△	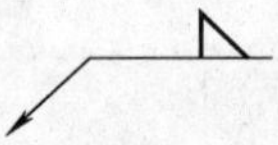
I 形焊缝	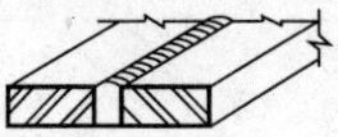	‖	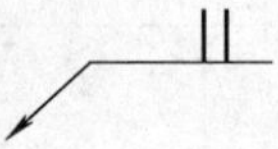
点焊缝	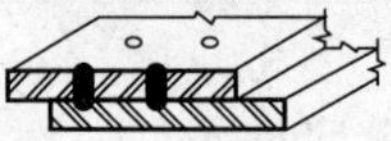	○	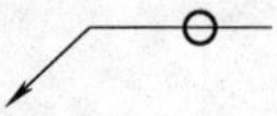
塞焊缝	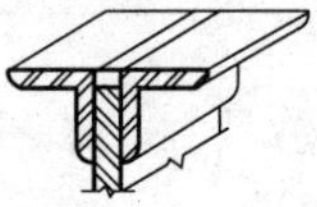	⊓	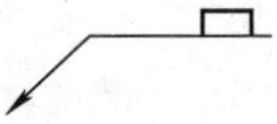

表 9-10　常用辅助符号及标注方法

符号名称	示意图	辅助符号	标注方法
周围焊	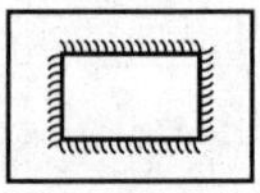	○	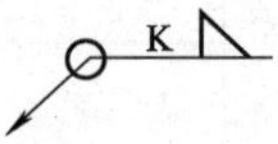 K
三面焊	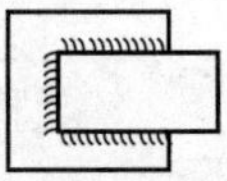	⊏	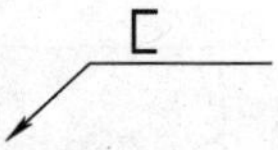
现场焊			
相同焊			

（3）螺栓连接的表示方法　螺栓连接具有拆装方便、不损伤元件、便于维护等优点。螺栓、孔的表示方法见表9-11。

表 9-11　螺栓、孔表示方法

名称	图例	名称	图例
永久螺栓		胀锚螺栓	
高强螺栓		圆形螺栓孔	
安装螺栓		长圆形螺栓孔	

注：细"＋"表示定位线；M 表示螺栓型号；ϕ 表示螺栓孔直径；d 表示膨胀螺栓直径；引出线上方为螺栓规格，下方为螺栓孔直径。

9.7.2　钢屋架结构图

钢屋架是钢结构构件中比较简单的构件，下面以钢屋架结构图为例说明钢结构图表示方法。钢屋架结构图主要包括屋架简图、屋架立面图、屋架详图、各种构件及其连接详图、钢材用量表等。钢屋架结构图是表示钢屋架的形式、尺寸、型钢规格、杆件间连接情况的图样。钢屋架一般由上弦杆、下弦杆、腹杆三部分构成，腹杆包括斜杆和竖杆。屋架上面的杆件称为上弦杆，下面的杆件称为下弦杆，中间的杆件称为腹杆。

（1）屋架简图　屋架简图又称为屋架几何尺寸图，是以单线图的形式表示各杆件的几何中心线。屋架简图用粗实线或中粗线绘制，习惯上放在图纸的左上角或右上角，通常要标出屋架的跨度、杆件的长度等。图 9-24 是一个三角形钢屋架简图，屋架的跨度及各杆件的几何尺寸都在图中标出。

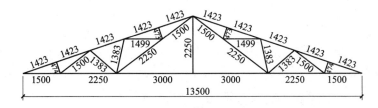

图 9-24　三角形钢屋架简图

（2）屋架立面图　屋架立面图是屋架直接向正立投影面做投影形成的。由于屋架的杆件断面尺寸比屋架杆件的长度小很多，为了表达清楚，屋架立面图常采用两种比例：杆件轴线一般为（1∶20）～（1∶30）的比例，节点（杆件连接处）和杆件的断面一般为（1∶10）～（1∶15）的比例。为了清楚地表示各个杆件，便于查找，通常将各个杆件进行编号，编号用阿拉伯数字，写在直径 6mm 的细实线圆内。为了将上、下弦表示得更清楚，通常将上、下弦的平面图与屋架立面图放在一起。屋架立面图中杆件的轮廓线和节点板轮廓线用中粗线或粗线绘制，其余用细实线绘制。

图9-25是三角形钢屋架的立面图和上、下弦的平面图。在图中屋架的上弦标注为"2∟100×8"表示它由两根肢宽100mm、肢厚8mm的等边角钢组成，引出线下面的"7590"表示上弦杆长7590mm，其他杆件标注类似。屋架上的檩托标注为"∟140×90×10"，表示檩托为长肢宽140mm、短肢宽90mm、肢厚10mm的不等边角钢，长度120mm。图中上弦杆两根角钢之间的填板标注为"−60×8"，表示填板宽60mm，厚8mm，板长120mm。

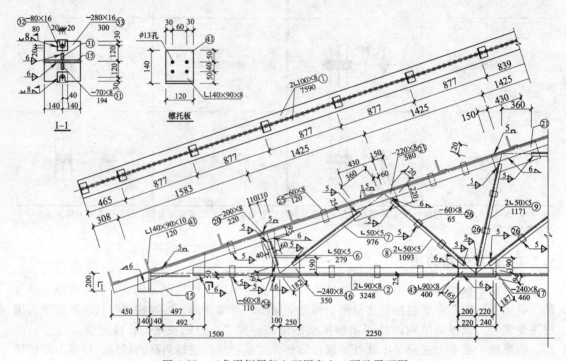

图9-25 三角形钢屋架立面图和上、下弦平面图

（3）屋架详图 以较大的比例单独表示表示节点部位的图样称为节点详图。一些特殊构件（如预埋件、形状不规则的连接板）在立面图中并未表示清楚，还需要绘制其详图。有时为了表示清楚还采用剖面图、断面图等形式表达某些构件或某一部位的情况。节点详图主要

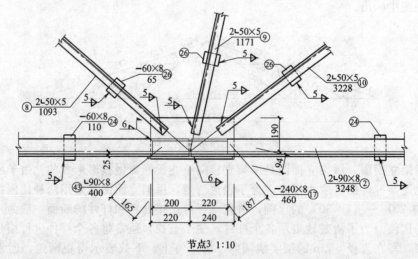

节点3 1:10

图9-26 钢屋架下弦上左数第三个节点详图

表示各杆件、节点板、连接板的数量、形状、尺寸、相互位置及连接情况等。

图 9-26 是钢屋架下弦上左数第三个节点详图。从图中可以看出连接板采用 240mm 宽、8mm 厚、460mm 长的钢板。节点 3 上的三根斜杆都是由两根肢宽 50mm、肢厚 5mm 的等边角钢组成的。下弦杆在此处用与其一样的肢宽 90mm、肢厚 8mm 的等边角钢相连，连接角钢长度 400mm。各构件均采用焊接连接。斜杆与节点板焊接为双面焊接，焊缝高度尺寸 5mm，下弦杆与节点板焊接也是双面焊接，焊缝高度 6mm。两根下弦杆与连接件的焊接为现场安装焊接，单面焊接，焊缝高度 6mm。图中还注明了各杆件之间的定位尺寸。

第10章　建筑给水排水施工图

10.1　给水排水工程图概述

给水排水工程是指水源取水、水质净化、净水输送、配水使用及污水、废水排除、污水处 理等工程。它是城市建设的重要基础设施之一，也是工程建设的重要组成部分。

建筑给水排水工程图则是表达建筑物内部的用水及卫生设施的种类、规格、安装位置、安 装方法及管道连接和配置情况的图样。

10.1.1　给排水工程图的内容

建筑给排水工程图通常包括以下内容。

（1）室内给水排水工程图　表达建筑物内部用水配件、卫生设备的布置、安装等情况。其施工图应包括管道平面布置图、管路系统轴测图、卫生设备或用水设备安装详图等。

（2）室外管网及附属设备图　表达室外管网的平面布置、管道的高程及与管道相连的泵站、消火栓、阀门井及污水井等图样。

（3）净水构筑物工艺图　表达自来水厂、污水处理厂的相应设备及构筑物等图样。

10.1.2　给排水工程图的图示特点

《给水排水制图标准》（GB/T 50106—2010）规定：给排水工程图绘图比例通常宜与建筑专业一致。因此，在以众多的管道及连接附件为突出特点的给排水工程图中，无法按比例表达管道直径的大小，只能用不同线型、线宽单线表示管道的布置，并附以公称直径的标注，如图 10-1 所示。

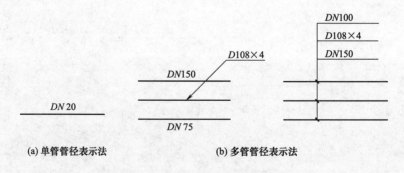

(a) 单管管径表示法　　　　(b) 多管管径表示法

图 10-1　单线管径的标注方法

当建筑物的给水引入管或排出管、穿越楼层的立管的数量超过一根时应进行编号，如图 10-2、图 10-3 所示。

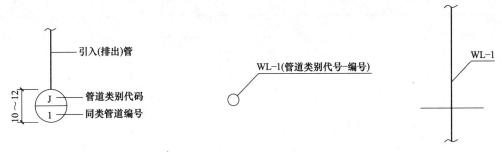

图 10-2　给水引入管或排出管编号　　　　　　　　　图 10-3　立管编号

建筑给水排水专业制图，常用的各种线型宜符合表 10-1 的规定。

表 10-1　给水排水施工图的线型

名称	线　型	线　宽	用　途
粗实线	——————	b	新设计的各种排水和其他重力流管线
粗虚线	－－－－－－	b	新设计的各种排水和其他重力流管线的不可见轮廓线
中粗实线	——————	$0.7b$	新设计的各种给水和其他压力流管线；原有的各种排水和其他重力流管线
中粗虚线	－－－－－	$0.7b$	新设计的各种给水和其他压力流管线及原有的各种排水和其他重力流管线的不可见轮廓线
中实线	——————	$0.5b$	给水排水设备、零(附)件的可见轮廓线；总图中新建的建筑物和构筑物的可见轮廓线；原有的各种给水和其他压力流管线
中虚线	－－－－－	$0.5b$	给水排水设备、零(附)件的不可见轮廓线；总图中新建的建筑物和构筑物的不可见轮廓线；原有的各种给水和其他压力流管线的不可见轮廓线
细实线	——————	$0.25b$	建筑的可见轮廓线；总图中原有的建筑物和构筑物的可见轮廓线；制图中的各种标注线
细虚线	－－－－－	$0.25b$	建筑的不可见轮廓线；总图中原有的建筑物和构筑物的不可见轮廓线
单点长画线	—·—·—·—	$0.25b$	中心线、定位轴线
折断线	——⌇——	$0.25b$	断开界线
波浪线	∿∿∿	$0.25b$	平面图中水面线；局部构造层次范围线；保温范围示意线

各管道及其连接附件分别用不同的图例表示，如表 10-2、表 10-3 所列。

表 10-2　给水排水管道图例

名称	图　例	备　注
生活给水管	—— J ——	—
热水给水管	—— RJ ——	—

续表

名　称	图　例	备　注
热水回水管	—— RH ——	—
中水给水管	—— ZJ ——	—
循环冷却给水管	—— XJ ——	—
循环冷却回水管	—— XH ——	—
热媒给水管	—— RM ——	—
热媒回水管	—— RMH ——	—
蒸汽管	—— Z ——	—
凝结水管	—— N ——	—
废水管	—— F ——	可与中水 原水管合用
压力废水管	—— YF ——	—
通气管	—— T ——	—
污水管	—— W ——	—
压力污水管	—— YW ——	—
雨水管	—— Y ——	—
管道立管	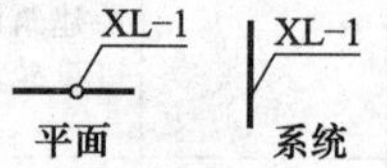 XL-1　XL-1 平面　　系统	X 为管道类别 L 为立管 1 为编号
保温管	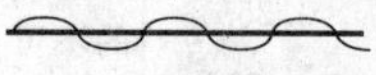 ～～～～	也可用文字说明 保温范围

表 10-3　给水排水常用图例

名　称	图　例	名　称	图　例
刚性防水套管	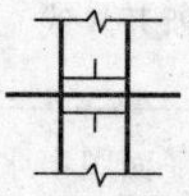	管道固定支架	——✳——　——✳——
柔性防水套管	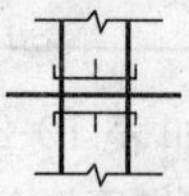	立管检查口	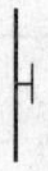
波纹管	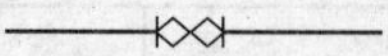 ——▷◁——	清扫口	 平面　　系统
可曲挠橡胶接头	 —◁○▷—　—◁○○▷— 单球　　双球		

续表

名称	图例	名称	图例
通气帽	成品　蘑菇形	末端试水装置	平面　系统
雨水斗	YD-　　YD- 平面　系统	手提式灭火器	
		雨水口(单算)	
圆形地漏	平面　系统	水表井	
Y 形除污器		卧式水泵	平面　　系统
法兰连接			
承插连接		立式水泵	平面　系统
闸阀			
截止阀		温度计	
蝶阀		压力表	
止回阀		水表	
延时自闭冲洗阀		矩形化粪池	HC
感应式冲洗阀		管道泵	
消火栓给水管	——XH——	立式洗脸盆	
自动喷水灭火给水管	——ZP——	台式洗脸盆	
室外消火栓		挂式洗脸盆	
室内消火栓(单口)	平面　系统	浴盆	
		化验盆、洗涤盆	
水流指示器		污水池	
水力警铃		立式小便器	

续表

名称	图例	名称	图例
壁挂式小便器		小便槽	
蹲式大便器			
坐式大便器		淋浴喷头	

在同一图样中，如有几种不同的管道及附件，为清楚起见，应在图中附加图例并给以说明。

10.2 室内给水排水工程图

10.2.1 室内给水工程图

10.2.1.1 平面布置图

平面布置图主要表明用水设备的类型、定位，各给水管道（干管、支管、立管、横管）及配件的布置情况。

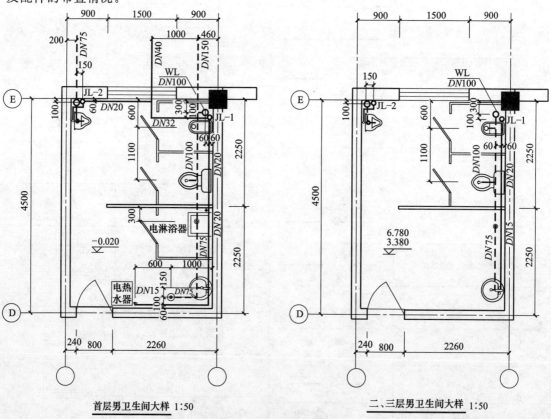

首层男卫生间大样 1:50　　二、三层男卫生间大样 1:50

图 10-4 室内给排水平面图

（1）平面图的内容

① 底层平面图　给水从室外到室内，需要从首层或地下室引入。所以通常应画出用水房间的底层给水管网平面图，如图 10-4 所示，由图可见给水是从室外管网经⑥轴北侧穿过⑥轴墙体之后进入室内，并经过立管 JL-1、JL-2 及各支管向各层输水。

② 楼层平面图　如果各楼层的盥洗用房和卫生设备及管道布置完全相同时，则只需画出一个相同楼层的平面布置图。但在图中必须注明各楼层的层次和标高，如图 10-4 所示。

③ 屋顶平面图　当屋顶设有水箱及管道布置时，可单独画出屋顶平面图。但如管道布置不太复杂，顶层平面布置图中又有空余图面，且与其他设施及管道不致混淆时，则可在最高楼层的平面布置图中，用双点长画线画出水箱的位置；如果屋顶无用水设备时则不必画屋顶平面图。

④ 标注　为使土建施工与管道设备的安装能互为核实，在各层的平面布置图上，均需标明墙、柱的定位轴线及其编号，并标注轴线间距。管线位置尺寸不标注，如图 10-4 所示。

（2）平面布置图的画法

① 通常采用 1∶50 或 1∶25 局部放大的比例，画出用水房间的平面图，其中墙身、门窗的轮廓线均用 $0.25b$ 的细实线表示。

② 画出卫生设备的平面布置图　各种卫生器具和配水设备均用 $0.5b$ 的中实线，按比例画出其平面图形的轮廓，但不必表达其细部构造及外形尺寸。如有施工和安装上的需要，可标注其定位尺寸。

③ 画出管道的平面布置图　管道是室内管网平面布置图的主要内容，通常用单粗实线表示。底层平面布置图应画出引入管、水平干管、立管、支管和配水龙头，每层卫生设备平面布置图中的管路，是以连接该层卫生设备的管路为准，而不是以楼地面作为分界线，因此凡是连接某楼层卫生设备的管路，虽然有安装在楼板上面或下面的，但都属于该楼层的管道，所以都要画在该楼层的平面布置图中，且不论管道投影的可见性如何，都按该管道系统的线型绘制，且管道线仅表示其安装位置，并不表示其具体平面位置尺寸（如与墙面的距离等）。

10.2.1.2　管系轴测图

为了清楚地表示给水管的空间布置情况，对于室内给水排水工程图，除平面布置图外还应配以 立体图，通常画成正面斜轴测。

（1）轴向选择　通常把房屋的高度方向作为 OZ 轴，OX 和 OY 轴的选择则以能使图上管道简单明了、避免管道过多交错为原则。由于室内卫生设备多沿房屋横向布置，所以应以横向作为 OX 轴，纵向作为 OY 轴。管路在空间长、宽、高三个方向延伸在管系轴测图中分别与相应的轴测轴 X、Y、Z 轴平行，且由于三个轴测轴的轴向变形系数均为1，当平面图与轴测图具有相同的比例时，OX、OY 向可直接从平面图上量取，OZ 向尺寸根据房屋的层高和配水龙头的习惯安装高度尺寸决定。凡不平行于轴测轴 X、Y、Z 三个方向的管路，可用坐标定位法将处于空间任意位置的直线管段，量其起讫两个端点的空间坐标位置，在管系轴测图中的相应坐标上定位，然后连其两个端点即成。

（2）管系轴测图的图示方法（如图 10-5 所示）

① 管系轴测图一般采用与房屋的卫生器具平面布置图或生产车间的配水设备平面布置图相同的比例，即常用 1∶50 和 1∶100，且各个管系轴测图的布图方向应与平面布置图的方向一致，以使两种图样对照联系，便于阅读。

② 管系轴测图中的管路也都用单线表示，其图例及线型、图线宽度等均与平面布置图相同。

③ 当管道穿越地坪、楼面及屋顶、墙体时，可示意性地以细线画成水平线，下面加剖

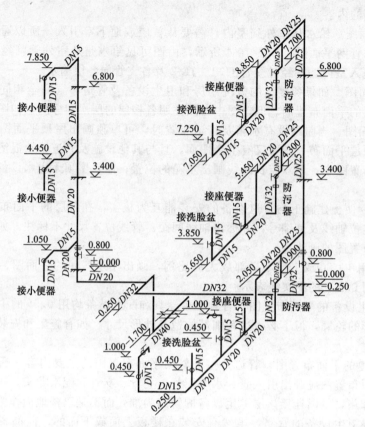

男厕给水系统图 1:50

图 10-5　室内给水系统管系轴测图

面斜线表示地坪。两竖线中加斜线表示墙体。

④ 当空间呈交叉的管路,而在管系轴测图中两根管道相交时,在相交处可将前面或上面的管道画成连续的,而将后面或下面的管道画成断开的,以区别可见与否。

⑤ 为使轴测图表达清晰,当各层管网布置相同时,轴测图上的中间层的管路可以省略不画,在折断的支管处注上"同×层"("×层"应是管路已表达清楚的某层)即可。

(3) 标注

① 管径　管道直径应以毫米为单位。其表达方式如下:

水、煤气输送钢管(镀锌或非镀锌)、铸铁管等管材,管径宜以公称直径(内孔直径)DN 表示,如 DN25 表示管道公称直径为 25mm;

无缝钢管、焊接钢管、铜管、不锈钢管等管径宜以外径 $D \times$ 壁厚表示(如 $D108 \times 4$);

钢筋混凝土(或混凝土)管、陶土管、耐酸陶瓷管、缸瓦管等,管径宜以内径 d 表示(如 $d380$);

塑料管材,管径宜按产品标准的方法表示。

② 坡度　给水系统的管线属于压力流管道,一般不需敷设坡度。

③ 标高　室内压力流管道应标注管中的相对标高。此外,还应标注阀门、水表、放水龙头及各楼面的相对标高。

(4) 轴测图识读　由给水系统图 10-5 可知,该办公楼给水引入管位于北侧,给水干管的管径为 DN40,从标高为 −1.700m 处水平穿墙进入室内,之后分别由两条变径立管 JL-

1、JL-2 穿越首层地面及一、二层楼板进行配水，JL-1 的管径由 $DN20$ 变为 $DN15$，JL-2 管径则由 $DN32$ 变为 $DN25$，其余支管的管径分别为 $DN15$、$DN20$、$DN25$，各支管的管道标高可由图中直接读取。

10.2.2 室内排水工程图

（1）室内排水管网平面布置图　室内排水管网平面布置图是将室内的废水、污水排水管道及两者与室外管网连接的位置所做的图样，各排水管线属于重力流管道，在此用粗虚线表示。

图 10-4 是办公楼的排水管网平面布置图，室内各排水管道应靠近室外废水及污水井布置，以便管道近距离连接，废水直接进入废水井，污水直接进入化粪池。

（2）室内排水管网轴测图　排水管网轴测图的图示方法与给水管网轴测图基本相同，只是在标注的内容中需要注意以下几点。

① 管径　给排水管网轴测图，均标注管道的公称直径。

② 坡度　排水管线属于重力流管道，所以各排水横管均需标注管道的坡度，一般用箭头表示下坡的方向。

③ 标高　与给水横管的管中标高不同，排水横管应标注管内底部相对标高值。

（3）室内排水系统轴测图的识读　如图 10-6 是办公楼排水系统轴测图。污水及生活废水由用水设备流经水平管到污水立管及废水立管，最后集中到总管排出室外至污水井或废水井。由图可知排水管管径比较大，比如接座便器的管径为 $DN100$，与污水立管 WL 相连的各水平支管均向立管找坡，坡度均为 0.020，各总管的管径分别为 $DN75$、$DN100$。系统图中各用水设备与支管相连处都画出了"U"形存水弯，其作用是使"U"形管内存有一定高度的水，以封堵下水道中产生有害气体，避免其进入室内，影响环境。

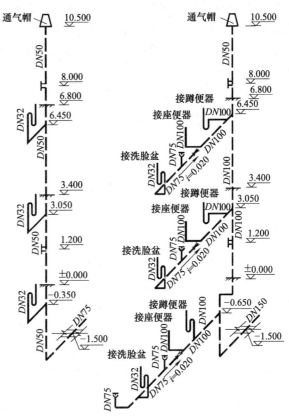

男厕排水系统图 1:50

图 10-6　室内排水系统轴测图

10.3　室外给水排水工程图

室外给水排水施工图主要是表明房屋室外给排水管道、工程设施及区域性的给排水管网、设施的连接和构造情况。室外给排水施工图一般包括室外给排水平面图、高程图、纵断面图及详图。对于规模不大的一般工程，则只需平面图即可表达清楚。

10.3.1 室外给水排水平面图的内容

室外给排水平面图是以建筑总平面图的主要内容为基础，表明建筑小区或某幢建筑物室外给排水管道布置情况，一般包括以下内容。

（1）小区地形地物情况　表明地形及建筑物、道路、绿化等平面布置及标高状况。

（2）布置情况　该区域内新建和原有给水排水管道及设施的平面布置、规格、数量、标高、坡度、流向等。

10.3.2 室外管网平面布置图

为了说明新建房屋室内给水排水与室外管网的连接情况。通常还要用小比例（1∶500或1∶1000）画出室外管网的平面布置图。在此图中只画局部室外管网的干管，以能说明与给水引入管与排水排出管的连接情况即可。如图 10-7 是某建筑物室外给水、排水管网平面布置图。

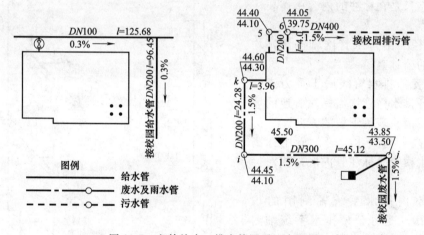

图 10-7　室外给水、排水管网平面布置图

图中，用中实线表示建筑物外墙轮廓线，用粗实线表示给水管道，用粗虚线表示污水排放管道。单点长画线表示废水和雨水排放管道。检查井用直径 2～3mm 的小圆表示。

第11章 建筑采暖通风施工图

11.1 采暖通风施工图的相关规定

为了统一暖通空调专业制图规则，保证制图质量，提高制图效率，国家制定了《暖通空调制图标准》（GB/T 50114—2010），现将标准中常用内容摘录如下。

11.1.1 图线

采暖通风施工图中的线宽宜符合表11-1的规定。

表 11-1 线宽 单位：mm

线宽比	线 宽 组			
b	1.4	1.0	0.7	0.5
$0.7b$	1.0	0.7	0.5	0.35
$0.5b$	0.7	0.5	0.35	0.25
$0.25b$	0.35	0.25	0.18	(0.13)

注：加括号的数据表示慎用线宽。

采暖通风施工图中的线型及含义宜符合表11-2的规定。

表 11-2 线型及其含义

名称		线型	线宽	一 般 用 途
实线	粗	——————————	b	单线表示的供水管线
	中粗	——————————	$0.7b$	本专业设备轮廓，双线表示的管道轮廓
实线	中	——————————	$0.5b$	尺寸、标高、角度等标注线及引出线；建筑物轮廓
	细	——————————	$0.25b$	建筑布置的家具、绿化等，非本专业设备轮廓
虚线	粗	- - - - - - - - -	b	回水管线及单根表示的管道被遮挡的部分
	中粗	- - - - - - - - -	$0.5b$	本专业设备及双线表示的管道被遮挡的轮廓
虚线	中	- - - - - - - - -	$0.5b$	地下管沟，改造前风管的轮廓线；示意性连线
	细	- - - - - - - - -	$0.25b$	非本专业虚线表示的设备轮廓等
波浪线	中	～～～～～	$0.5b$	单线表示的软管
	细	～～～～～	$0.25b$	断开界线

续表

名称	线型	线宽	一般用途
单点长画线	—— · —— · —— · ——	0.25b	轴线、中心线
双点长画线	—— ·· —— ·· ——	0.25b	假想或工艺设备轮廓线
折断线	—⁄\/\—	0.25b	断开界线

11.1.2 比例

采暖通风施工图中的总平面图、平面图的比例，宜与工程项目设计的主导专业一致，其余可按表 11-3 选用。

表 11-3 暖通施工图比例

图 名	常用比例	可用比例
剖面图	1:50、1:100	1:150、1:200
局部放大图、管沟断面图	1:20、1:50、1:100	1:25、1:30、1:150、1:200
索引图、详图	1:1、1:2、1:5、1:10、1:20	1:3、1:4、1:15

11.1.3 常用图例

水、汽管道代号和风道代号宜按表 11-4、表 11-5 选用。

表 11-4 水、汽管道代号

序号	代号	管道名称	序号	代号	管道名称
1	RG	采暖热水供水管	22	Z2	二次蒸汽管
2	RH	采暖热水回水管	23	N	凝结水管
3	LG	空调冷水供水管	24	J	给水管
4	LH	空调冷水回水管	25	SR	软化水管
5	KRG	空调热水供水管	26	CY	除氧水管
6	KRH	空调热水回水管	27	GG	锅炉进水管
7	LRG	空调冷、热水供水管	28	JY	加药管
8	LRH	空调冷、热水回水管	29	YS	盐溶液管
9	LQG	冷却水供水管	30	XI	连续排污管
10	LQH	冷却水回水管	31	XD	定期排污管
11	n	空调冷凝水管	32	XS	泄水管
12	PZ	膨胀水管	33	YS	溢水(油)管
13	BS	补水管	34	R_1G	一次热水供水管
14	X	循环管	35	R_1H	一次热水回水管
15	LM	冷媒管	36	F	放空管
16	YG	乙二醇供水管	37	FAQ	安全阀放空管
17	YH	乙二醇回水管	38	O1	柴油供油管
18	BG	冷水供水管	39	O2	柴油回油管
19	BH	冷水回水管	40	OZ1	重油供油管
20	ZG	过热蒸汽管	41	OZ2	重油回油管
21	ZB	饱和蒸汽管	42	OP	排油管

表 11-5　风道代号

序号	代号	管道名称	序号	代号	风道名称
1	SF	送风管	6	ZY	加压送风管
2	HF	回风管（一、二次回风可附加 1、2 区别）	7	P(Y)	排风排烟兼用风管
3	PF	排风管	8	XB	消防补风风管
4	XF	新风管	9	S(B)	送风兼消防补风风管
5	PY	消防排烟风管			

风口和附件代号，见表 11-6。

表 11-6　风口和附件代号

序号	代号	管道名称	序号	代号	管道名称
1	AV	单层格栅风口，叶片垂直	15	H	百叶回风口
2	AH	单层格栅风口，叶片水平	16	HH	门铰形百叶回风口
3	BV	双层格栅风口，前组叶片垂直	17	J	喷口
4	BH	双层格栅风口，前组叶片水平	18	SD	旋流风口
5	C *	矩形散流器，* 为出风面数量	19	K	蛋格形风口
6	DF	圆形平面散流器	20	KH	门铰形蛋格式回风口
7	DS	圆形凸面散流器	21	L	花板回风口
8	DP	圆盘形散流器	22	CB	自垂百叶
9	DX *	圆形斜片散流器，* 为出风面数量	23	N	防结霜送风口
10	DH	圆环形散流器	24	T	低温送风口
11	E *	条缝形风口，* 为条缝数	25	W	防雨百叶
12	F *	细叶形斜出风散流器，* 为出风面数量	26	B	带风口风箱
13	FH	门铰形细叶回风口	27	D	带风阀
14	G	扁叶形直出风散流器	28	F	带过滤网

采暖通风施工图常用图例，见表 11-7。

表 11-7　采暖通风施工图常用图例

名　称	图　例	名　称	图　例
截止阀		浮球阀	
闸阀		自动排气阀	
球阀		集气罐、放气阀	
柱塞阀		安全阀	
快开阀		地漏	
蝶阀		向上弯头	
旋塞阀		向下弯头	
止回阀		固定支架	

名　称	图　例	名　称	图　例
金属软管		圆弧形弯头	
可屈挠橡胶软接头		带导流片的矩形弯	
Y形过滤器			
减压阀		消声器	
直通型(或反冲型)除污器		消声弯头	
除垢仪	E		
补偿器		消声静压箱	
矩形补偿器		风管软接头	
弧形补偿器			
伴热管		对开多叶调节风阀	
介质流向	→ 或 ⇒	蝶阀	
阻火器			
坡度及坡向	$i=0.003$ 或 ── $i=0.003$	插板阀	
矩形风管	***×***	三通调节阀	
圆形风管	ϕ***	防烟、防火阀	*** ***
风管向上		方形风口	
风管向下		条缝形风口	
风管上升摇手弯			
风管下降摇手弯		矩形风口	
天圆地方			
软风管		圆形风口	

续表

名　称	图　例	名　称	图　例
侧面风口		轴流风机	
气流方向 左为通用表示法， 中表示送风， 右表示回风		水泵	
温度传感器	T	板式换热器	
湿度传感器	H	立式明装风机盘管	
压力传感器	P	立式暗装风机盘管	
烟感器	S	卧式明装风机盘管	
流量开关	FS	分体空调器	室内机　室外机
控制器	C	温度计	
吸顶式温度感应器	T	压力表	
散热器及手动放气阀	15　　15　　15	流量计	F.M
散热器及温控阀	15　　　15	数字输入量	DI
		数字输出量	DO
		模拟输入量	AI
		模拟输出量	AO

11.2 采暖施工图

11.2.1 采暖施工图概述

（1）供暖系统的组成　采暖就是在天气寒冷时，供给房间一定的热量，使房间保持一定的温度，以适应人们生活、工作等需要。我国北方地区的房屋建筑需要设置冬季供暖系统。供暖系统一般由热源（锅炉）、供热管道和散热器等组成。供暖系统一般有上供下回式供暖系统、下供上回式供暖系统、中供式供暖系统、同程式供暖系统、分层式供暖系统等形式。

（2）采暖施工图的组成　一般采暖施工图分为室外和室内两大部分。室外部分表示一个区域的采暖管网，包括总平面图、管道横剖面图、管道纵剖面图、详图及设计施工说明。室内部分表示一幢建筑物的采暖工程，一般包括采暖系统平面图、系统轴测图、详图及设计施工说明等内容。

11.2.2　室内采暖施工图的主要内容

室内采暖施工图主要表示建筑物内部采暖管道、采暖设备、阀门附件等的布置情况。采暖施工图中以表达建筑物的采暖设施为主，因此房屋建筑物的轮廓用细线画出。采暖施工图中管道、散热器、附件等均以图例的形式表示，管道与散热器的连接画法见表 11-8。

表 11-8　管道与散热器的连接画法

系统形式	楼层	平面图	轴测图
单管垂直式	顶层	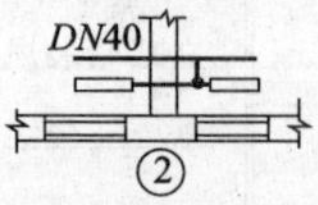	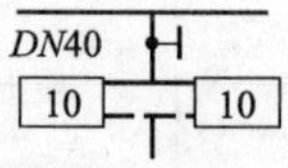
	中间层	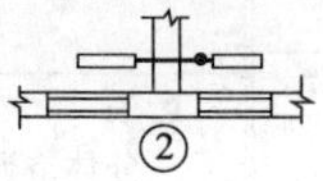	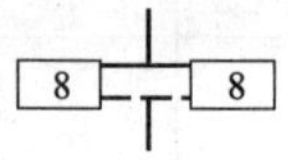
	底层	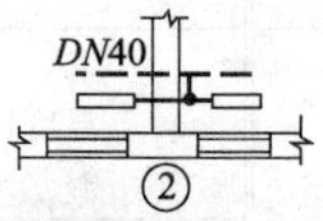	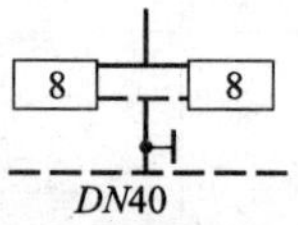
双管上分式	顶层	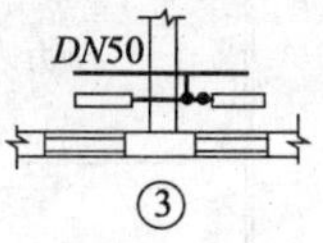	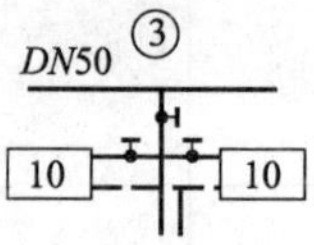
	中间层	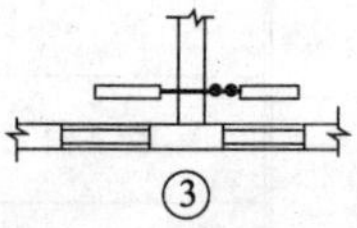	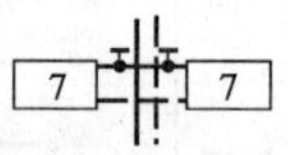
	底层	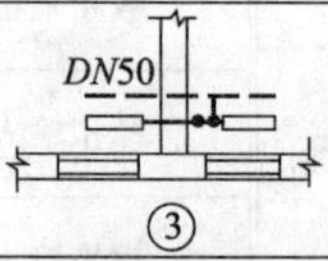	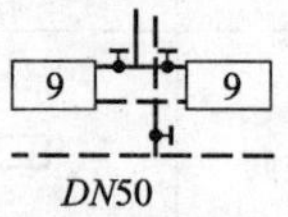
双管下分式	顶层	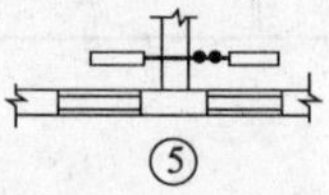	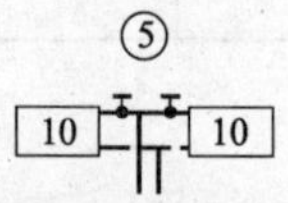
	中间层	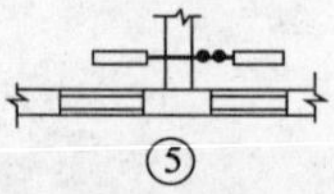	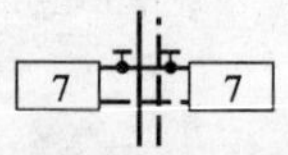
	底层	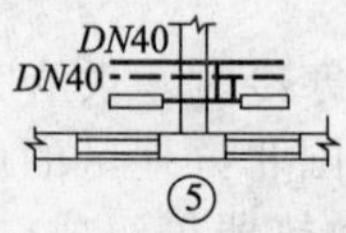	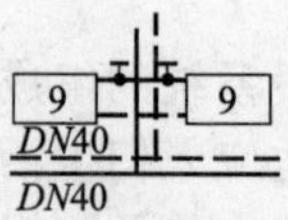

（1）采暖平面图　采暖平面图主要表明建筑物内采暖管道及采暖设备的平面布置情况，其主要内容如下。

① 采暖总管入口和回水总管出口的位置、管径和坡度。

② 各立管的位置和编号。

③ 地沟的位置和主要尺寸及管道支架部分的位置等。

④ 散热设备的安装位置及安装方式。

⑤ 热水供暖时，膨胀水箱、集气罐的位置及连接管的规格。

⑥ 蒸汽供暖时，管线间及末端的疏水装置、安装方法及规格。

⑦ 地热辐射供暖时，分配器的规格、数量，分配器与热辐射管件之间的连接和管件的布置方法及规格。

（2）采暖系统轴测图　采暖系统轴测图表明整个供暖系统的组成及设备、管道、附件等的空间布置关系，表明各立管编号，各管段的直径、标高、坡度，散热器的型号与数量（片数），膨胀水箱和集气罐及阀件的位置与型号规格等。

（3）采暖详图　采暖详图包括标准图和非标准图。采暖设备的安装都要采用标准图，个别的还要绘制详图。标准图包括散热器的连接安装、膨胀水箱的制作和安装、集气罐制作和连接、补偿器和疏水器的安装、入口装置等。非标准图是指供暖施工平面图及轴测图中表示不清而又无标准图的节点图、零件图。

11.2.3　室内采暖施工图的阅读

（1）采暖平面图的阅读　采暖平面图是采暖施工图的主要图纸，它主要表明供暖管道、散热设备及附件在建筑物内水平方向上的位置及与建筑平面图的相互关系。阅读时可按以下顺序阅读。

① 查找采暖总管入口和回水总管出口的位置、管径和坡度及一些附件。引入管一般设在建筑物中间或两端或单元入口处。总管入口处一般由减压阀、混水器、疏水器、分水器、分汽缸、除污器、控制阀门等组成。如果平面图上注明有入口节点图的，阅读时则要按平面图所注节点图的编号查找入口大样图进行阅读。

② 了解干管的布置方式，干管的管径，干管上的阀门、固定支架、补偿器等的平面位置和型号等。读图时要查看干管敷设在最顶层、中间层，还是最底层。干管敷设在最高层说明是上供式系统，干管管敷设在中间高层说明是中供式系统，干管管敷设在最底层说明是下供式系统。在底层平面图中会出现回水干管，一般用粗虚线表示。如果干管最高处设有集气罐，则说明为热水供暖系统；如果散热器出口处和底层干管上出现有疏水器，则说明干管（虚线）为凝结水管，从而表明该系统为蒸汽供暖系统。

读图时还应弄清补偿器与固定支架的平面位置及其种类。为了防止供热管道升温时，由于热伸长或温度应力而引起管道变形或破坏，需要在管道上设置补偿器。供暖系统中的补偿器常用方形补偿器和自然补偿器。

③ 查找立管的数量和布置位置。复杂的系统有立管编号，简单的系统有的不进行编号。

④ 查找建筑物内散热设备（散热器、辐射板、暖风机）的平面位置、种类、数量（片数）以及散热器的安装方式。散热器一般布置在房间外窗内侧窗台下（也有沿内墙布置的）。散热器的种类较多，常用的散热器有翼型散热器、柱型散热器、钢串片散热器、板型散热器、扁管型散热器、辐射板、暖风机等。散热器的安装方式有明装、半暗装、暗装。一般情况，散热器以明装较多。结合图纸说明确定散热器的种类和安装方式及要求。

⑤ 对热水供暖系统，查找膨胀水箱、集气罐等设备的平面位置、规格尺寸及与其连接的管道情况。热水供暖系统的集气罐一般装在系统最宜集气的地方，装在立管顶端的为立式

集气罐，装在供水干管末端的为卧式集气罐。

对蒸汽供暖系统，查找疏水装置的平面位置及其规格尺寸。一般情况下，散热器出口处、凝结水干管始端、水平干管坡度的最低点、管道转弯的最低点等要设疏水器。

地热辐射供暖时，查找热辐射管的敷设位置，敷设间距，分配器上所接管路数，一般情况下一个房间构成一个闭合管路。

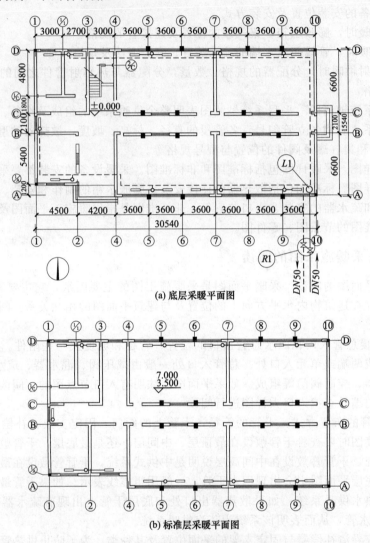

(a) 底层采暖平面图

(b) 标准层采暖平面图

图 11-1　采暖平面图

图 11-1 为某办公楼的底层和标准层采暖平面图。从图中可看出，供暖系统总供水管和总回水管由办公楼的东南角进入室内，供水管和回水管的管径都是 50mm。采暖系统为上供下回式采暖系统。除总立管外，共有 9 根立管，立管在每层上有的接两组散热器，有的接一组散热器，散热器均布置在窗下，明装。

图 11-2 为某办公楼的一层采暖平面图。从图中可知该办公楼采用地板辐射采暖，总供水管和总回水管在办公楼东山墙走廊处，直径 89mm，壁厚 3.5mm，进入室内，管径变为 57mm，壁厚变为 3mm。分配器在走廊的窗下，共有 5 个分支分别通向 6 个房间，北面卫生间和办公室共用一支，每个分支的设计长度标在了分配器的右侧。热辐射管在各个房间的位置间距在图中都已标出。

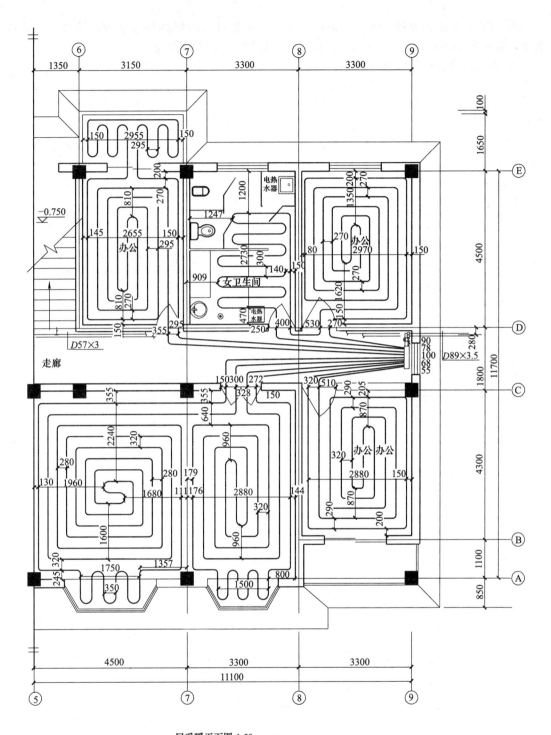

一层采暖平面图 1:50

图 11-2　地板辐射采暖平面图

（2）采暖系统轴测图的阅读　阅读采暖系统轴测图时要与采暖平面图相对应，注意事项如下。

① 查找入口装置的组成和热入口处热媒来源、流向、坡向、管道标高、管径及热入口采用的标准图号或节点图编号。

② 查找各管段的管径、坡度、坡向，水平管道和设备的标高和各立管的编号。一般情况下，系统图中各管段两端均注有管径，即变径管两侧要注明管径。

③ 查找散热器型号规格及数量。

④ 查找阀件、附件、设备在空间中的布置位置。

图 11-3 为某办公楼的采暖系统轴测图（与图 11-1 对应）。为了不使图形重叠，将整个系统在供水干管上的 A 处，回水干管上的 B 处断开，将系统的南北两部分移开表示。供水总立管的直径 50mm，在高度 13.450m 处向西、向北分为两个供水干管，管径变为 40mm。南北两根干管向西管径又变为 32mm。供水干管的坡度为 0.3%，每隔一段距离有支架固定。9 根立管的管径都为 25mm，接散热器的支管为 15mm，立管上都配有阀门，端部立管上有集气罐；各处散热器的数量在该图中已标出。

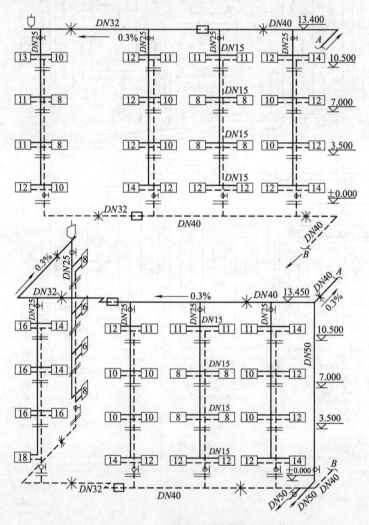

图 11-3　采暖系统轴测图

图 11-4 为采用地板辐射采暖的某办公楼的采暖系统轴测图。由图 11-4 可以看出供水管和回水管在引入后一支分为向上的立管，另一支水平向左供给另一个分配器。供、回水立管在各层中的管径不同，在顶部都设有集气罐。各层接分配器的高度都已标出。

（3）采暖详图的阅读　对采暖施工图，一般只绘平面图、系统图和通用标准图中所缺的局部节点图。在阅读采暖详图时要弄清管道的连接做法及设备的局部构造尺寸和安装位置、做法等。

11.3 通风施工图

11.3.1 概述

（1）通风工程 通风是指室内外空气交换，将室内污浊空气或有害物从室内排出，将室外新鲜空气或经过处理的空气送入室内。通风工程一般可分为工业通风和空气调节两类。

① 工业通风 在很多工业生产的过程中会产生粉尘、有害气体等，危害工人的身体健康，必须加以排除。排除的方法，一般是利用吸气罩把含有粉尘或有害物质的气体捕集起来，由通风管道输送到净化处理设备，经净化处理之后，再排放到大气中去。而有些车间，

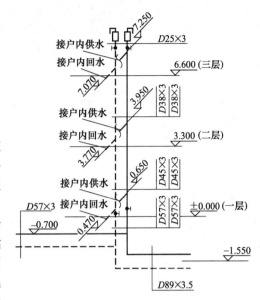

图 11-4 地板辐射采暖系统轴测图

为改善工作条件，可向局部地点进行送风，例如直接向人员操作处送风，以上这类通风属于工业通风。

② 空气调节 有一些工业建筑（车间），需要空气保持一定的温度、湿度和清洁度，以保证产品的质量；又如某些民用建筑，为求得舒适的空气环境，也要保持一定的温度和湿度。在这类建筑中，则需用通风设施送入清洁及温度、湿度都适宜的空气。这种通风属于空气调节，简称空调。

（2）通风系统的分类、组成 通风按工作动力可分为自然通风和机械通风。利用室外冷空气与室内热空气密度的不同，以及建筑物迎风面和背风面风压的不同而进行的通风称为自然通风。自然通风又可分为有组织的自然通风、管道式自然通风、渗透通风三种。利用通风机所产生的抽力或压力借助通风管网进行的通风称为机械通风。通风系统有送风系统和排风系统。实际中经常将机械通风和自然通风结合使用。例如有时采用机械送风和自然排风，有时采用机械排风和自然进风。

机械送风系统一般由进风百叶窗、空气过滤器（加热器）、通风机（离心式、轴流式、贯流式）、通风管以及送风口等组成，如图11-5 所示。

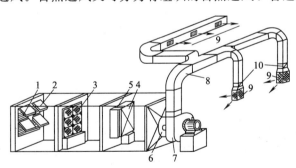

图 11-5 机械送风系统

1—百叶窗；2—保温阀；3—过滤器；4—空气加热器；5—旁通阀；
6—启动阀；7—通风机；8—通风管；9—出风口；10—调节活门

机械排风系统一般由吸风口（吸尘罩）、通风管、通风机、风帽等组成，如图 11-6 所示。

（3）空调系统的分类、组成 空调系统按空调设备所需介质的不同，可分为全空气式系统、全水式系统、空-水式系统和制冷剂式系统。

空调系统按空调处理设备的集中程度可分为集中式系统、半集中式系统和分散式系统三

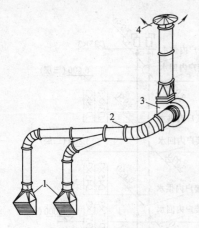

图 11-6　机械排风系统
1—排气罩；2—排风管；
3—通风机；4—风帽

种形式。集中式空调系统又称"中央空调"。空调机组集中安置在空调机房内，空气经过处理后通过管道送入各个房间，一些大型的公共建筑，如宾馆、影剧院、商场、精密车间等，大多采用集中式空调。半集中式空调系统中大部分空气处理设备在空调机房内，少量设备在空调房间内，既有集中处理，又有局部处理。局部式空调系统，又称为分散式空调系统，是利用空调机组直接在空调房间内或其邻近地点就地处理空气。局部空调机组有窗式空调机、壁挂式空调机、立柜式空调机及恒温恒湿机组等。

集中式空调系统一般由空调房间、空气处理设备、空气输送设备、空气分配设备四个基本部分组成。

（4）通风施工图的组成　通风施工图一般包括：设计和施工说明、设备和配件明细表、通风系统平面图、剖面图、系统图、详图等。在通风施工图中，为了使通风管道系统表示得比较明显，房屋建筑的轮廓用细线画出，管道用粗线画出，设备和较小的配件用中粗线或细线画出。

11.3.2　通风施工图的主要内容

（1）设计和施工说明　设计和施工说明通常包括以下内容。

① 设计时使用的有关气象资料、卫生标准等基本数据。

② 通风系统的划分。

③ 施工作法，例如与土建工程的配合施工事项，风管材料和制作的工艺要求，涂料、保温、设备安装技术要求，施工完毕后试运行要求等。

④ 图例，本套施工图中采用的一些图例。

（2）设备和配件明细表　设备和配件明细表就是通风机、电动机、过滤器、除尘器、阀门等以及其他配件的明细表，在表中要注明它们的名称、规格型号和数量等，以便与施工图对照。

（3）通风系统平面图　通风系统平面图主要表达通风管道、设备的平面布置情况和有关尺寸，一般包含以下内容。

① 以双线绘出的风道、异径管、弯头、静压箱、检查口、测定孔、调节阀、防火阀、送排风口等的位置。

② 水式空调系统中，用粗实线表示的冷热媒管道的平面位置、形状等。

③ 送、回风系统编号，送、回风口的空气流动方向等。

④ 空气处理设备（室）的外形尺寸、各种设备定位尺寸等。

⑤ 风道及风口尺寸（圆管注管径、矩形管注宽×高）。

⑥ 各部件的名称、规格、型号、外形尺寸、定位尺寸等。

（4）通风系统剖面图　通风系统剖面图表示通风管道、通风设备及各种部件竖向的连接情况和有关尺寸，主要有以下内容。

① 用双线表示的风道、设备、各种零部件的竖向位置尺寸和有关工艺设备的位置尺寸，相应的编号尺寸应与平面图对应。

② 注明风道直径（或截面尺寸）；风管标高（圆管标中心，矩形管标管底边）；送、排风口的形式、尺寸、标高和空气流向等。

（5）通风系统图　通风系统图是采用轴测图的形式将通风系统的全部管道、设备和各种部件在空间的连接及纵横交错、高低变化等情况表示出来，一般包含以下内容。

①通风系统的编号、通风设备及各种部件的编号，应与平面图一致。

②各管道的管径（或截面尺寸）、标高、坡度、坡向等，系统图中的管道一般用单线表示。

③出风口、调节阀、检查口、测量孔、风帽及各异形部件的位置尺寸等。

④各设备的名称及型号规格等。

（6）通风系统详图　通风系统详图表示各种设备或配件的具体构造和安装情况。通风系统详图较多，一般包括：空调器、过滤器、除尘器、通风机等设备的安装详图；各种阀门、检查门、消声器等设备部件的加工制作详图；设备基础详图等。各种详图大多有标准图供选用。

11.3.3　通风施工图的阅读

阅读通风工程施工图时，一般先看通风系统平面布置图，查看有几个通风系统，各个系统所属的工艺设备和通风设备的位置、平面尺寸等，管道的走向及与设备的连接情况。然后根据平面图中的剖切符号，找到相应的剖面图，从剖面图中查看管道在竖直方向的走向和位置情况以及标高尺寸等。再从系统轴测图中查看系统的空间布置形状，尤其当管道系统比较复杂时，在平面图和剖面图中因图线相互交叉或重叠较多而难以完全看清楚时，对照系统轴测图，进一步加以分析后，就容易了解管道系统的布置情况。对于通风设备或构件的具体构造或安装情况，则应查阅有关详图。

（1）通风系统平面图的阅读

①查找系统的编号与数量　对复杂的通风系统，对风道系统需进行编号，各种风道代号见表 11-5，简单的通风系统可不进行编号。

②查找通风管道的平面位置、形状、尺寸　弄清通风管道的作用，相对于建筑物墙体的平面位置及风管的形状尺寸。

风管有圆形和矩形两种。通风系统一般采用圆形风管，空调系统一般采用矩形风管，因为矩形风管易于布置，弯头、三通尺寸比圆形风管小，可明装或暗装于吊顶内。

③查找水式空调系统中水管的平面布置情况　弄清水管的作用以及与建筑物墙面的距离。水管一般沿墙、柱敷设。

④查找空气处理各种设备（室）的平面布置位置、外形尺寸、定位尺寸。

⑤查找系统中各部件的名称、规格、型号、外形尺寸、定位尺寸。

查找时可按照空气的流向进行。

图 11-7 是通风系统平面图，由图中可以看出该空调系统为水式系统。图中标注"LR"的管道表示冷冻水供水管，标注"LR_1"的管道表示冷冻水回水管，标注"n"的表示凝水管。冷冻水供、回水管沿墙布置，分别接入两个大盘管和四个小盘管。大盘管型号为"MH-504"和"DH-7"，小盘管型号为 SCR-400。冷凝水管将 6 个盘管中的冷凝水收集起来，穿墙排至室外。

室外新风通过截面尺寸为"400mm×300mm"的新风管，进入净压箱与房间内的回风混合，经过型号为"DH-7"的大盘管处理后，再经过另一侧的静压箱进入送风管。送风管通过底部的 7 个尺寸为"700mm×300mm"的散流器，及四个侧送风口将空气送入室内。送风管布置在距③墙 1000mm 处，风管截面尺寸为"1000mm×300mm"和"700mm×300mm"两种。回风口平面尺寸为"1200mm×800mm"，回风管穿墙将回风送入静压箱。型号为"MH-504"上的送风管截面尺寸为"500mm×300mm"和"300mm×300mm"，回风管截面尺寸为"800mm×300mm"。两个大盘管的平面定位尺寸图中已标出。

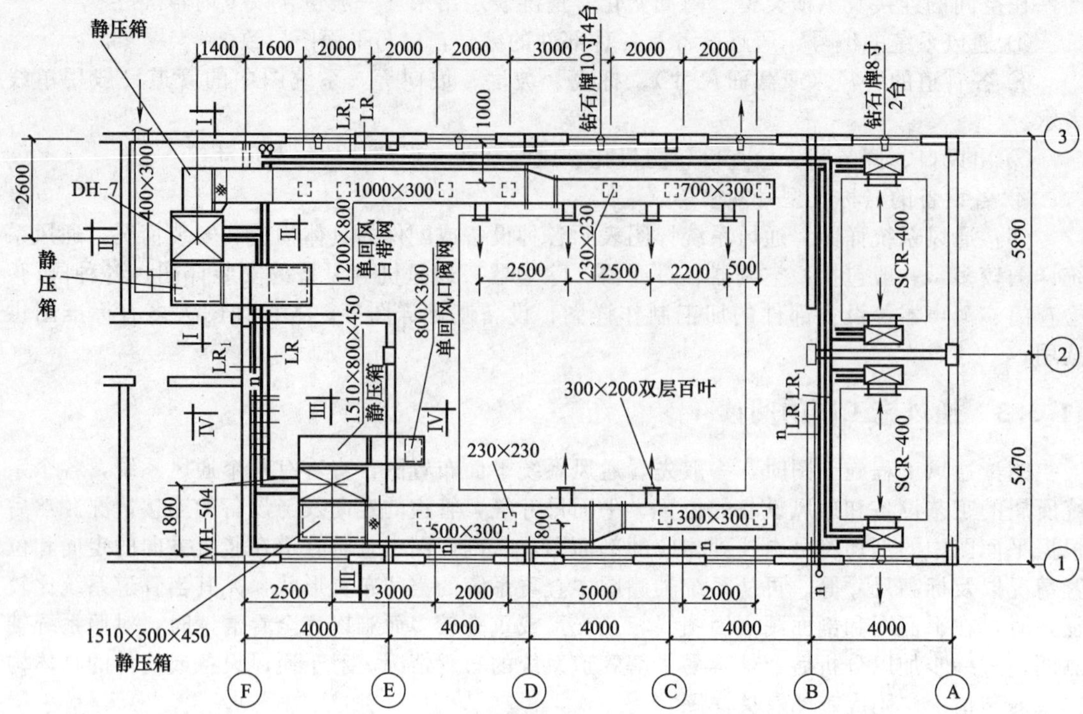

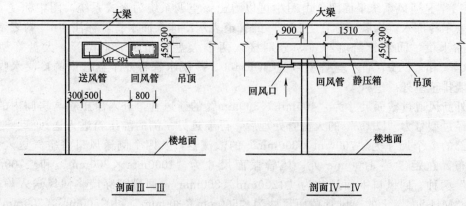

图 11-7　空调通风系统平面图

（2）通风系统剖面图的阅读　阅读通风系统剖面图时要先在平面图上找出剖面图的剖切位置和剖切后的投影方向，然后在阅读剖面图的图示内容时也要与平面图对应起来。

① 查找水系统水平水管、风系统水平风管、设备、部件在竖直方向的布置尺寸与标高、管道的坡度与坡向，以及该建筑房屋地面和楼面的标高，设备、管道距该层楼地面的尺寸。

② 查找设备的型号规格及其与水管、风管之间在高度方向上的连接情况。

③ 查找水管、风管及末端装置的型号规格。

图 11-8 是与图 11-7 对应的Ⅲ—Ⅲ、Ⅳ—Ⅳ剖面图，从图中可以看出空调系统沿顶棚安装，风管距梁底 300mm，送风管、回风管、静压箱高度均为 450mm。两个静压箱长度均为 1510mm，接送风管的宽度 500mm，接回风管的宽度 800mm。送风管距墙 300mm，与墙平行布置。回风管伸出墙体 900mm。

图 11-8　空调通风系统剖面图

（3）通风系统图的阅读　阅读通风系统图查明各通风系统的编号、设备部件的编号、风管的截面尺寸、设备名称及规格型号、风管的标高等。

图 11-9 是与图 11-7 对应的空调水系统图，从图中可以看出冷冻水供、回水管在距楼板底 300mm 的高度上水平布置。冷冻水供、回水管管径相同，立管管径为 125mm；大盘管"DH-7"所在系统的管径为 80mm，"MH-504"所在系统的管径为 40mm；四个小盘管所在系统的管径接第一组时为 40mm，接中间两组时为 32mm，接最后一组变为 15mm。冷冻水供、回水管在水平方向上沿供水方向设置坡度 0.003 的上坡，端部设有集气罐。

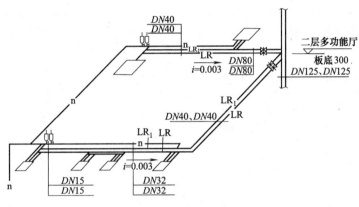

图 11-9　空调水系统图

附录　某高层住宅施工图

设计总说明

一、项目概况

1. 本建筑为富贵华庭住宅楼 103 号楼；具体位置详见总平面位置图。

2. 总建筑面积 8768.04m²，其中地下 253.94m²，地上 8514.1m²（含阳台），建筑占地面积 1140.11m²。

3. 建筑层数、高度：地上十一层，地下一层，建筑高度 31.4m。

4. 建筑结构形式：钢筋混凝土剪力墙结构。

5. 耐火等级为地上二级，地下一级。项目等级二级。建筑合理使用年限为 50 年，抗震设防烈度为八度；屋面防水等级为Ⅲ级，高层为Ⅱ级；地下防水等级为二级。

二、设计标高

1. 本工程 ±0.000 相当于绝对标高 47.60m。

2. 各层标注标高为完成面标高（建筑面标高），屋面标高为结构面标高。

3. 本工程标高以 m 为单位，总平面尺寸以 m 为单位，其他尺寸以 mm 为单位。

三、墙体工程

1. 墙体的基础部分见结施。

2. 本工程外墙为 200 厚剪力墙外贴 50 厚聚苯板，内墙为 200 厚剪力墙，其构造及技术要求见 05J3-1。非承重的内隔墙采用 100 厚加气块，其构造及技术要求见 05J3-4；不采暖楼梯间内侧贴 30 厚聚苯板。

3. 墙身防潮层：在室内地坪下约 60 处做 20 厚 1：2 水泥砂浆内加 3％～5％防水剂的墙体防潮层，室内地坪标高变化处防潮层应重叠搭接，并在有高低差埋土一侧的墙身做 20 厚 1：2 水泥浆防潮层，如埋土一侧为室外，还应刷 1.5 厚聚氨酯防水涂料（或其他防潮材料）。

4. 墙体留洞及封堵：

a. 钢筋混凝土墙上的留洞见结施和设备图；砌筑墙预留洞见设备图；砌筑墙体预留洞过梁见结施说明；本工程施工时水暖电各种应随时配合，预留各种孔洞避免后剔凿。

b. 预留洞的封堵：混凝土墙留洞的封堵见结施，其余砌筑墙留洞待管道设备安装完毕后，用 C15 细石混凝土填实；变形缝处双墙留洞的封堵，应在双墙分别增设套管，套管与穿墙管之间嵌堵及防火墙上留洞的封堵见相关图集各节点做法。

c. 底层和顶层砌内墙时，预埋暖气穿墙钢套管，套管直径比管道直径大二号尽量贴紧梁底下皮。

四、屋面工程

1. 本工程的屋面防水等级为Ⅱ级，防水层合理使用年限为 15 年。

2. 屋面做法 05J1 屋 13（B2-70-F6），雨篷等详见各层单元平面图及有关详图。

3. 屋面排水组织见各项层屋面，外排雨水斗、雨水管采用 UPVC 雨水构件，除图中另有注明者外，雨水管的公称直径均为 DN100。

序号	图纸名称	图号	图纸规格	备注
1	设计总说明　门窗表	建-01	A1	
2	总平面位置图	建-02	A2	
3	地下室平面图	建-03	A2	
4	一层平面图	建-04	A2	
5	二层平面图	建-05	A2	
6	三～十一层平面图	建-06	A2	
7	出屋面层平面图	建-07	A2	
8	电梯机房平面图	建-08	A2	
9	南立面图	建-09	A1	
10	北立面图	建-10	A1	
11	东立面图	建-11	A1	
12	西立面图	建-12	A1	
13	1—1 剖面图	建-13	A2	
14	楼梯平面图（一）	建-14	A1	
15	楼梯平面图（二）	建-15	A1	
16	楼梯剖面图	建-16	A2	
17	墙身大样图	建-17	A2	

××建筑设计研究院		建设单位	××房地产开发公司
项目负责人	图纸目录	项目名称	富贵华庭住宅楼
专业负责人		子项名称	103 号楼

富贵华庭 103 号住宅楼	设计总说明（一）

4. 屋面保温为 70 厚阻燃泡沫聚苯板（容重≥20kg/m³）保温层；屋面防水为 SBS 改性沥青卷材防水，厚度不小于 4mm。

5. 屋顶防雷筋与柱内钢筋相连直通地下。

五、内装修工程

1. 内装修工程执行《建筑内部装修设计防火规范》（GB 50222），楼地面部分执行《建筑地面设计规范》（GB 50037）。

2. 楼地面构造交接处和地坪高度变化处，除图中另有注明者外均位于齐平门扇开启面处。

3. 凡设有地漏房间应做防水层，图中未注明整个房间做坡度者，均在地漏周围 1m 范围内做 0.5% 坡度坡向地漏；卫生间的楼地面应低于相邻房间 20mm（A 单元低于 10mm）。

4. 内装修选用的各项材料，均由施工单位制作样板和选样，经确认后进行封样，并据此进行验收。

六、外装修工程

1. 外装修设计和做法索引见"立面图"及外墙详图。

2. 设有外墙外保温的建筑构造详见索引标准图及外墙详图。

3. 承包商进行二次设计的轻钢结构、装饰物等，经确认后，向建筑设计单位提供预埋件的设置要求。

4. 外装修选用的各项材料其材质、规格、颜色等，均由施工单位提供样板，经建设和设计单位确认后进行封样，并据此验收。

七、地下室防水工程

1. 地下室防水工程执行《地下工程防水技术规范》（GB 50108）和地方的有关规程和规定。

2. 本工程根据地下室使用功能，防水等级Ⅱ级，设防做法为混凝土结构自防水和柔性外防水，柔性外防水材料为 4 厚 SBS 改性沥青聚乙烯胎卷材防水层，做法参见 05J2-B5-1。

3. 防水混凝土的施工缝、穿墙管道预留洞、转角、坑槽、后浇带等部位和变形缝等地下工程薄弱环节应按《地下防水工程质量验收规范》（GB 50208）办理。

八、选用图集

05 系列建筑设计标准图集（河北省工程建设标准设计）

门窗表

类型	门窗名称	洞口尺寸(宽×高)	门窗数量	图集名称	选用型号	备　注
窗	C1	1800×1500	90	05J4-1	1TC-1815	塑钢推拉窗（带纱扇）
	C2	1500×1500	50	05J4-1	1TC-1515	塑钢推拉窗（带纱扇）
	C3	1400×1500	20	05J4-1	参 1TC-1515	塑钢推拉窗（带纱扇）
	C4	1200×1500	20	05J4-1	1TC-1215	塑钢推拉窗（带纱扇）
	C5	2000×1500	20	05J4-1	参 1TC-1815	塑钢推拉窗（带纱扇）
	C6	800×1500	15	05J4-1	参 1PC₁-0614	塑钢平开窗（带纱扇）
	C7	1200×1000	30	05J4-1	参 1TC-1209	塑钢推拉窗（带纱窗）
	C8	900×900	46	05J4-1	1TC-0909	塑钢推拉窗（带纱窗）
	TFC	1200×1200	1			
门	WM1	1200×2200	6	05J4-2	参 AHM01-1221	安全户门
	WM2	1500×2200	4			
	WM3	1000×2200	1			
	M1	1000×2100	50	05J4-2	参 AHM01-1021	安全户门
	M2	900×2100	160	05J4-1	1PM-0921	夹板门
	M3	800×2100	70	05J4-1	1PM-0821	夹板门
	M4	750×2100	70	05J4-1	参 1PM₁-0821	夹板门
	TLM1	2400×2400	20	05J4-1	参 2TM₃-2124	塑钢推拉门
	TLM2	2100×2400	50	05J4-1	2TM₃-2124	塑钢推拉门
	TLM3	1200×2400	50	05J4-1	参 1TM₃-1624	塑钢推拉门
	TLM4	1500×2100	20	05J4-1	参 2TM-1621	木质推拉门
	DM1	900×2100	74	05J4-1	2PM-0921	夹板门
	YFM1	1000×2100	37	05J4-2	MFM01-1021	乙级防火门
	YFM2	1200×2100	1	05J4-2	MFM12-1021	乙级防火门
	YFM3	900×2000	6	05J4-2	MFM01-0920	乙级防火门
	GM1	1200×1200	20	05J4-2	MFM01-0812	丙级防火门（距地 100）
	GM2	800×1500	24	05J4-2	参 MFM09-0618	甲级防火门（距地 300）
	GM3	500×1500	26	05J4-2	参 MFM09-0618	甲级防火门（距地 500）
	GM4	540×1000	10	05J4-2	参 MFM09-0618	丙级防火门
	CKM1	2700×2200	2			卷帘门

富贵华庭 103 号住宅楼	设计总说明（二）

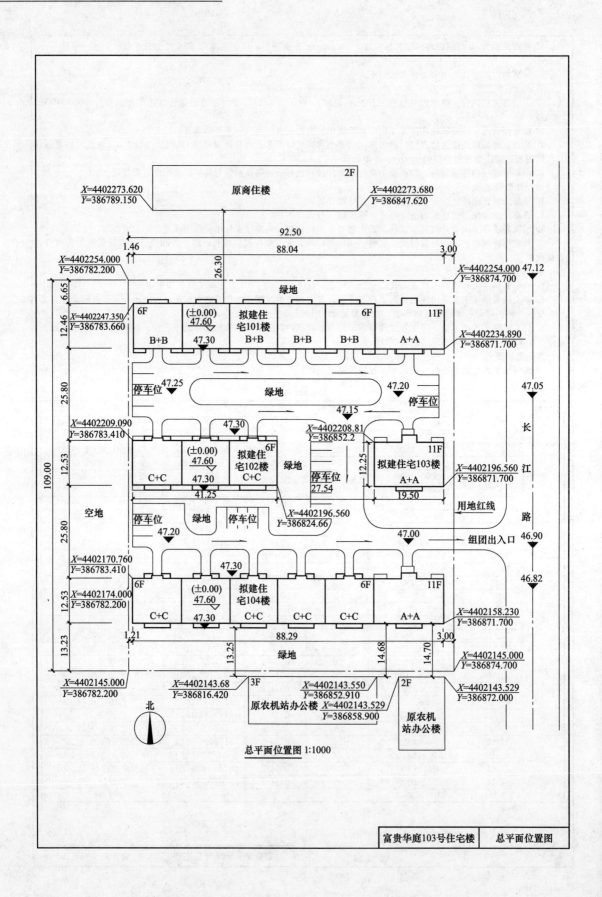

原商住楼 2F

X=4402273.620
Y=386789.150

X=4402273.680
Y=386847.620

92.50

1.46 88.04 3.00

26.30

X=4402254.000
Y=386782.200

X=4402254.000
Y=386874.700 47.12

6.65

绿地

X=4402247.350
Y=386783.660

6F (±0.00) 拟建住 6F 11F
47.60 宅101楼
12.46 B+B 47.30 B+B B+B B+B A+A

X=4402234.890
Y=386871.700

停车位 47.25 绿地 47.20 停车位 47.05

25.80 47.15

X=4402209.090
Y=386783.410

47.30 X=4402208.81
Y=386852.2

11F

(±0.00) 拟建住 绿地 12.25 拟建住宅103楼
109.00 12.53 47.60 宅102楼 A+A
C+C 47.30 C+C 停车位 X=4402196.560
Y=386871.700

41.25 27.54 19.50 长

X=4402196.560
Y=386824.66 用地红线

空地 停车位 绿地 停车位 47.00 组团出入口 江 46.90

25.80 47.20 路

X=4402170.760
Y=386783.410

47.30 46.82

6F (±0.00) 拟建住 6F 11F
12.53 47.60 宅104楼
X=4402174.000 C+C 47.30 C+C C+C C+C A+A
Y=386782.200

X=4402158.230
Y=386871.700

1.21 88.29 3.00

13.23 13.25 绿地 14.68 14.70

X=4402145.000
Y=386874.700

X=4402145.000
Y=386782.200

X=4402143.68
Y=386816.420 3F

X=4402143.550
Y=386852.910

2F X=4402143.529
Y=386872.000

原农机站办公楼 X=4402143.529
Y=386858.900

原农机
站办公楼

北

总平面位置图 1:1000

| 富贵华庭103号住宅楼 | 总平面位置图 |

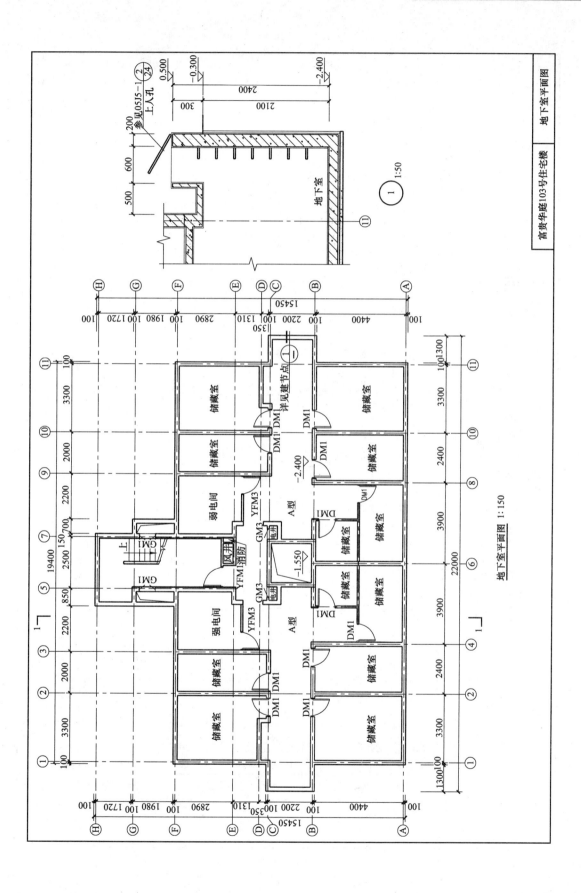

地下室平面图 1:150

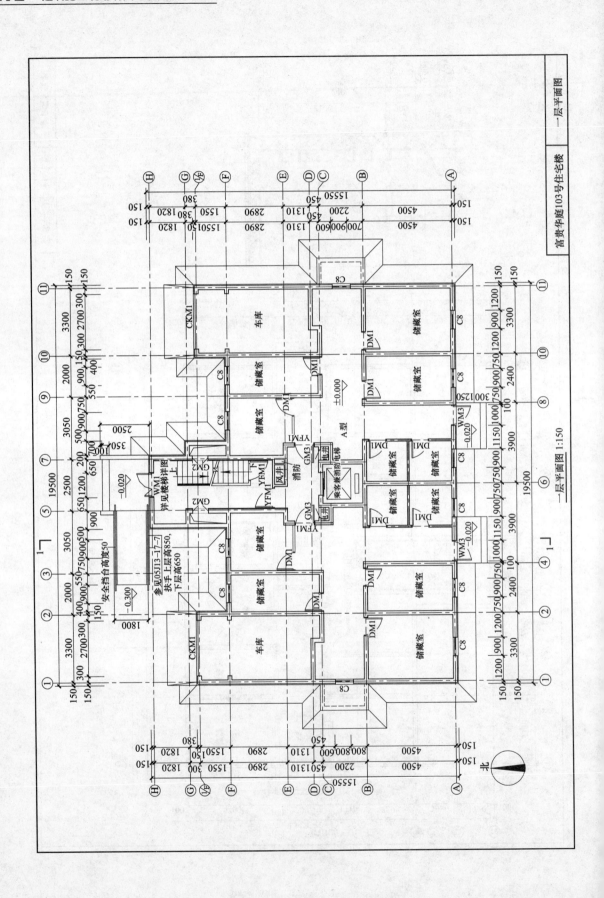

富贵华庭103号住宅楼　一层平面图

一层平面图 1:150

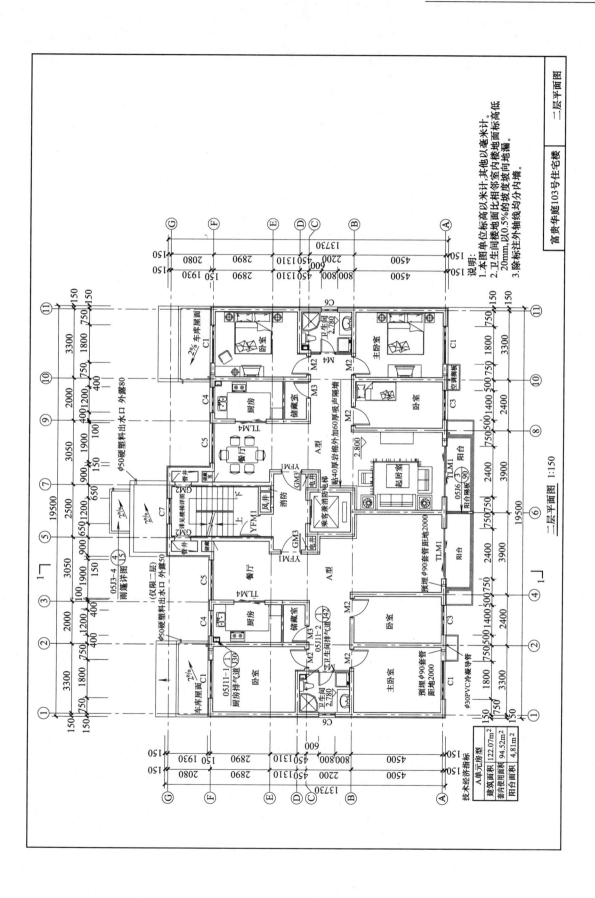

二层平面图

富贵华庭103号住宅楼

说明：
1.本图单位标高以米计，其他以毫米计。
2.卫生间楼地面比相邻室内楼地面标高低20mm，以0.5%的坡度坡向地漏。
3.除标注外轴线均为分内墙。

二层平面图 1:150

技术经济指标	A单元房型
建筑面积	122.07m²
套内使用面积	94.52m²
阳台面积	4.81m²

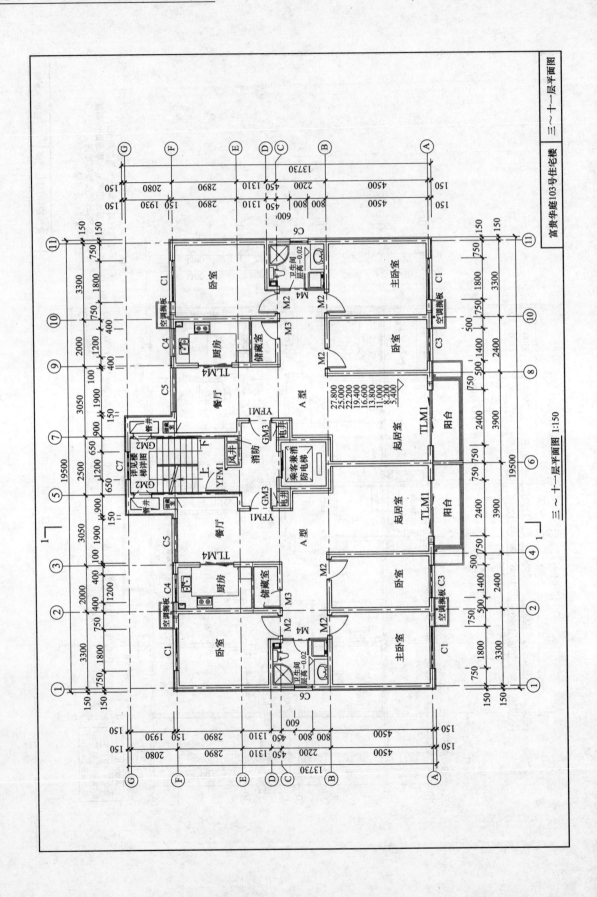

三~十一层平面图 1:150

三~十一层平面图

富贵华庭103号住宅楼

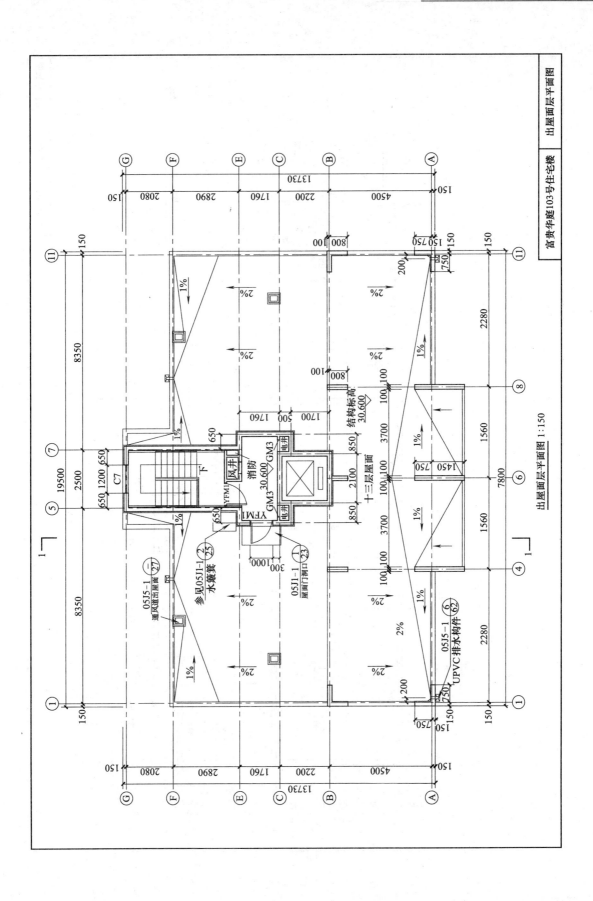

出屋面层平面图 1:150

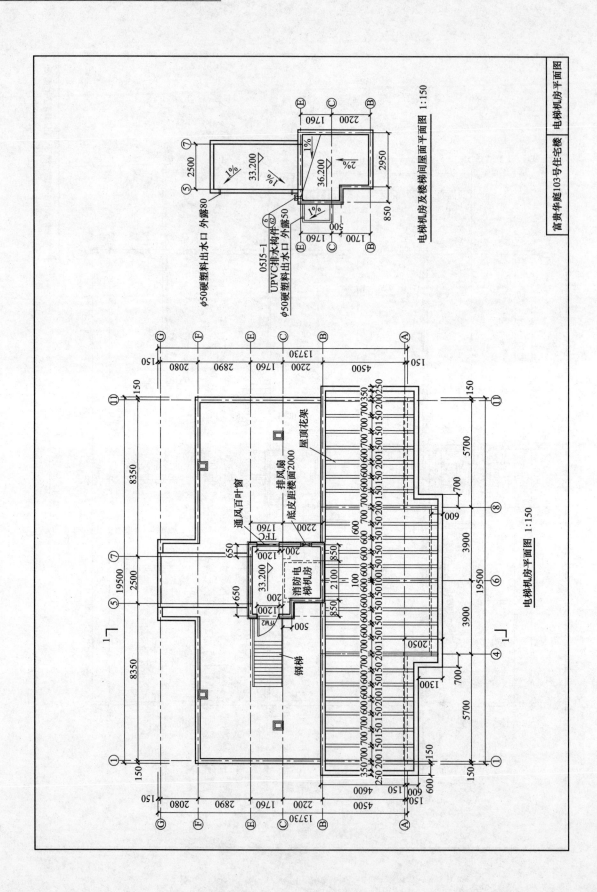

电梯机房及楼梯间屋面平面图 1:150

φ50硬塑料出水口 外露80

05J5-1
UPVC排水构件②
φ50硬塑料出水口 外露50

电梯机房平面图 1:150

屋顶花架

排风岗
底皮距楼面2000

通风百叶窗

消防电梯机房

钢梯

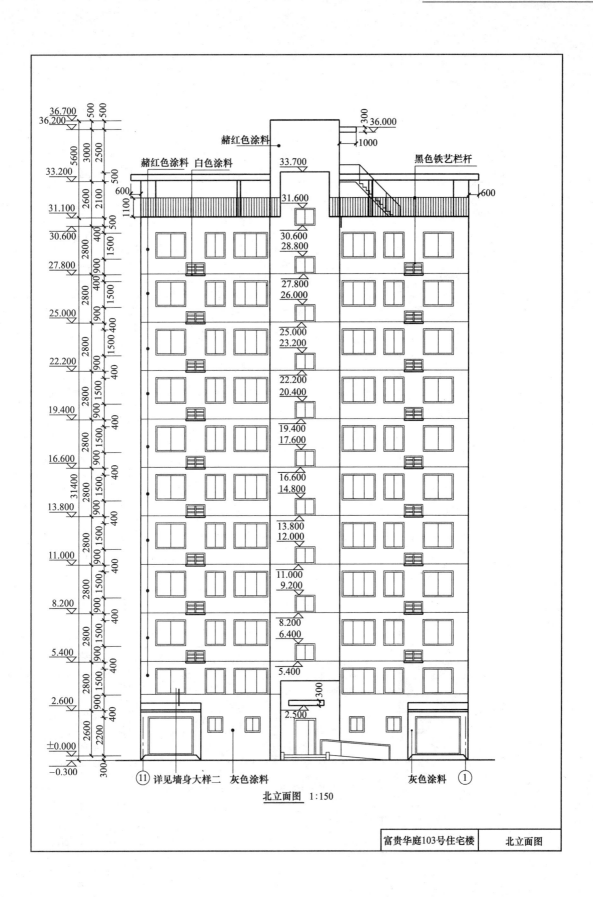

北立面图 1:150

赭红色涂料

赭红色涂料　白色涂料

黑色铁艺栏杆

36.700
36.200
36.000
33.700
33.200
31.600
31.100
30.600
30.600
28.800
27.800
27.800
26.000
25.000
25.000
23.200
22.200
22.200
20.400
19.400
19.400
17.600
16.600
16.600
14.800
13.800
13.800
12.000
11.000
11.000
9.200
8.200
8.200
6.400
5.400
5.400
2.600
2.500
±0.000
−0.300

⑪ 详见墙身大样二　灰色涂料

灰色涂料　①

| 富贵华庭103号住宅楼 | 北立面图 |

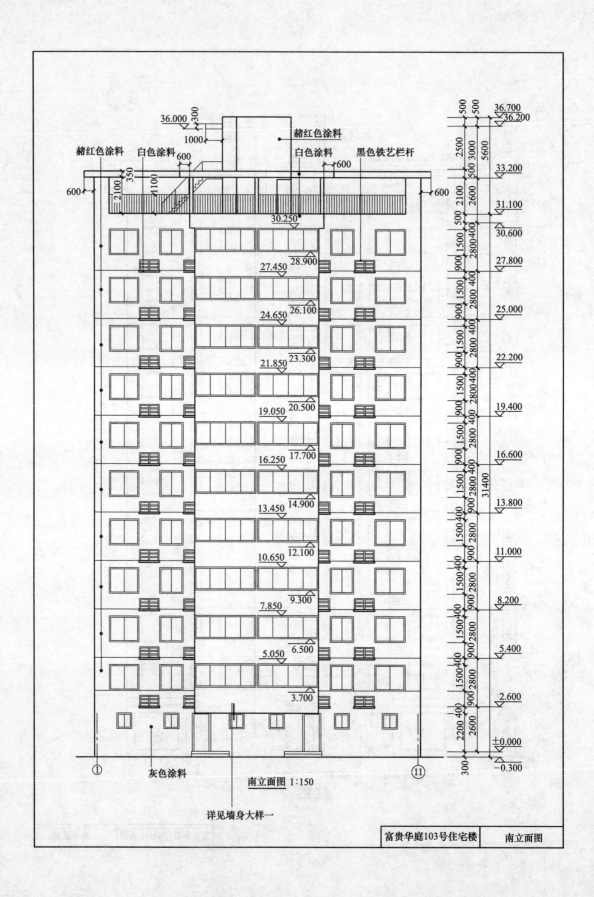

南立面图 1:150

详见墙身大样一

灰色涂料

| 富贵华庭103号住宅楼 | 南立面图 |

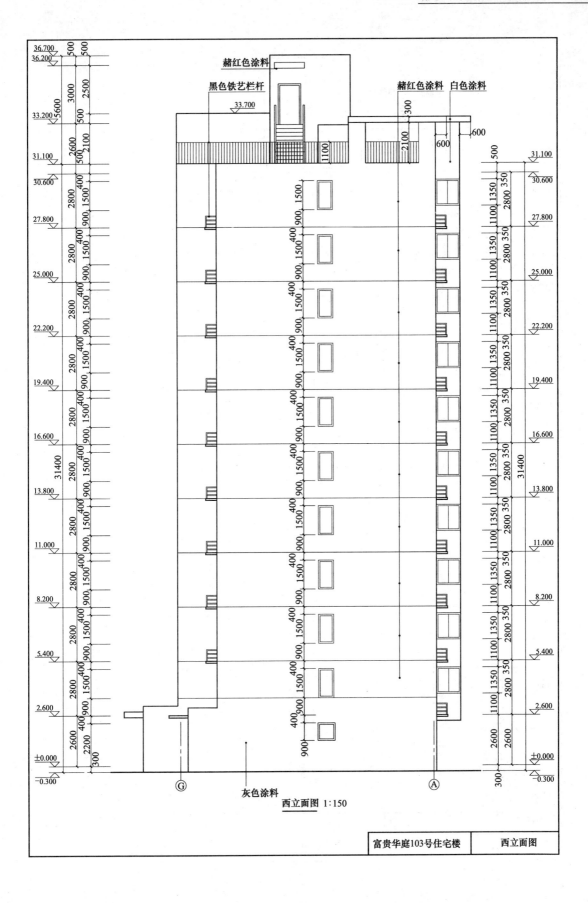

赭红色涂料

黑色铁艺栏杆 赭红色涂料 白色涂料

灰色涂料

西立面图 1:150

| 富贵华庭103号住宅楼 | 西立面图 |

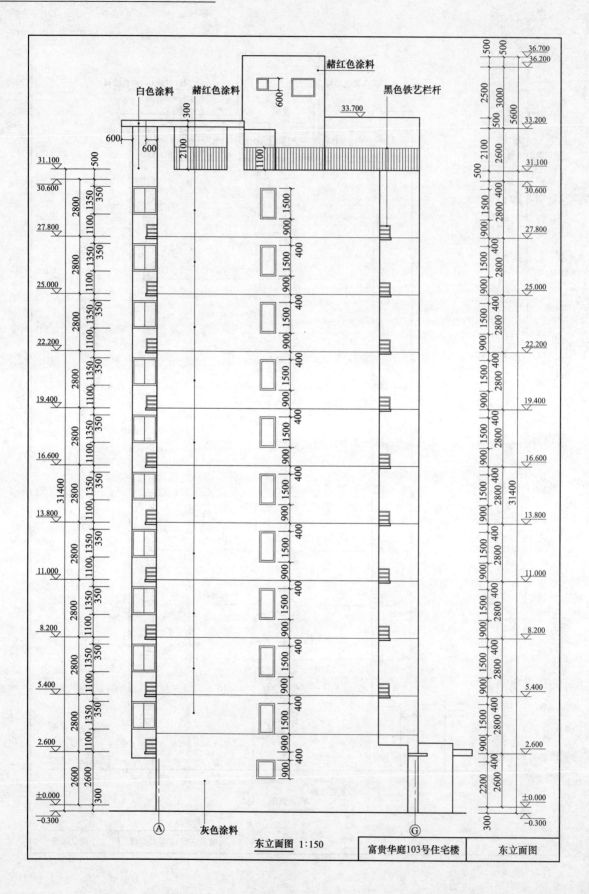

东立面图 1:150

富贵华庭103号住宅楼

东立面图

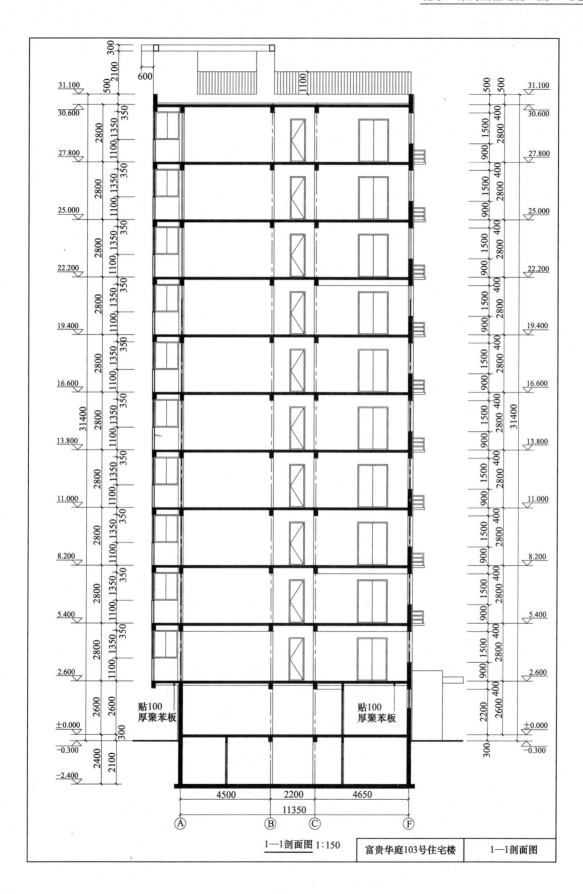

1—1剖面图 1:150

富贵华庭103号住宅楼 | 1—1剖面图

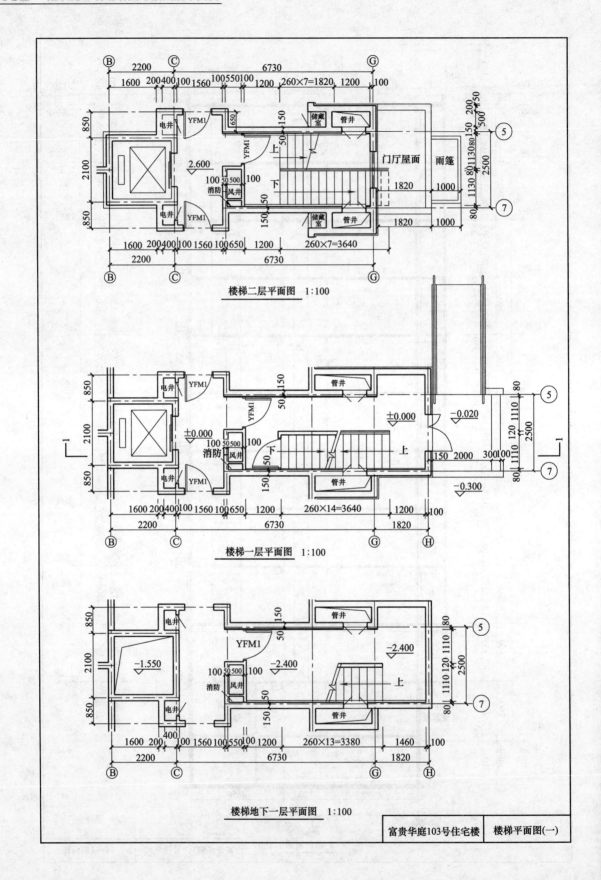

楼梯二层平面图　1:100

楼梯一层平面图　1:100

楼梯地下一层平面图　1:100

| 富贵华庭103号住宅楼 | 楼梯平面图(一) |

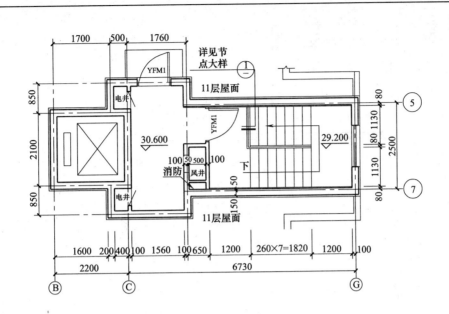

楼梯出屋面层平面图　1:100

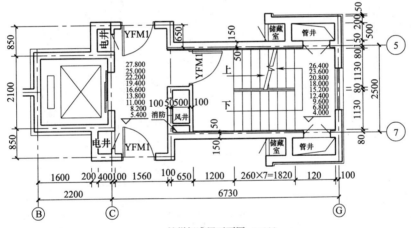

楼梯标准层平面图　1:100

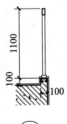

注：1.楼梯做法除节点1外,均详见05J8-16页做法。
　　2.栏杆垂直杆件间距≤110,栏杆扶手水平段长度
　　　大于500时,栏杆高度为1100。
　　3.楼梯间内墙贴30厚聚苯板。
　　4.本图单位标高以米计,其他以毫米计。

① 1:25

| 富贵华庭103号住宅楼 | 楼梯平面图(二) |

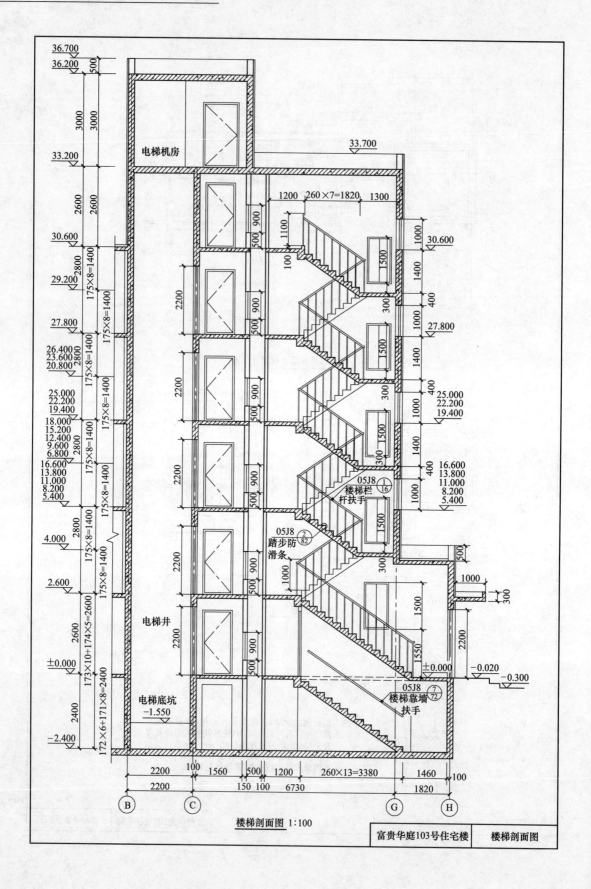

楼梯剖面图 1:100

| 富贵华庭103号住宅楼 | 楼梯剖面图 |

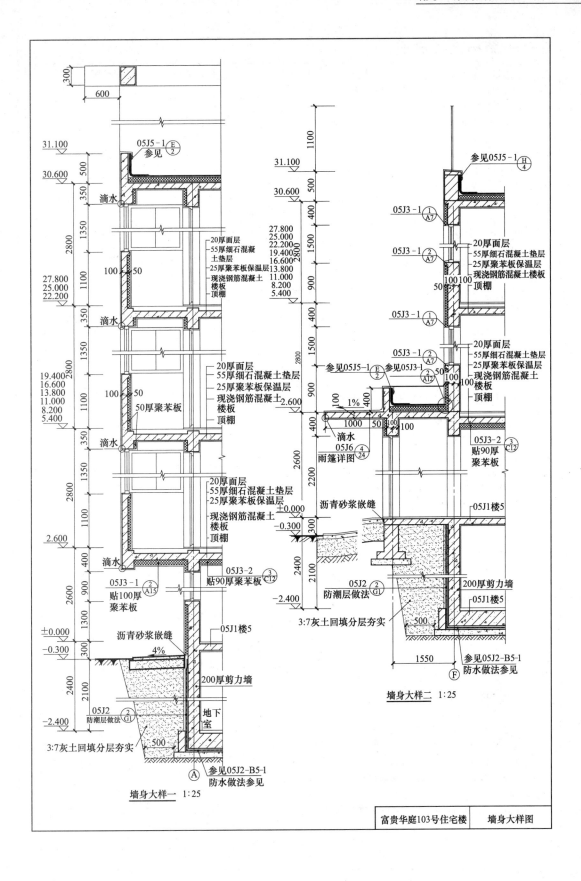

墙身大样一 1:25

墙身大样二 1:25

| 富贵华庭103号住宅楼 | 墙身大样图 |

结构设计总说明

一、工程结构概况

本工程主体为11层，地下1层，采用剪力墙结构，基础为筏板基础。

二、设计遵循的规范、规程、规定及技术条件

1. 建筑结构荷载规范（GB 50009—2001）（2006版）。

2. 建筑抗震设计规范（GB 50011—2010）。

3. 建筑地基基础设计规范（GB 50007—2011）。

4. 混凝土结构设计规范（GB 50010—2010）。

5. 砌体结构设计规范（GB 50003—2011）。

6. 高层建筑混凝土结构技术规程（JGJ 3—2001）。

7. 建筑结构可靠度设计统一标准（GB 50068—2001）。

8. 国家建筑标准设计图集建筑物抗震构造详图（03G329）。

三、自然条件

1. 设计基准期50年；结构的设计使用年限为50年。未经设计许可或技术鉴定，不得改变结构用途和使用环境。

2. 本工程建筑物重要类别为丙类，建筑结构的安全等级为二级，结构重要性系数采用1.0。

序号	图 纸 名 称	图号	图纸规格	备注
1	结构设计总说明	结-01	A1	
2	基础平面布置图	结-02	A2	
3	地下室剪力墙布置图	结-03	A2	
4	地下室剪力墙暗柱配筋图	结-04	A2	
5	一层剪力墙布置图	结-05	A2	
6	一层剪力墙暗柱配筋图	结-06	A2	
7	二～十一层剪力墙布置图	结-07	A2	
8	二～十一层剪力墙暗柱配筋图	结-08	A2	
9	屋顶剪力墙布置图	结-09	A1	
10	屋顶剪力墙暗柱配筋图	结-10	A1	
11	剪力墙节点详图	结-11	A1	
12	地下室梁、板配筋图	结-12	A1	
13	一层梁、板配筋图	结-13	A2	
14	二～十层梁、板配筋图	结-14	A1	
15	十一层梁、板配筋图	结-15	A1	
16	屋顶部分梁、板配筋图	结-16	A2	
17	楼梯配筋图	结-17	A2	

××建筑设计研究院		建设单位	××房地产开发公司
项目负责人		项目名称	富贵华庭住宅楼
专业负责人	图纸目录	子项名称	103号楼

3. 本工程抗震设防烈度为7度，设计基本地震加速度值为0.15g，特征周期为0.35s，设计地震分组为第一组，抗震设防类别为丙类。本工程剪力墙抗震等级为三级，地下一层及一层为加强区。

4. 本工程环境类别：基础及外露混凝土为二b类，厕所为二a类，其余为一类。

5. 本工程多层部分持力层为2层粉土（承载力特征值140kPa），高层部分持力层为3层细砂（承载力特征值180kPa），场地类别Ⅱ类，场地土类型为中硬场地土，属抗震一般地段。地基基础设计等级为乙级。地下水位在4.70～5.30m之间。

6. 场地土标准冻结深度0.8m。

7. 基本风压0.40kN/m²；基本雪压0.35kN/m²。

四、活荷载标准值

楼面：车库4.0kN/m²；储藏间5.0kN/m²；卧室2.0kN/m²；卫生间2.0kN/m²；阳台2.5kN/m²。

楼梯：3.5kN/m²。屋面：0.50kN/m²（不上人），2.00kN/m²（上人）。

五、主要结构材料

1. 钢筋：ϕ为HPB300级钢筋，ϕ为HRB335级钢筋；钢筋强度标准值的保证率不得小于95%。抗震等级为一、二的框架结构其纵向受力普通钢筋抗拉强度实测值与屈服强度实测值的比值不应小于1.25，且屈服强度实测值与强度标准值的比值不应大于1.3。

2. 混凝土强度等级：基础垫层为C15；基础为C30；其他部位混凝土强度等级均为C30。

六、基础

1. 基槽开挖时，如果遇到地下水时，应采取有效的排水及降水措施，以保证基础工程的正常进行。

2. 基槽开挖至基底标高以上200mm时，应进行普遍钎探，做好记录，并会同甲方、设计、监理等有关单位共同验槽，确定持力层准确无误后方可进行下一道工序。

3. 基础施工完成以后，应及时进行回填。回填土为3：7灰土分层夯实。回填土内的有机质含量应小于5%。夯实系数0.97。

4. 回填土回填至设计地面标高后，方可进行上部结构的施工。

5. 地下室基础底板及外墙采用抗渗混凝土，抗渗等级为S6。

七、钢筋混凝土构造要求

1. 纵向受力钢筋的混凝土保护层最小厚度（钢筋外边缘至混凝土表面的距离）不应小于钢筋的直径，且符合表一的规定。

富贵华庭103号住宅楼	设计总说明（一）

2. 钢筋锚固长度见表二。

3. 钢筋混凝土现浇板：

（1）板的底部钢筋伸入支座大于等于 $5d$ 且应伸至支座中心线。

（2）板的中间支座上部钢筋（负筋）两端直钩长度为板厚减去 15mm，板的边支座负筋在梁内锚固长度应满足受拉钢筋的最小锚固长度 L_a 且不小于 250mm。

（3）双向板的底部钢筋，短跨钢筋置下排，长跨钢筋置上排。

（4）当板底与梁底平时，板的下部钢筋伸入梁内须置于梁的下部纵向钢筋之上。

（5）板上孔洞应预留，避免后凿，一般结构平面图中只标出洞口尺寸大于 300mm 的孔洞，施工时各工种必须根据各专业图纸配合土建预留全部孔洞，当孔洞尺寸小于等于 300mm 时，洞边不再另加钢筋，板内钢筋由洞边绕过，不得截断。当洞口尺寸大于等于 300mm 时，应设洞边加筋，按平面图示出的要求施工。当平面图未交代时，一般按如下要求：洞口每侧各两根，其截面积不得小于被洞口截断之钢筋面积，且不小于 2Φ14，长度为单向板受力方向以及双向板的两个方向沿跨度通长，锚入支座大于等于 $5d$，且应伸至支座中心线。单向板的非受力方向洞口加筋长度为洞宽加两侧各 $40d$。

（6）图中注明的后浇板，注明配筋的，钢筋不断，未注配筋的均双向配筋Φ8@150，置于板底，待设备安装完毕后，再用同强度等级混凝土浇筑，板厚同周围楼板。

（7）楼板上后砌隔墙的位置应严格遵守建筑施工图，不可随意砌筑。对墙下无梁的后砌隔墙，应按建筑施工图所示位置在墙下板内设置 2Φ16 的纵向加强钢筋（沿墙通长，两端锚入支座 250mm）。

（8）板内分布钢筋包括楼梯跑板，除注明外，分布钢筋均为Φ6@200。

（9）楼板及梁混凝土宜一次浇注。浇筑间隔超过 2h，应设置施工缝，位置应符合施工验收规范的规定及具体设计要求。施工缝处应增加插铁，数量为主筋面积的 30%，长度 1600mm，伸入施工缝两侧各 800mm。板的附加筋用Φ12放于板厚中间，梁的附加筋用Φ16放于梁的上下部位。

（10）当板厚大于等于 130mm 时，上层设置双向构造钢筋Φ6@200，与负筋搭接。

（11）所有板筋（受力或非受力筋）当要搭接长时，其搭接长度应符合 03G329，在同一截面由接头的钢筋截面面积不得超过钢筋总截面面积的 25%。

（12）对于配有双层钢筋的楼板或基础底板，除注明做法要求外，均应加支撑钢筋，其形式如∧，支撑钢筋的高度除另有注明外，应为 h＝板厚－20，以保证上下层钢筋位置准确，支撑钢筋用Φ12，每平方米设置一个。

4. 剪力墙连梁

（1）钢筋规格应按设计采用，钢筋代换应征得设计单位的同意。

（2）梁内第一根箍筋距柱边或梁边 50mm 起。

（3）在梁跨中 2/3 范围内开不大于Φ150 的洞，洞位于梁高的中间 1/3，在具体设计未说明时，按图一施工。

（4）剪力墙构造见剪力墙节点详图。

八、其他

1. 各工种按要求需要设置预埋件的应配合土建工种施工，将本工种需要的埋件留全，预埋件不得采用冷加工钢筋。

2. 施工应符合现行《混凝土结构工程施工及验收规范》（GB 50204—2002）（2011 版）。

3. 所有梁、板在未达到设计强度之前不允许拆梁、板下支撑。施工期不得堆载。

4. 施工中应密切与水电配合，注意及时预留管沟及孔洞。

表一　受力钢筋的混凝土保护层厚度

环境类别	板、墙			梁			柱		
	≤C20	C25～C45	≥C50	≤C20	C25～C45	≥C50	≤C20	C25～C45	≥C50
一	20	15	15	30	25	25	30	30	30
二 a	—	20	20	—	30	30	—	30	30
二 b	—	25	20	—	35	30	—	35	30
三	—	30	25	—	40	35	—	40	35

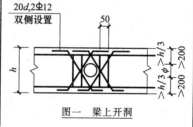

图一　梁上开洞

注：基础中纵向受力钢筋的混凝土保护层厚度不应小于 40mm；当无垫层时不应小于 70mm；梁箍筋的混凝土保护层厚度应大于等于 15mm。

表二　钢筋最小锚固长度 L_{aE}

混凝土\钢筋	C20		C25		C30		C35		≥C40	
	$d≤25$	$d>25$	$d≤25$	$d>25$	$d≤25$	$d>25$	$d≤25$	$d>25$	$d≤25$	$d>25$
HPB233（Ⅰ）	$31d$	$31d$	$27d$	$27d$	$24d$	$24d$	$22d$	$22d$	$20d$	$20d$
HRB330（Ⅱ）	$39d$	$42d$	$34d$	$37d$	$30d$	$33d$	$27d$	$30d$	$25d$	$27d$
HRB400（Ⅲ）	$46d$	$51d$	$40d$	$44d$	$36d$	$39d$	$33d$	$36d$	$30d$	$33d$

富贵华庭 103 号住宅楼	设计总说明（二）

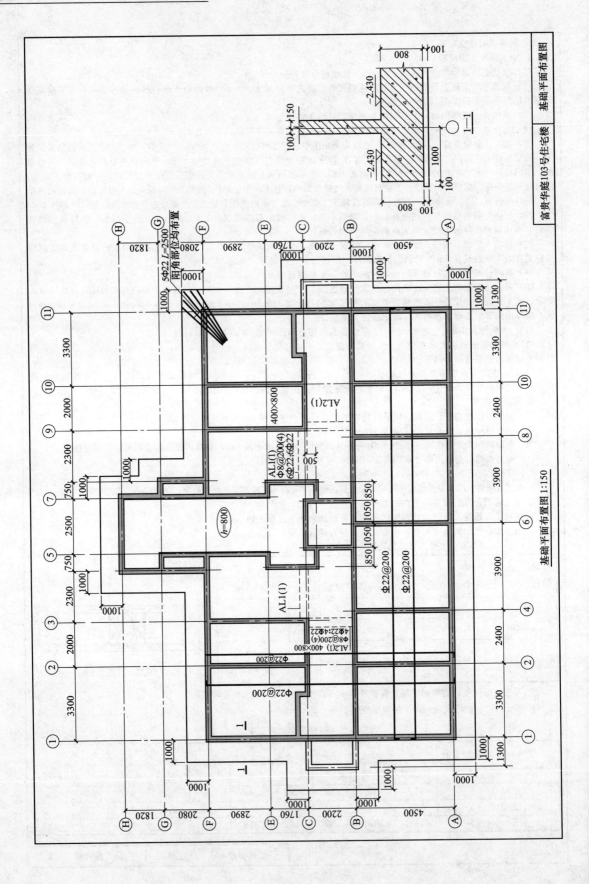

基础平面布置图

富贵华庭103号住宅楼

1—1

基础平面布置图 1:150

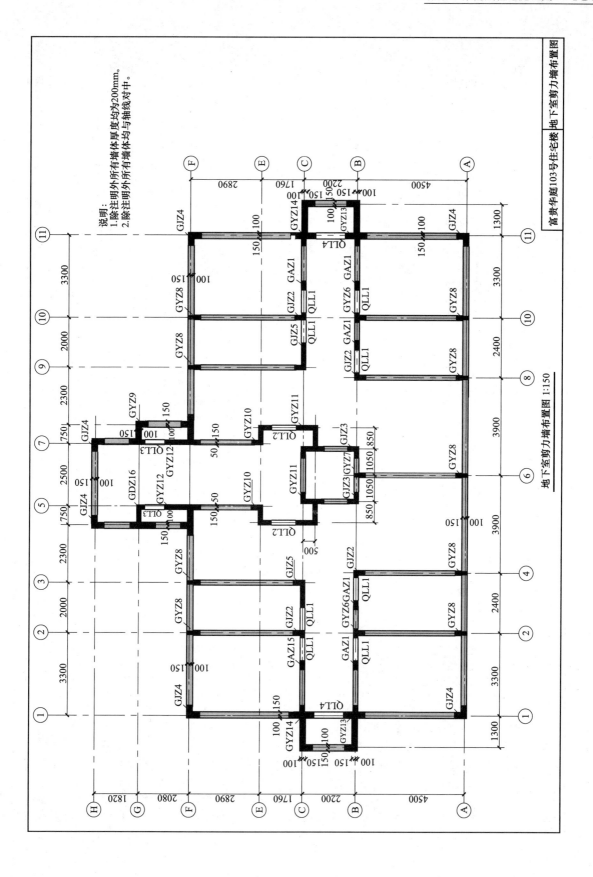

富贵华庭103号住宅楼 地下室剪力墙布置图

地下室剪力墙布置图 1:150

说明：
1.除注明外所有墙体厚度均为200mm。
2.除注明外所有墙体均与轴线对中。

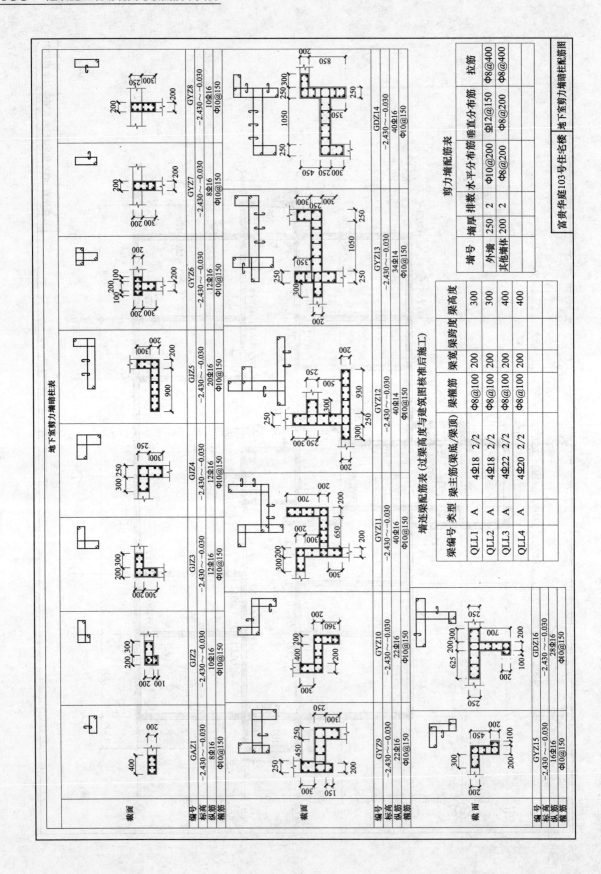

地下室剪力墙暗柱表

剪力墙配筋表

墙号	墙厚	排数	水平分布筋	垂直分布筋	拉筋
外墙	250	2	Φ10@200	Φ12@150	Φ8@400
其他墙体	200	2	Φ8@200	Φ8@200	Φ8@400

墙连梁配筋表（过梁高度与建筑图核准后施工）

梁编号	类型	梁主筋(梁底、梁顶)	梁箍筋	梁宽	梁跨度	梁高度
QLL1	A	4Φ18 2/2	Φ8@100	200		300
QLL2	A	4Φ18 2/2	Φ8@100	200		300
QLL3	A	4Φ22 2/2	Φ8@100	200		400
QLL4	A	4Φ20 2/2	Φ8@100	200		400

富贵华庭103号住宅楼 地下室剪力墙暗柱配筋图

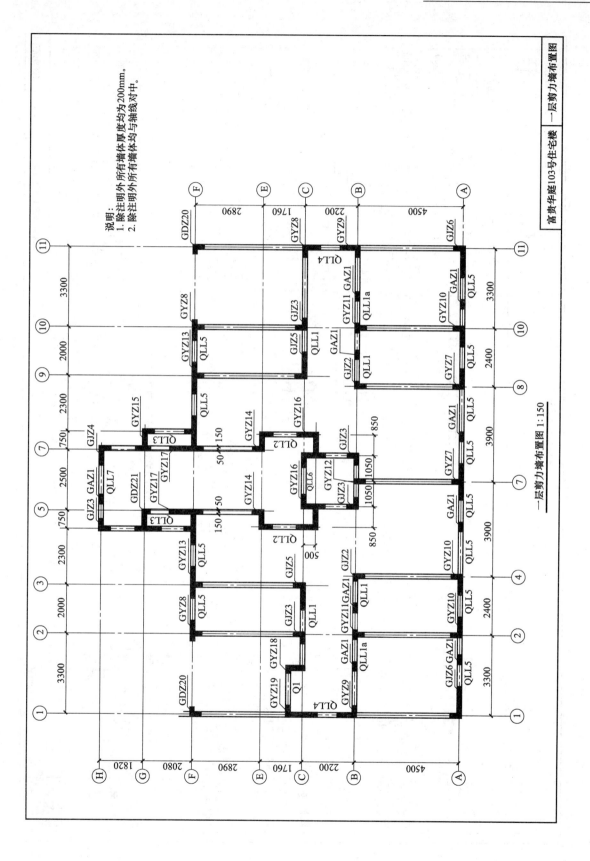

富贵华庭103号住宅楼 一层剪力墙布置图

一层剪力墙布置图 1:150

说明：
1. 除注明外所有墙体厚度均为200mm。
2. 除注明外所有墙体均与轴线对中。

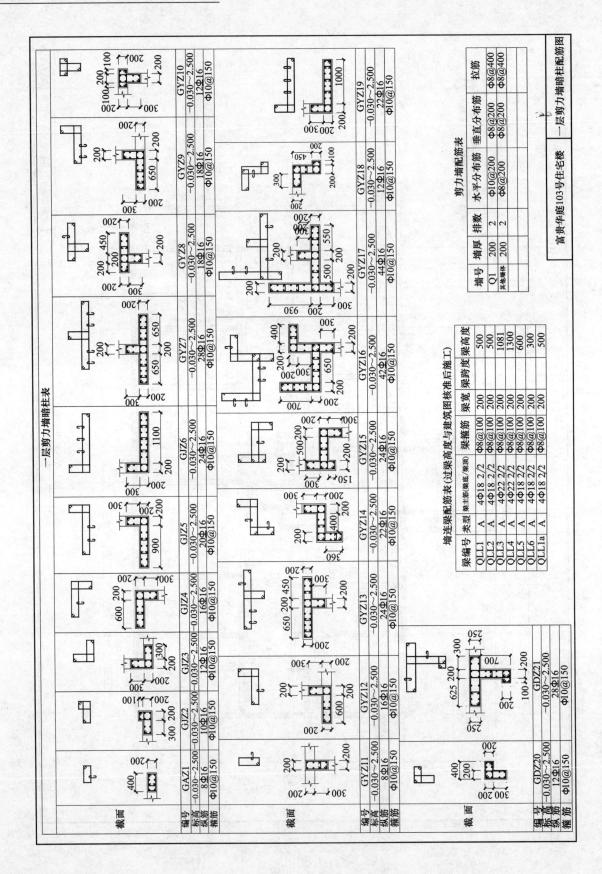

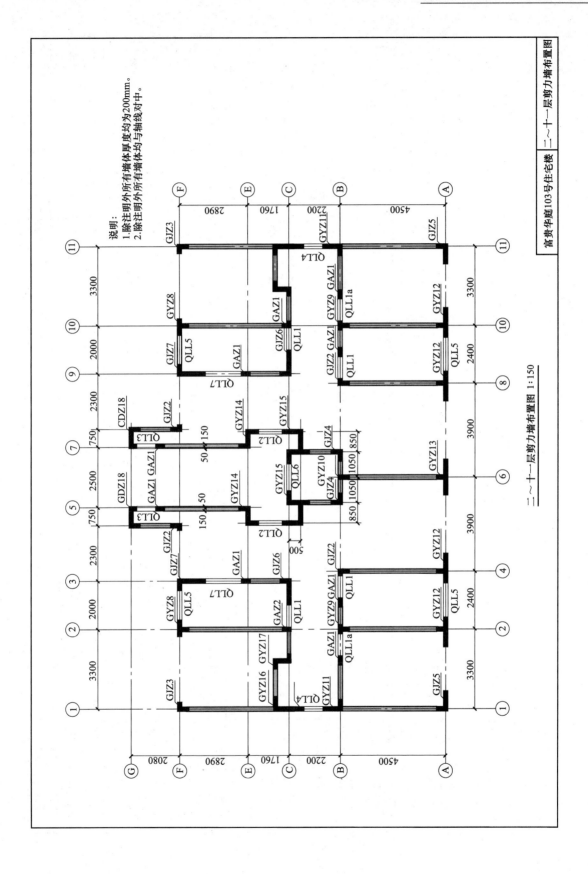

二~十一层剪力墙布置图 1:150

富贵华庭103号住宅楼 二~十一层剪力墙布置图

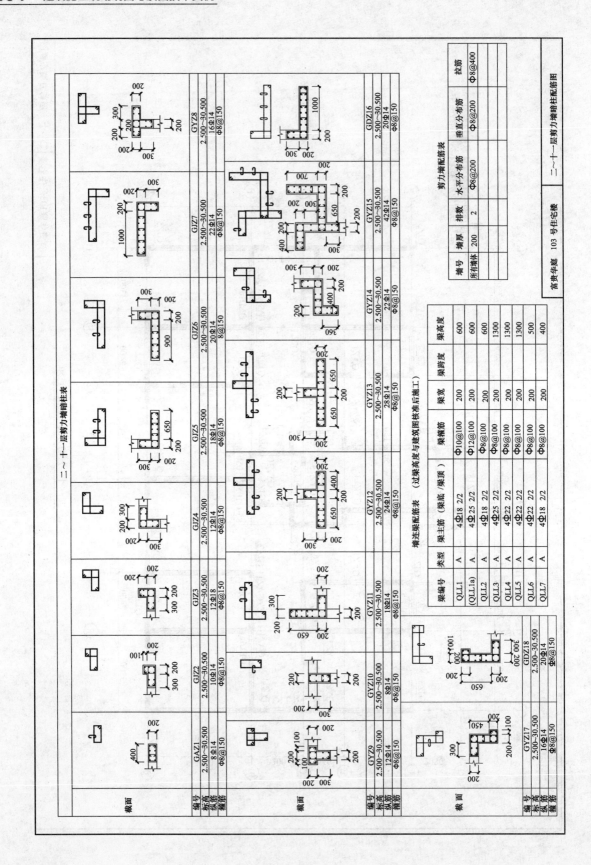

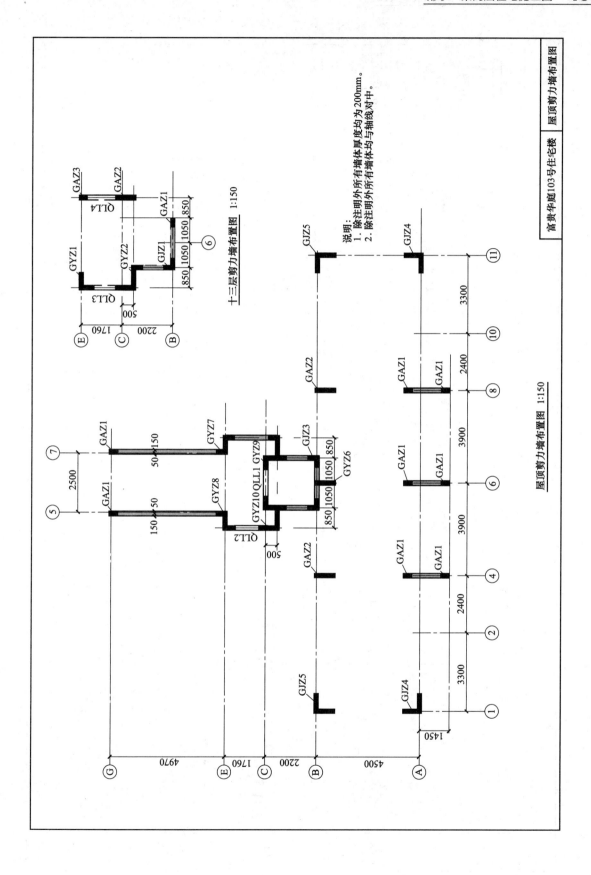

十三层剪力墙布置图 1:150

屋顶剪力墙布置图 1:150

说明：
1. 除注明外所有墙体厚度均为200mm。
2. 除注明外所有墙体均与轴线对中。

富贵华庭103号住宅楼 | 屋顶剪力墙布置图

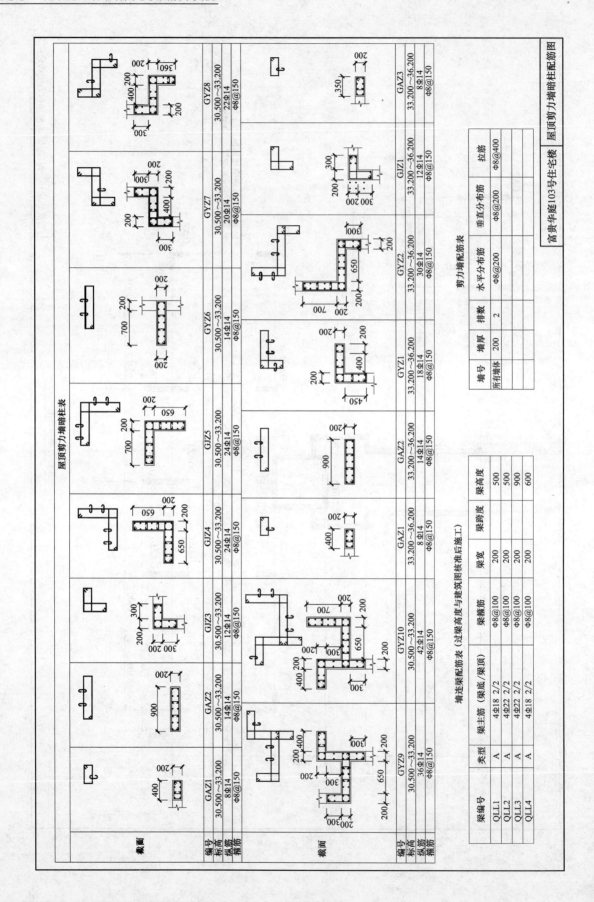

屋顶剪力墙暗柱表

剪力墙配筋表

墙号	墙厚	排数	水平分布筋	垂直分布筋	拉筋
所有墙体	200	2	Φ8@200	Φ8@200	Φ8@400

墙连梁配筋表（过梁高度与建筑图核准后施工）

梁编号	类型	梁主筋	梁箍筋	梁宽	梁跨度	梁高度
QLL1	A	4Φ18 2/2	Φ8@100	200	500	500
QLL2	A	4Φ22 2/2	Φ8@100	200	500	500
QLL3	A	4Φ22 2/2	Φ8@100	200	900	900
QLL4	A	4Φ18 2/2	Φ8@100	200	600	600

富贵华庭103号住宅楼 屋顶剪力墙暗柱配筋图

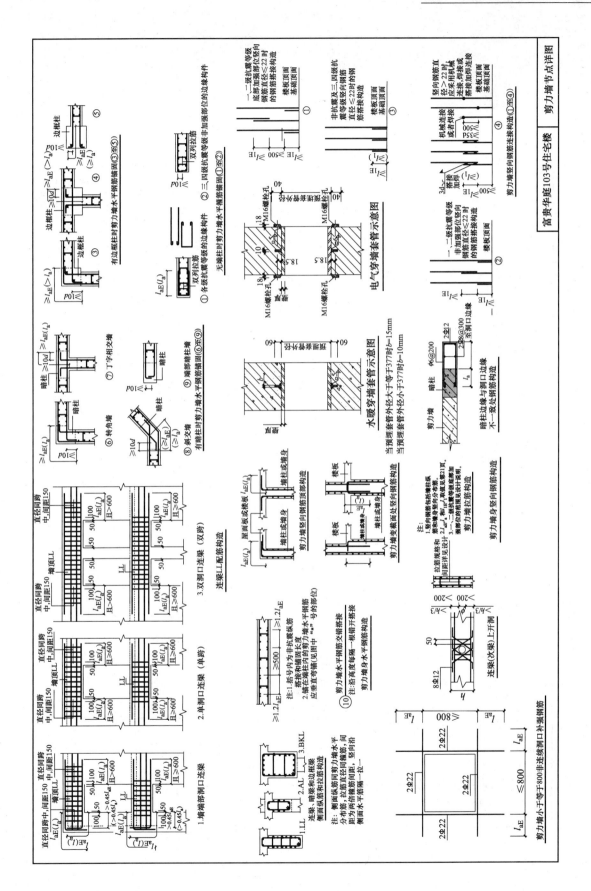

剪力墙节点详图

富贵华庭103号住宅楼

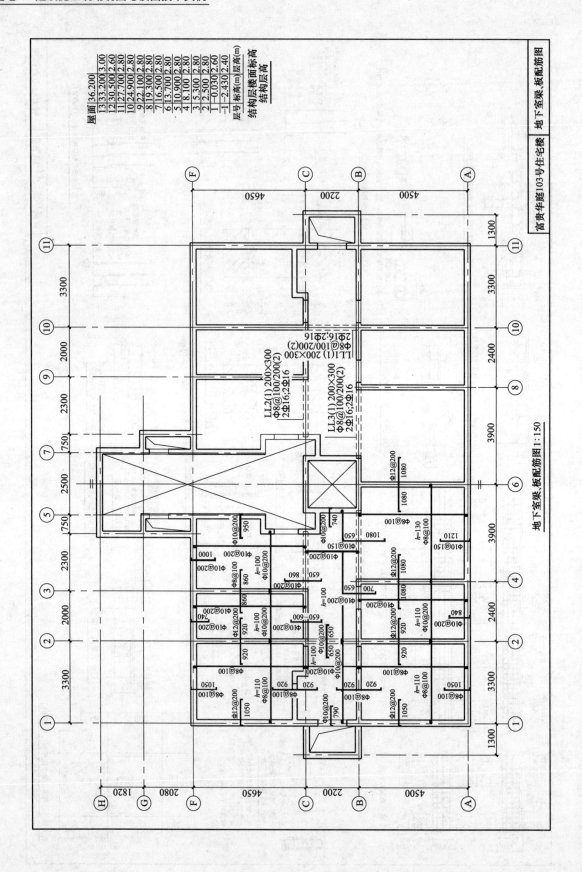

地下室梁、板配筋图 1:150

富贵华庭103号住宅楼 地下室梁、板配筋图

层号	标高(m)	层高(m)
屋面	36.200	
13	33.200	3.00
12	30.500	2.60
11	27.700	2.80
10	24.900	2.80
9	22.100	2.80
8	19.300	2.80
7	16.500	2.80
6	13.700	2.80
5	10.900	2.80
4	8.100	2.80
3	5.300	2.80
2	2.500	2.60
1	-0.030	2.60
-1	-2.430	2.40

楼面标高 结构层高
结构层高

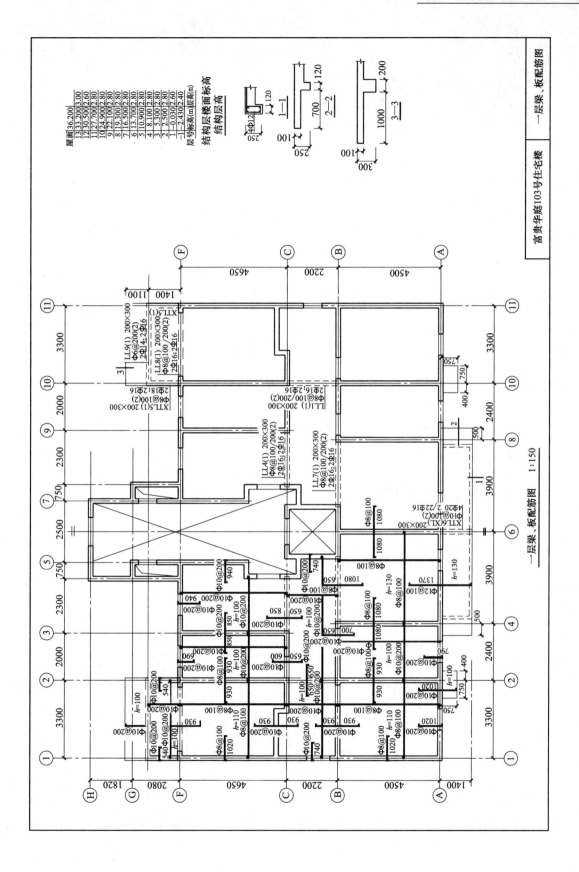

一层梁、板配筋图　1:150

一层梁、板配筋图

富贵华庭103号住宅楼

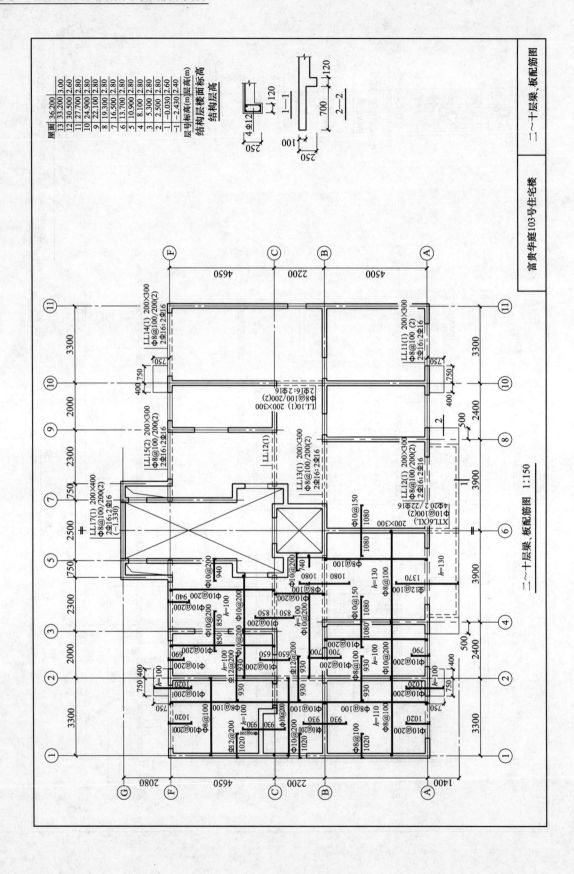

二～十层梁、板配筋图

富贵华庭103号住宅楼

二～十层梁、板配筋图 1:150

层号	结构层楼面标高	结构层高
屋面	36.200	3.00
13	33.200	3.00
12	30.500	2.60
11	27.700	2.80
10	24.900	2.80
9	22.100	2.80
8	19.300	2.80
7	16.500	2.80
6	13.700	2.80
5	10.900	2.80
4	8.100	2.80
3	5.300	2.80
2	2.500	2.80
1	−0.030	2.60
−1	−2.430	2.40
层号	标高(m)(层高)	结构层楼面标高(m)

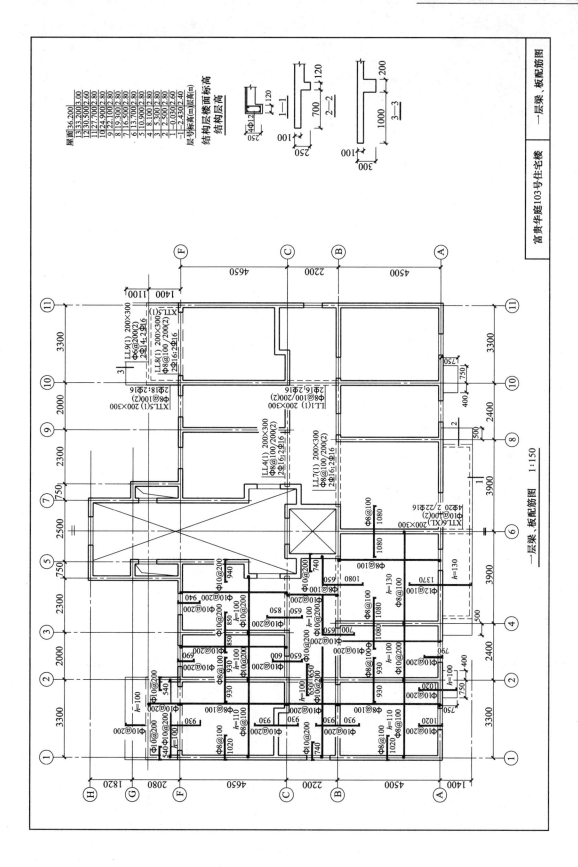

一层梁、板配筋图 1:150

富贵华庭103号住宅楼   一层梁、板配筋图

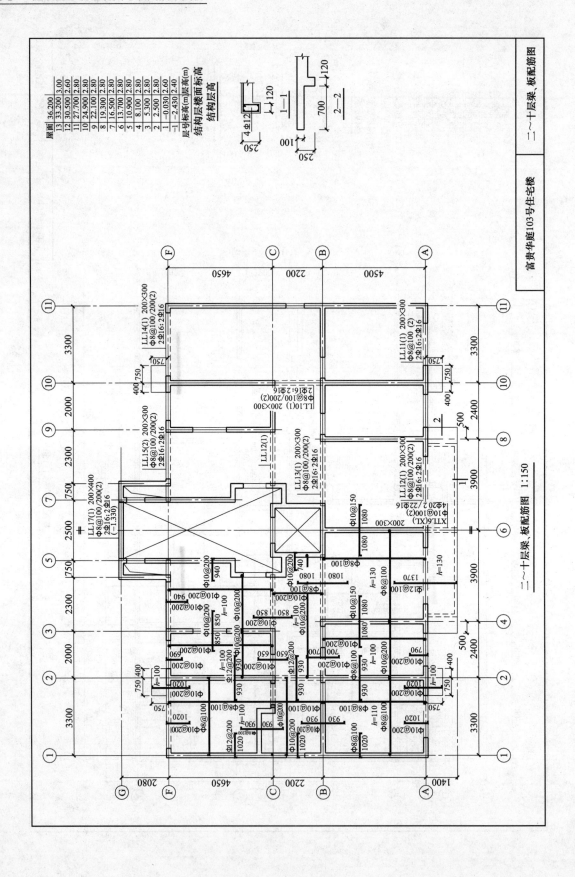

二～十层梁、板配筋图　1:150

层号	标高(m)层高	结构层楼面标高 结构层高
屋面	36.200	3.00
13	33.200	3.00
12	30.500	2.60
11	27.700	2.80
10	24.900	2.80
9	22.100	2.80
8	19.300	2.80
7	16.500	2.80
6	13.700	2.80
5	10.900	2.80
4	8.100	2.80
3	5.300	2.80
2	2.500	2.80
1	−0.030	2.60
	−2.430	2.40

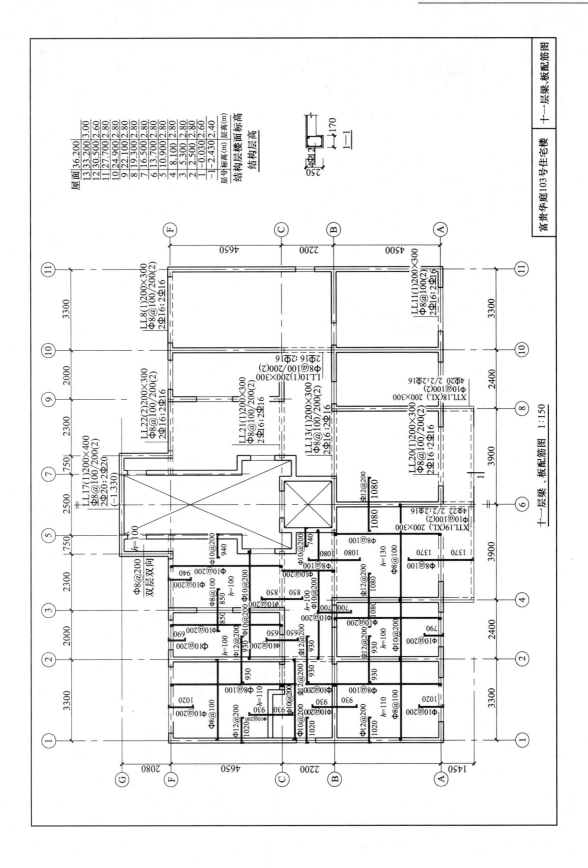

富贵华庭103号住宅楼 十一层梁、板配筋图

十一层梁、板配筋图 1:150

层号标高(m)	层高(m)	层高(m)
屋面36.200		
13	33.200	3.00
12	30.500	2.60
11	27.700	2.80
10	24.900	2.80
9	22.100	2.80
8	19.300	2.80
7	16.500	2.80
6	13.700	2.80
5	10.900	2.80
4	8.100	2.80
3	5.300	2.80
2	2.500	2.80
1	-0.030	2.60
-1	-2.430	2.40

结构层楼面标高
结构层高

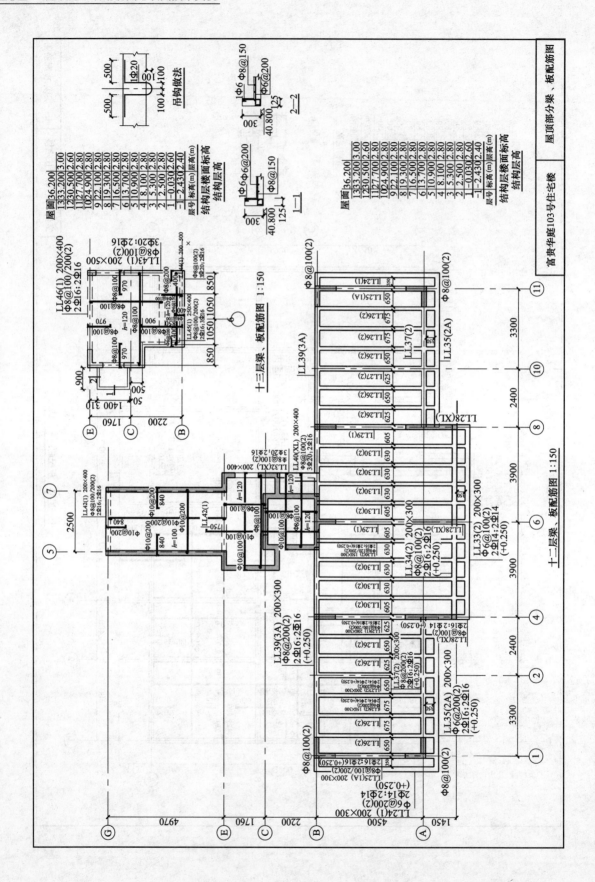

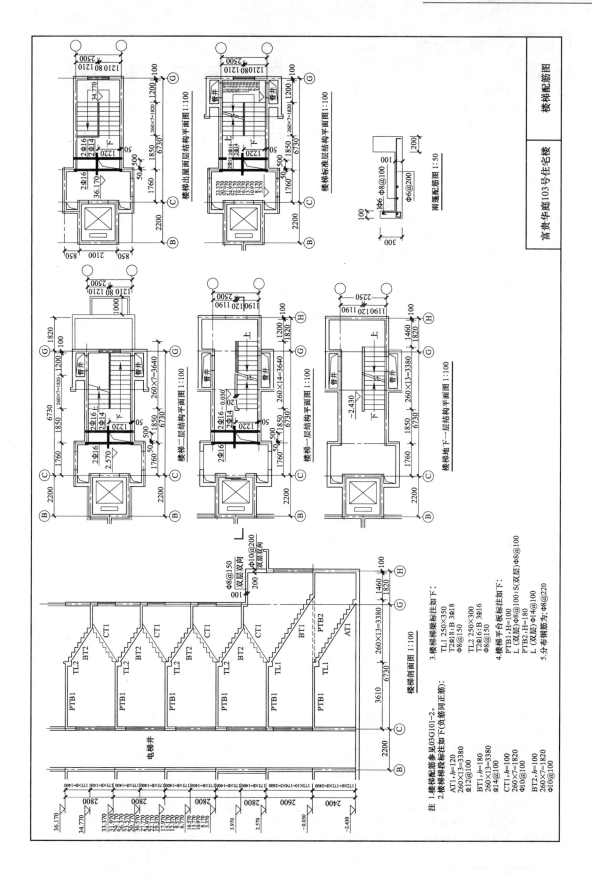

楼梯出屋面层结构平面图 1:100

楼梯标准层结构平面图 1:100

雨篷配筋图 1:50

楼梯二层结构平面图 1:100

楼梯一层结构平面图 1:100

楼梯地下一层结构平面图 1:100

楼梯剖面图 1:100

注:1.楼梯配筋参见03G101-2。
2.楼梯梯段标注如下(负筋同正筋):

AT1,h=120
260×13=3380
Φ12@100

BT1,h=180
260×13=3380
Φ14@100

CT1,h=100
260×7=1820
Φ10@100

BT2,h=100
260×7=1820
Φ10@100

3.楼梯梯梁标注如下:
TL1 250×350
T2Φ18:B 3Φ18
Φ8@150

TL2 250×300
T2Φ16:B 3Φ16
Φ8@150

4.楼梯平台板标注如下:
PTB1,H=100
L(双层)Φ8@100:S(双层)Φ8@100
PTB2,H=180
L(双层)Φ14@100
5.分布钢筋为:Φ8@220

富贵华庭103号住宅楼

楼梯配筋图

施工说明

总则

一、设计依据

1. 国家现行有关设计规范。

2. 有关部门对初步设计批文。

3. 建设单位提供的室外市政给排水管网及热力煤气管网资料及设计要求。

4. 建筑及其他专业提供的设计条件。

二、工程概况

本工程为×市富贵华庭 103 号住宅楼, 共 13 层, 标准层层高 2800, 地上一层为储藏室及单体车库, 层高 2600。地下一层为储藏室, 层高 2400。室内外高差 300。根据设计规范要求本工程为二类高层建筑。

三、通用规则

1. 图中所标尺寸标高及长度以米计, 其他均以毫米计。

2. 图中标高为相对标高, 相对于首层地面为 0.000, 室外标高 -0.300。排水管道标高为管道管底标高, 其他管道标高为管道中心标高。

序号	图纸名称	图号	图纸规格	备注
1	施工说明及图例大样	水施-01	A1	
2	地下层给排水煤气平面图	水施-02	A2	
3	首层给排水煤气平面图	水施-03	A2	
4	标准层给排水煤气平面图	水施-04	A2	
5	给水煤气系统图	水施-05	A2	
6	排水消防给水系统图	水施-06	A2	
7				
8				
9				
10				
11				
12				

××建筑设计研究院		建设单位	××房地产开发公司
项目负责人	图纸目录	项目名称	富贵华庭住宅楼
专业负责人		子项名称	103 号楼

给排水部分

一、设计范围

建筑单体内生活给排水及消防给水设计。

二、设计参数

1. 室内消火栓消防用水量 10L/s, 室外消火栓消防用水量 15L/s。试验压力 1.2MPa。

2. 生活给水用水量 45m³/d。试验压力 1.0MPa。

3. 生活排水量 40m³/d。

三、设计通则

1. 本工程卫生器具应在甲方确认型号后安装, 图中卫生器具给排水楼板预留孔洞位置尺寸及给水配件安装高度, 可根据确认的卫生器具型号做出相应调整。卫生器具排水管穿越楼板留洞位置尺寸一览表见图集 05S1-233、234、235。卫生器具给水配件安装高度一览表见图集 05S1-236、237。

2. 塑料排水管道安装坡度

D_e50: 0.0025; D_e75: 0.0015; D_e110: 0.0012; D_e125: 0.001; D_e160: 0.0007。

3. 排水塑料管道支吊架最大间距

管径/mm	50	75	90	110	125	160
立管/m	1.2	1.5	2.0	2.0	2.0	2.0
横管/m	0.5	0.75	0.90	1.10	1.25	1.60

4. 卫生器具选用型号

坐便器: 05S1-113; 拖布池: 05S1-1 (甲型); 洗脸盆: 05S1-28; 洗涤盆: 05S1-3; 自闭冲洗阀门蹲便器: 05S1-135; 浴盆: 05S1-89。

四、室内生活给水

1. 生活给水根据市政给水管网水压分为低区给水及高区加压给水两部分, 一～六层为低区供水, 由市政给水管网直接供给, 六层以上为高区加压供水, 加压泵设于 102# 住宅楼地下二层, 高区供水由泵房内变频给水设备提供。

2. 生活给水管道采用 PP-R 塑料管材, 热熔连接 (给水引入管采用热镀锌钢管, 刷面漆一道)。PP-R 给水管与金属管道或用水器连接时, 应采用专用过渡管件或接头丝扣连接或法兰连接。给水水平管道应有 0.002～0.005 的坡度坡向泄水装置。

3. 户内埋地给水管与采暖管道平行敷设, 不允许有接头, 管材符合规范要求。

4. 管井及地下室给水管道应保温, 保温材料采用 30 厚岩棉管壳, 沥青玻璃布保护层, 安装见图集 05S8-2。

5. 水表采用 DN15 旋翼型水表, 统一设于室外水表井, 便于管理。洗衣机水嘴采用专门水嘴。坐便器水箱采用节水型水箱, 水嘴及阀门采用陶瓷芯, 禁止采用国家淘汰产品。连接卫生器具给水支管管径除图中注明外均为 D_e20。

富贵华庭 103 号住宅楼	施工说明及图例 (一)

6. 给水管道穿地下室外墙时应设刚性防水套管，安装见图集 05S2-194。

7. 给水系统安装完毕后，应进行管道冲洗及水压试验，具体要求见相关施工及验收规范。

注：1. 水表选型应符合自来水公司要求。

2. 住宅封闭卫生间均预留卫生间通风器电源，待住户入住后，结合吊顶现场安装。每套住宅预留空调器冷凝水管道位置，详见土建施工图。电源预留详见电气专业施工图。

塑料管外径与公称直径对照关系

塑料管外径/mm	20	25	32	40	50	63	75	90	110	160
公称直径/in	1/2	3/4	1	11/4	11/2	2	21/2	3	4	6
公称直径/mm	15	20	25	32	40	50	65	80	100	150

五、室内消防给水

1. 根据规范要求，本工程设消火栓给水系统并配置建筑灭火器。消防给水由 102#住宅楼地下二层消防泵房提供。

由于本建筑位于高层建筑群内，消防水箱设于 102#住宅楼屋顶水箱间。

系统给水双路引入，室内外均为环状管网。入口压力 0.65MPa。

2. 消防给水系统采用焊接钢管，焊接，刷红丹防锈漆两道，面漆两道。地下室明装消防给水应保温，具体方法同生活给水管道，保温层 40 厚。

消防给水管道穿地下室外墙时应设钢性防水套管，安装见图集05S2-194。消防给水穿沉降缝做法见 05N1-198。

埋地消防给水管道刷沥青漆两道。

3. 消火栓箱采用单栓戊型铝合金制室内消火栓箱，规格为 800×650×210。消火栓 SN65，铝合金水枪，口径 D19。衬胶水带 DN65，25m 长。箱内设启泵按钮及指示灯。安装见图集 05S4-12。消火栓出口压力均应控制在 0.5MPa 内，消火栓六层以下应采用减压稳压型消火栓。安装方式见平面施工图。栓口距地 1100 安装。

4. 建筑灭火器采用手提式磷酸盐干粉灭火器，型号 MFZ-3。位置数量见平面施工图。

5. 消防给水系统入户处设地上式消防水泵接合器，型号 SQ100-A型，安装见 055S4-27。位置现场确定。

6. 消防给水系统安装完毕后，应进行管道冲洗及水压试验，具体要求见相关施工及验收规范。

六、室内排水

1. 室内排水系统采用自流排水形式，主立管采用螺旋消音 U-PVC塑料管材，其他采用发泡 U-PVC 塑料管材，粘接。

2. 排水系统采取雨污分流制、废污合流制。

3. 排水管道横管与横管、横管与立管连接应采用 45°或 90°斜三（四）通连接，不得采用正三（四）通连接。排水立管偏置时，应采用乙字弯或两个 45°弯头，并设置检查口。排水立管与排出管连接应采用两个 45°弯头连接。

4. 明设排水塑料管道管径大于等于 110 时应在每层楼板处设阻火圈，安装见图集 05S1-318、319、320。

5. 排水塑料管穿地下室外墙及屋顶时设钢性防水套管，安装见图集 05S1-314、315、316。

6. 清扫口应安装在上一层地面上，其盖顶高于地面 5mm，安装在面饰为花岗岩地砖等场所的清扫口，宜采用铜质堵头，堵头与地面齐平。

7. 排水地漏水封高度不得小于 50mm，顶面应低于地面 5～10mm，地面应有不小于 0.01 的坡度坡向地漏。安装在高级装饰地面上的地漏，宜采用不锈钢材质的箅子。洗衣机处地漏应采用专用地漏。卫生器具配套存水弯水封高度不得小于 50mm。

给水系统编号	Ⓖ
煤气系统编号	Ⓜ
排水系统编号	Ⓟ
消防给水系统编号	Ⓧ
给水立管编号	GL-
煤气立管编号	ML-
消防给水立管编号	XL-
排水立管编号	PL-
生活给水管道	——
生活排水管道	——
煤气管道	——
室内消火栓	
闭式自动喷头	
闸阀	
蝶阀	
截止阀	
浮球阀	
止回阀	
弹簧安全阀	
排气阀	
钢性防水套管	
固定支架	
法兰堵盖	
清扫口	
通气帽	
排水漏斗	
圆形地漏	
水表	
存水弯	
检查口	
放水龙头	
水流指示器	Ⓛ
压力表	Ⓟ
除污器	
消防水泵接合器	
灭火器	▲

富贵华庭 103 号住宅楼	施工说明及图例（二）

8. 隐蔽或埋地的排水管道在隐蔽前必须做灌水试验，灌水高度应不低于底层卫生器具的上边缘或底层地面高度。满水 15min 水面下降后，再灌满观察 5min，液面不降，管道不渗漏为合格。

9. 排水立管及水平干管安装完毕后应做通球试验，通球球径不小于排水管道管径的 2/3，通球率百分之百为合格。

10. 单元消防电梯处设集水坑，尺寸 1500×1000，内设 QW 型污水泵，一用一备。安装见图集 05S7-267，285。QW 型污水泵型号 50QWHL-5.5 型，$G=40^3\text{m/h}$，$H=12\text{m}$，$N=3\text{kW}$。

11. 上述说明未尽之处详见有关国家施工及验收规范。

煤气工程

1. 室外煤气管道采用无缝钢管，做加强防腐。室内煤气管道采用镀锌钢管，丝扣连接，刷面漆一道。煤气表前采用旋塞阀，灶前采用 KM11SA-4 型球阀。

2. 入户煤气管道以 0.015 的坡度坡向室外，表前表后支管以 0.01 的坡度分别坡向煤气立管和煤气灶。

3. 户内煤气表安装见图集 05N6-81-84，煤气室外管道引入做法见图集 05N6-67-70。室外管道采用 40 厚岩棉管保温。

4. 本说明未尽之处见国家施工验收规范及煤气公司有关规定。

遵循相关规范及图集

1. 《建筑给水排水设计规范》（GB 50015—2003）。

2. 《建筑设计防火规范》（GB 50016—2006）。

3. 《高层民用建筑设计防火规范》[GB 5045—95（2005 版）]。

4. 《建筑灭火器配置设防规范》（GB 50140—2005）。

5. 《建筑给排水塑料管道工程技术规程》[DB13（J）—2000]。

6. 《住宅设计规范》（GB 50096—2011）。

7. 《建筑给排水及采暖工程施工质量验收规范》（GB 50242—2002）。

8. 《生活饮用水卫生标准》（GB 5749—2006）。

9. 《城镇燃气设计规范》（GB 50028—2006）。

10. 《采暖通风与空气调节设计规范》（GB 50019—2012）。

11. 《严寒和寒冷地区居住建筑节能设计标准》（JGJ 26—2010）。

12. 《地板辐射供暖技术规程》（JGJ 142—2004）。

13. 《住宅采暖分户计量系统》（冀 00N01）。

14. 《05 系列建筑标准设计图集》。

| 富贵华庭 103 号住宅楼 | 施工说明及图例（三） |

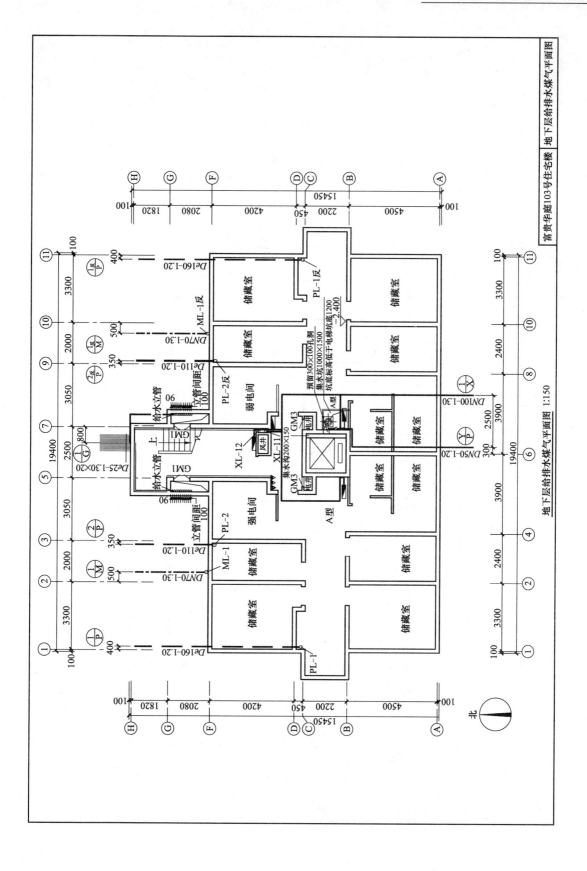

富贵华庭103号住宅楼 地下层给排水煤气平面图

地下层给排水煤气平面图 1:150

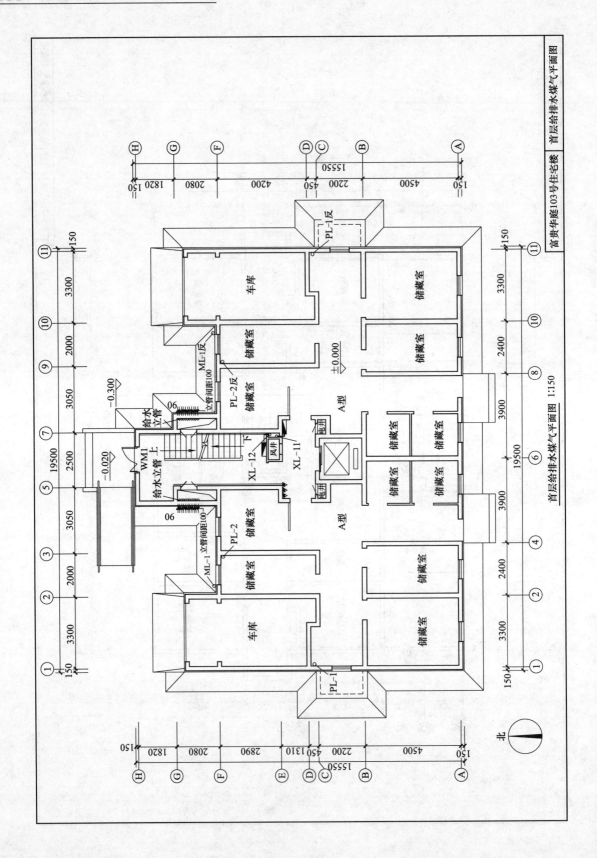

首层给排水煤气平面图 1:150

首层给排水煤气平面图

富贵华庭103号住宅楼

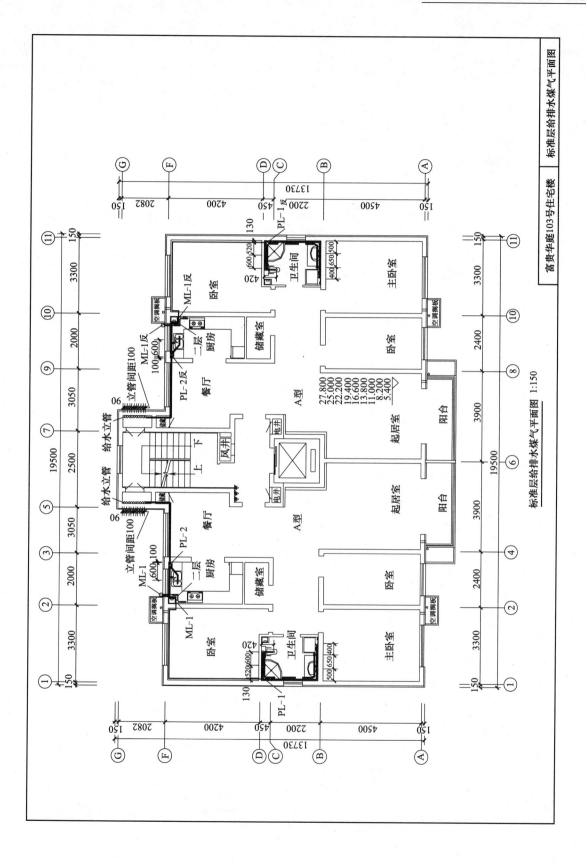

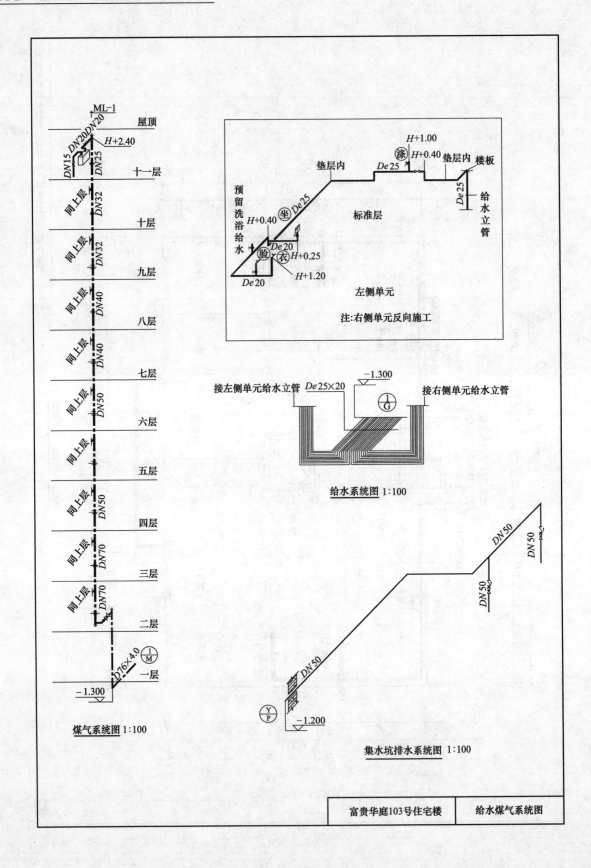

煤气系统图 1:100

给水系统图 1:100

集水坑排水系统图 1:100

| 富贵华庭103号住宅楼 | 给水煤气系统图 |

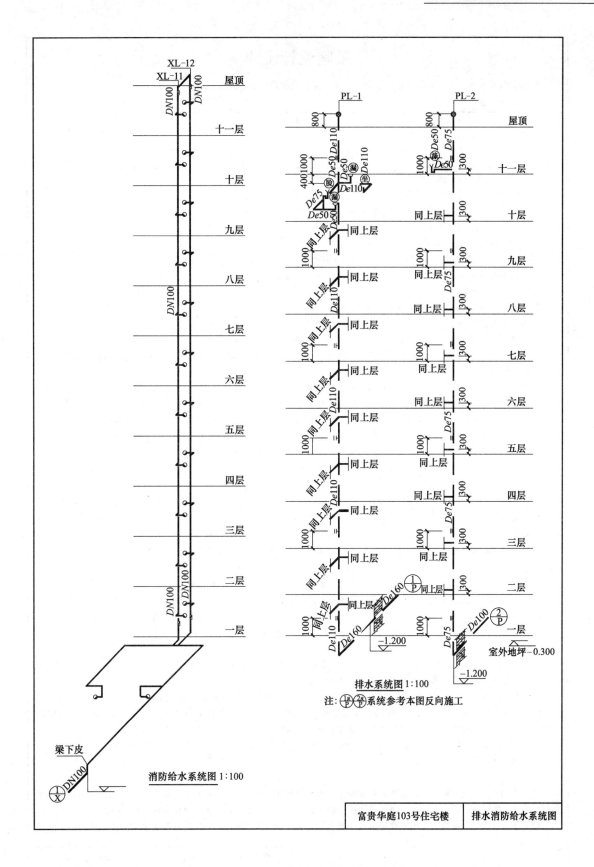

排水系统图 1:100

注：⑴/P ⑵/P 系统参考本图反向施工

消防给水系统图 1:100

| 富贵华庭103号住宅楼 | 排水消防给水系统图 |

采暖设计说明

1. 室外气象参数：采暖室外计算温度 10℃；冬季室外最多风向平均风速 3.0m/s。

2. 室内设计参数

房间名称	计算温度/℃	房间名称	计算温度/℃
卧室、客厅	18	卫生间	18
餐厅、书房	18	厨房	15

3. 施工时应遵守以下规范及规定

(1)《采暖通风与空气调节设计规范》（GB 50019—2012）。

(2)《建筑给水排水及采暖工程施工质量验收规范》（GB 50242—2002）。

(3)《住宅建筑采暖分户控制、热表计量技术规程》[DB 13（J）27—2000]。

(4)《地面辐射供暖技术规程》（JGJ 142—2004）。

(5)《05 系列建筑标准设计图集》05N1（DBJT02-45—2005）。

4. 采暖系统按连续供热设计。采暖热媒为热水，由小区换热站提供。

入口装置设于室外地沟内，可参见河北标准图集。

5. 采暖系统热负荷 196.2kW，压力损失 29.5kPa。

6. 建筑物采暖设计总热负荷 497.2kW，采暖耗热量指标为 55。

7. 采暖系统形式为分户式下供下回双管系统，户内为地板辐射采暖系统。每户设热计量装置。

8. 据甲方要求，本设计地板辐射采暖系统只做至分集水器，地盘管部分须由专业厂家进行二次设计。各房间热负荷详见各层平面图。

9. 阀门选型如下：管径＜DN50 采用截止阀，管径≥DN50 采用蝶阀，工作压力为 1.0MPa。所有阀门的位置应设置在便于操作与维修的部位。供回水立管上的阀门务必安装在平顶下和地面上便于操作维修处。

10. 供热管道管材：室内埋地加热管材采用 PEX 交联聚乙烯管，一个环路一根管，埋地部分无接头。PEX 交联聚乙烯管管径均为 $De20 \times 2.0$，要求其质量符合国际标准 ISO/DIS 15875。其他管道采用镀锌钢管，丝扣连接。

PEX 交联聚乙烯管连接件与螺纹连接部分配件的本体材料，应为锻造黄铜。

安装加热盘管时不得出现折弯，弯曲半径不宜小于 8 倍管外径。

11. 辐射供暖地板由地面层（包括地面装饰层和找平层）、填充层、绝热层、防水层（或防潮层）以及加热管等组成。其基本构造做法参见《地面辐射供暖技术规程》，铺设绝热层时要求地面平整、无杂物（必要时地面找平）并搭接严密。

12. 为防止建筑构件出现龟裂和破损，必须妥善处理管道和地面的膨胀问题，除混凝土加入防止龟裂的添加剂外，大于 30m² 采暖面积应设伸缩缝。当地面短边长度≤6m 时，缝隙间距≤7m，宽度为 5～8mm，在缝隙中填充弹性膨胀膏。

加热管穿越伸缩缝处，应设长度不小于 100mm 的柔性套管。混凝土填充层的浇捣和养护参照 JGJ 142—2004 执行。

13. 室内地板采暖的施工应在建筑封顶后或室内装修完成后，与地面施工同时进行，不宜冬季施工（环境温度不低于 5℃）。施工过程中不允许重压已铺设好的管道。安装间断或完毕的敞口处，应随时封堵。系统正式通水前，先对采暖主干管及户内加热管的每一通路逐一进行冲洗，至出水清净为止，主干管打压后再与室内集配装置接通，以防脏物进入。

14. 保温：供暖干管敷设在不供暖房间、管井、地下室、楼梯间、阳台及一层内的主供、回水管道均采用 30mm 厚的玻璃棉管壳保温，做法参见国标 98R418。

15. 管道上必须设置必要的支、吊、托架，具体形式由安装单位根据现场情况确定，做法参见国标 95R417-1，对于户内加热管的间距，直管段不应大于 700mm，弯曲管段不应大于 350mm。

16. 油漆：钢管在刷底漆之前应仔细除锈或采用 SRC-A 型特种带锈除锈防锈底漆。保温管道刷防锈底漆两遍。

17. 管道穿过伸缩缝时，应加设钢制套管，套管管径以周围留有缝隙为原则，缝隙内用沥青麻丝填塞。管道穿过墙壁和楼板时，须加设钢制套管，穿楼板的套管底部应与楼板底面相平，顶部应高出地面 20mm。

18. 采暖管道坡向及坡度：热水供水干管、热水回水干管坡向见图。户内埋地管道为无坡度敷设。

19. 系统工作压力为 0.6MPa。

20. 检验与调试

(1) 中间验收：地板辐射供暖系统，应根据工程施工特点进行中间验收。中间验收过程，从加热管道敷设和热媒集配装置安装完毕进行试压起，至混凝土填充层养护期满再次进行试压止，由施工单位会同监理单位进行。

(2) 水压试验：浇捣混凝土填充层之前和混凝土填充层养护期满之后，应分别进行系统水压试验。

富贵华庭 103 号住宅楼		设计总说明

系统水压试验应符合下列要求。

① 水压试验之前，应对试压管道和构件采取安全有效的固定和保护措施。

② 系统试验压力不得低于 0.9MPa。

检验方法严格执行《建筑给水排水及采暖工程施工质量验收规范》第 8.6.1 条执行。

③ 冬季进行水压试验时，应采取可靠的防冻措施。

地板辐射供暖系统盘管部分水压试验步骤如下。

① 经分水器缓慢注水，同时将管道内空气排出。

② 充满水后，进行水密性检查。

③ 采用手动泵缓慢升压，升压时间不得少于 15min。

④ 升压至规定试验压力后，停止加压，稳压 1h，观察有无漏水现象。

⑤ 稳压 1h 后，补压至规定试验压力值，15min 内的压力降不超过 0.05MPa，无渗漏为合格。

（3）调试：地板辐射供暖系统未经调试，严禁运行使用。

调试时初次供暖应缓慢升温，先将水温控制在 25～30℃ 范围内运行，24h 以后再每隔 24h 升温不超过 5℃，直至达到设计水温。

调试过程应持续在设计水温条件下连续供暖 24h，并调节每一通路水温达到正常范围。

21. 采暖系统在非采暖季节应充水湿保养。

22. 住宅的封闭卫生间均预留了卫生间排风器的电量，待业主入住后，结合吊顶现场安装。

23. 每套住宅均预留了分体空调器室外机的安装台板及冷凝水管的穿墙留洞，详见各层组合体平面图，电源预留详见电器专业相关图纸。在施工时，如果发现实际情况与设计不相符，应与设计单位及时协商，经设计单位同意后方可修改设计。

序号	图纸名称	图号	图纸规格	备注
1	设计总说明	暖通-01	A2	
2	一层热力入口平面图	暖通-02	A2	
3	二层采暖平面图	暖通-03	A2	
4	标准层采暖平面图	暖通-04	A2	
5	七～十一层采暖平面图	暖通-05	A2	
6	层顶风机平面图	暖通-06	A2	
7	地下一层正压送风平面图	暖通-07	A2	
8	采暖系统图	暖通-08	A2	
9	防烟前室加压送风系统控制原理示意	暖通-09	A2	
10				
11				
12				
13				
14				
15				
16				
17				

××建筑设计研究院		建设单位	××房地产开发公司
项目负责人		项目名称	富贵华庭住宅楼
专业负责人	图纸目录	子项名称	103 号楼

图例

名称	图例	名称	图例
供水管	——	调节阀或平衡阀	⋈
回水管	——	自动排气阀	ⵁ
管道固定支架	⋆	过滤器	⊢⊣
阀门	⋈ ⬥	热表	Ⓡ

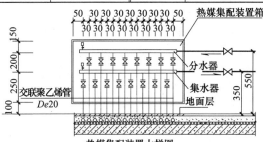

热媒集配装置大样图

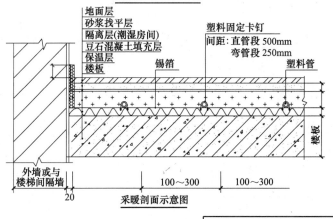

采暖剖面示意图

富贵华庭 103 号住宅楼	设计总说明

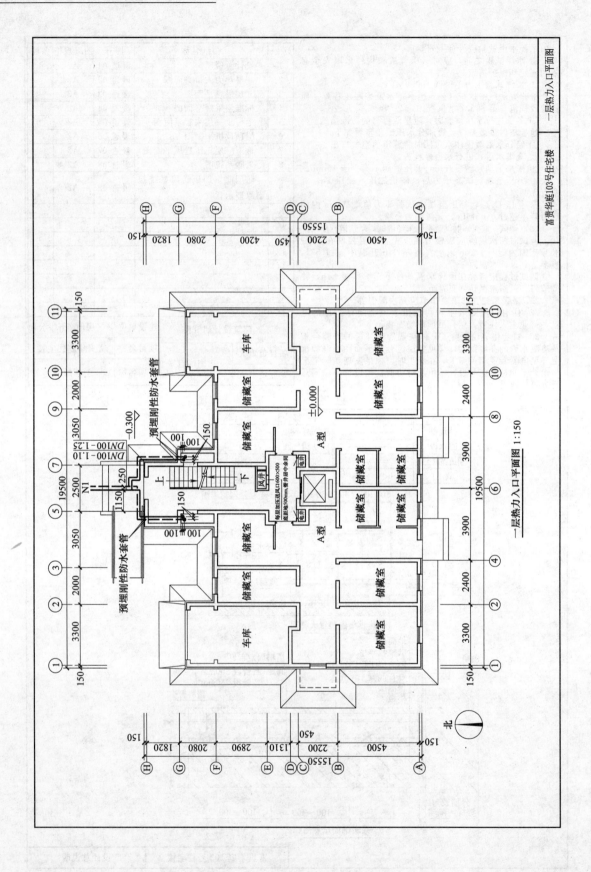

一层热力入口平面图 1:150

富贵华庭103号住宅楼　一层热力入口平面图

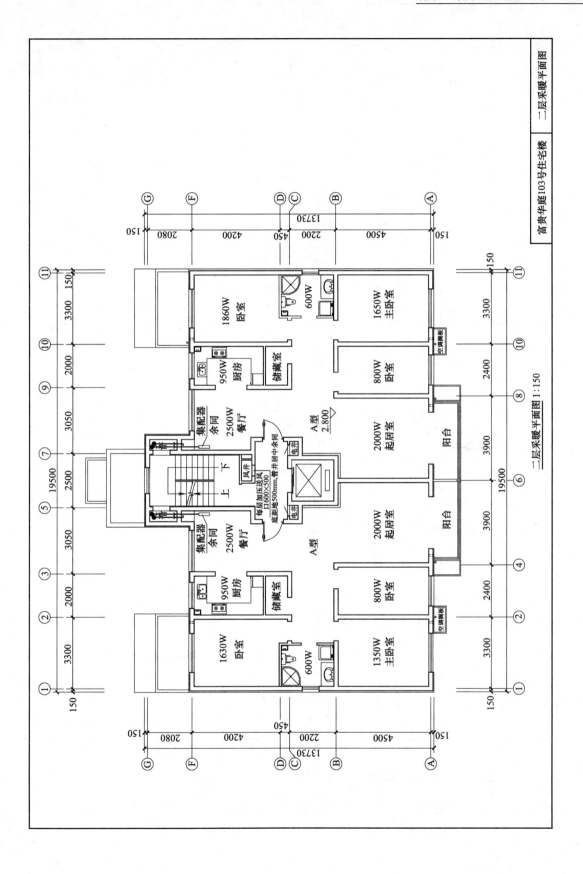

富贵华庭103号住宅楼 | 二层采暖平面图

二层采暖平面图 1:150

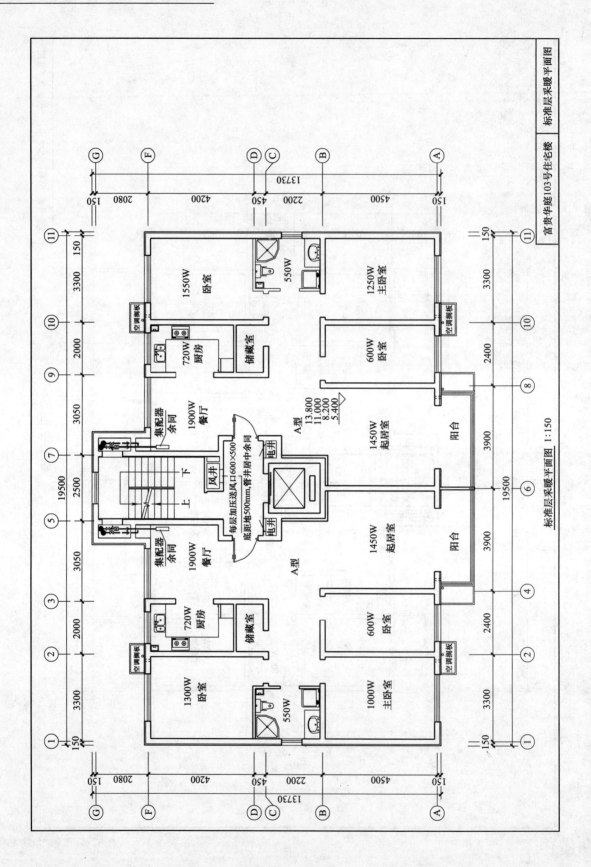

标准层采暖平面图 1:150

富贵华庭103号住宅楼 | 标准层采暖平面图

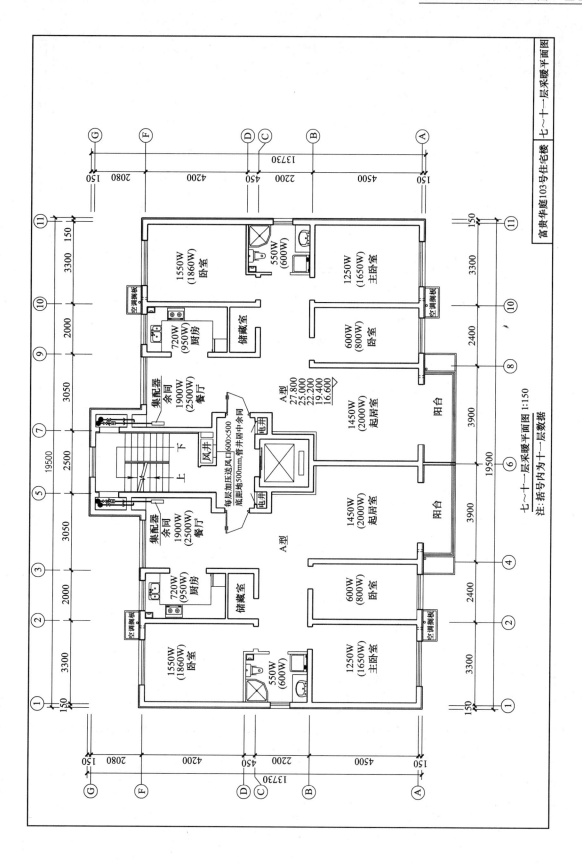

七~十一层采暖平面图 1:150

注:括号内为十一层数据

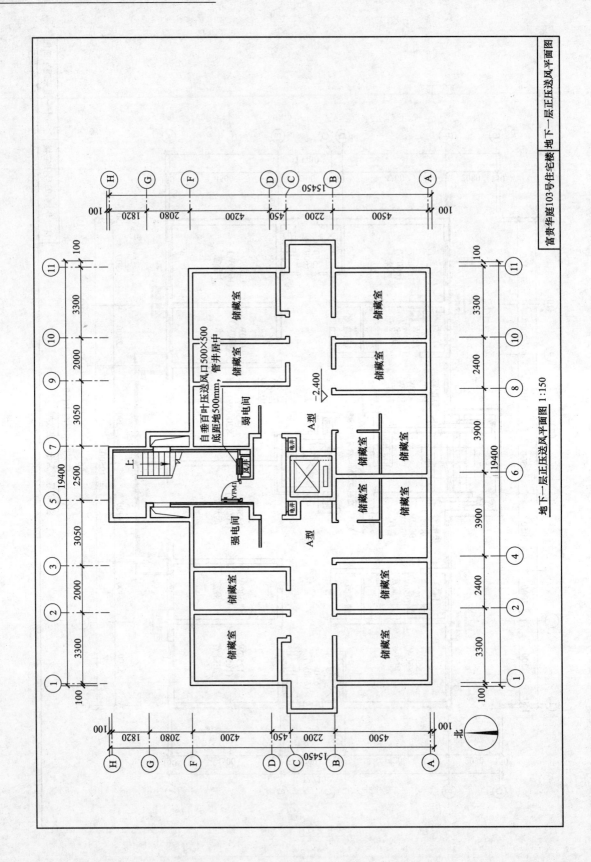

富贵华庭103号住宅楼 地下一层正压送风平面图

地下一层正压送风平面图 1:150

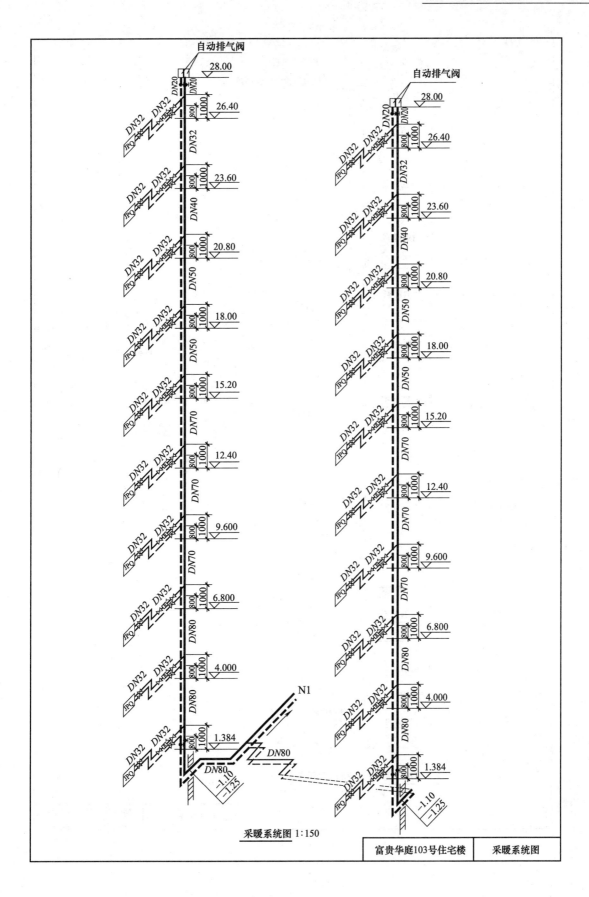

采暖系统图 1:150

| 富贵华庭103号住宅楼 | 采暖系统图 |

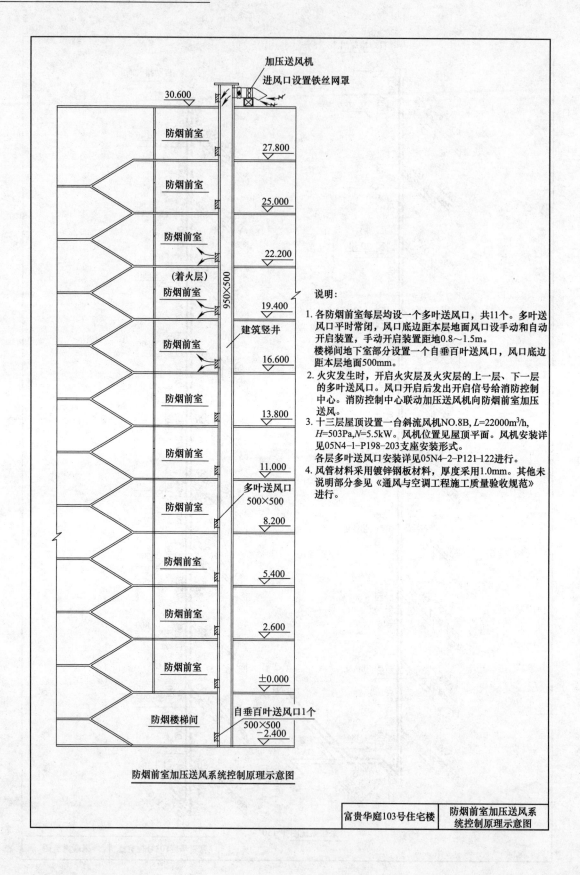

加压送风机

进风口设置铁丝网罩

30.600

防烟前室
27.800

防烟前室
25.000

防烟前室
22.200

(着火层)
防烟前室
19.400

防烟前室
建筑竖井
16.600

防烟前室
13.800

防烟前室
11.000

多叶送风口
500×500

防烟前室
8.200

防烟前室
5.400

防烟前室
2.600

防烟前室
±0.000

防烟楼梯间

自垂百叶送风口1个
500×500
-2.400

950×500

说明：

1. 各防烟前室每层均设一个多叶送风口，共11个。多叶送风口平时常闭，风口底边距本层地面风口设手动和自动开启装置，手动开启装置距地0.8～1.5m。
   楼梯间地下室部分设置一个自垂百叶送风口，风口底边距本层地面500mm。

2. 火灾发生时，开启火灾层及火灾层的上一层、下一层的多叶送风口。风口开启后发出开启信号给消防控制中心。消防控制中心联动加压送风机向防烟前室加压送风。

3. 十三层屋顶设置一台斜流风机NO.8B，L=22000m³/h，H=503Pa，N=5.5kW。风机位置见屋顶平面。风机安装详见05N4-1-P198-203支座安装形式。
   各层多叶送风口安装详见05N4-2-P121-122进行。

4. 风管材料采用镀锌钢板材料，厚度采用1.0mm。其他未说明部分参见《通风与空调工程施工质量验收规范》进行。

防烟前室加压送风系统控制原理示意图

富贵华庭103号住宅楼	防烟前室加压送风系统控制原理示意图

参 考 文 献

[1] 莫章金，毛家华. 建筑工程制图与识图. 北京：高等教育出版社，2006.

[2] 丁宇明，黄水生. 土建工程制图. 北京：高等教育出版社，2004.

[3] 何铭新，郎宝敏，陈星铭. 建筑工程制图. 北京：高等教育出版社，2001.

[4] 关俊良，孙世青. 土建工程制图与AutoCAD. 北京：科学出版社，2004.

[5] 张多峰. 建筑工程制图. 北京：中国水利水电出版社，2007.

[6] 李国生，黄水生. 土建工程制图. 广州：华南理工大学出版社，2005.

[7] 李社生，曲玉凤. 工程图识读. 北京：科学出版社，2004.

[8] 宋兆全. 土木工程制图. 北京：中央广播电视大学出版社，2002.

[9] 王子茹. 房屋建筑识图. 北京：中国建材工业出版社，2001.

[10] 中华人民共和国住房和城乡建设部. GB/T 50001—2010. 房屋建筑制图统一标准. 北京：中国建筑工业出版社，2001.

[11] 中华人民共和国住房和城乡建设部. GB/T 50104—2001. 建筑制图标准. 北京：中国建筑工业出版社，2011.

[12] 中华人民共和国住房和城乡建设部. GB/T 50103—2010. 总制图标准. 北京：中国建筑工业出版社，2011.

[13] 中华人民共和国住房和城乡建设部. GB/T 50105—2010. 建筑结构制图标准. 北京：中国建筑工业出版社，2011.

[14] 中华人民共和国住房和城乡建设部. GB/T 50103—2010. 给水排水制图标准. 北京：中国建筑工业出版社，2011.

[15] 中华人民共和国住房和城乡建设部. GB/T 50105—2010. 暖通空调制图标准. 北京：中国建筑工业出版社，2011.

[16] 中国标准设计研究院. 03G101-1. 混凝土结构施工图平面整体表示方法制图规则和构造详图. 北京：中国计划出版社，2006.

[17] 中国标准设计研究院. 04G101-4. 混凝土结构施工图平面整体表示方法制图规则和构造详图. 北京：中国计划出版社，2006.